과학자는
이렇게
태어난다

과학자는
이렇게
태어난다

24시간 불 켜진 실험실에서는
무슨 일이 일어나고 있을까?

진정일 엮음

궁리
KungRee

일러두기

· 이 책은 『고분자화학 연구실에서 무슨 일이 일어나고 있을까?』(양문, 2007)를 새롭게 펴낸 것입니다.

개정판 서문

이 책이 출간된 지도 10년 가까이 흘렀다. 간간이 인터넷에 올라오는 독후감과 내게 직접 이메일을 보내오는 고교생 등 독자들의 반응을 보면서 이런 형식으로 쓰인 책들이 시중에 별로 없음을 알았을 뿐 아니라, 일부 청소년들에게는 중요한 읽을거리가 되고 있음을 느꼈다. 특히 청소년들의 진로 선택에까지 영향을 미친다는 사실은 필자에게 큰 기쁨을 주었다.

지난번 발간된 책에 글을 보태지 못한 제자들 12명이 글을 더 보내왔다. 바쁜 생활 중에도 시간을 쪼개어 정성껏 쓴 이 글들을 추가해 이번에 개정증보판을 내기로 결심했다. 2017년은 본인이 고려대 화학과에서 공식적으로 정년한 지 10년이 되는 해이기도 하다. 그간 여러 중·고등학교에 강연을 다니면서 고분자과학의 중요성을 강조했다. 일부 학생들이 먼저 책을 읽은 후 고분자과학자가 되기로 결심했다는 말을 듣고는 증보판의 출판을 서두르기로 했다. 책의 이름도 바꾸어보았다. 증보판을 펴낸 궁리출판에 큰 고마움을 느끼며, 이갑수 사장님과 김현숙 주간님, 편집부 여러분의 협조와 노력에 감사할 따름이다. 또 새 원고를 다듬어준 임선애 선생과 권영완 박사에게 깊은 고마움을 표한다.

2017년 1월
엮은이 진정일

고분자화학 연구실에서 꾼
33년의 꿈

글쓰기가 얼마나 힘든 일인지 글을 써본 사람들은 너무나 잘 알고 있다. 그러기에 글 부탁하기를 몹시 꺼려한다. 그런 점을 잘 알고 있으면서도 인생의 한 챕터를 멋스럽게 끝내보겠다는 욕심에―욕심을 버리라는 부처님의 말씀을 철칙으로 따르려 노력하고 살아왔지만―40여 명 가까운 제자들에게 결국은 글 부탁을 하고 말았다.

고려대학교 강단에서 33년을 지내왔으니 제자 33명의 글만 받아도 행복하겠다고 생각했다. 결국 37명의 주옥같은 글―사실 나는 어느 글도 아직 보지 않았다. 인쇄된 책을 손에 들고서 처음부터 찬찬히 읽어보겠다는 우스꽝스런 고집을 지키고 있다―을 모아 새로운 시도의 에세이집을 만들어보았다. 글을 써 보내준 제자들께 깊은 감사의 마음을 보낸다.

화학! 그중에서도 낯설게 들리는 고분자화학 연구실은 밤낮을 가리지 않고 땀을 흘리고 열심히 일에 몰두해야 하는 힘든 수련장이기만 할까? 그곳에도 낭만과 즐거움과 웃음소리가 함께하지는 않을까? 도대체 연구한다는 대학원생들의 일과는 어떨까? 등등 바깥사회에서는 궁금한 것이 하나둘이 아닐 것이다. 더구나 자연과학도가 되겠다는 중고등학생들과 그들의 부모들에게 이런 질문은 더 진하게 느껴지리라 믿는다. 나와 내 제자들 사이에서 일어난 일들도 자주 글 속에 등장하리라 믿는다. 그 추억들이 우리나라에서 고분자화학의 대중화에 조금이라도 밑거름이 된다면 나로서는 그보다 더 행복한 일이 없다고 믿는다.

위에서 말했듯이 글 부탁은 매우 힘든 일이며, 부탁한 글을 받아 모으기란 더 힘든 일이다. 권영완 박사가 아니었더라면 이 일은 아예 처음부터 불가능했으리라. 거기에 불쑥 나타난 제자 김미연의 손길과 기획이 가세되어 이렇게 훌륭한 책이 나오게 되었다. 이 두 사람에게 너무나 감사하다. 또 이 글 모음의 가치를 인정하고 출판을 허락해준 양문이 없었더라면 이 책은 햇빛을 보지 못했을 것이다. 정말 고맙다. 독자들도 이분들의 생각과 손길과 노력의 단맛을 즐기리라 믿는다.

안암동에서 33년간 꿈도 많이 꾸었다. 그 꿈들을 현실로 바꾸어보려는 노력과 땀의 현장이 고분자화학 연구실이었다. 환희의 소리침과 실망의 신음소리가 교차하던 그곳에는 남들이 상상하지도 못하고 경험하지도 못하는 희열과 만족, 그리고 성취감과 낭만이 함께 녹아 있었기에 내 제자들은 열심히 배우고 연마하여 우리나라 과학발전의 기둥이 되었다. 우리나라의 미래는 바로 이와 같은 곳에 있지 않겠는가.

2007년 10월

엮은이 진정일

차례

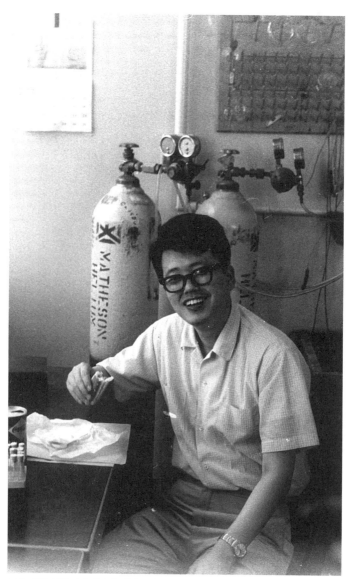

1967년경 미국 실험실에서 식사중인 엮은이

1969년 6월 5일
박사학위 수여식

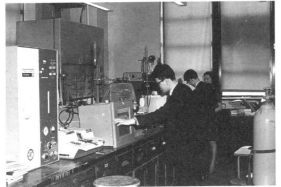

1969년 미국 연구실에서

1980년 메사추세츠대학
연구실에서

1983년 2월
석 · 박사과정생들과 함께

1986년 실험실에서
석사생 최이준과 함께

1998년 9월 18일
석사과정생들과 함께

2001년 실험실에서

2006년 1월 신년세배 후

2007년경 석·박사과정생들의 학위논문을 보는 엮은이

2005년경 실험실에서

1

24시간 불 켜진
화학 실험실

이공계 대학원 연구실 생활을 해보지 않은 사람들은 실험실에서 어떤 일이 일어나며 대학원생들이 어떤 생활을 하는지 잘 모른다. 아마 대부분이 연구실에서는 실험만 한다고 생각할 것이다. 하지만 그 작은 연구실 안에서는 실험뿐 아니라 전공 공부와 먹고 자는 일, 연구실 사람들과의 크고 작은 사적인 일 등 여러 가지 일이 이루어진다. 연구실에서 생활할 당시에는 힘들었지만 지나고 나면 즐겁게 추억할 수 있는 까닭은 청춘의 한때를 울고 웃으며 보낸 아지트와 같은 공간이기 때문이다.

위험이 도사리는
화학 실험실

우리나라는 '사고 공화국'이라는 오명을 들을 만큼 안전사고가 빈번하게 일어나는 국가다. 사고가 나면 매번 사람들의 안전 불감증이 지적되는데, 이는 실험실이라고 해서 예외가 아니다. 실험실에서 사용하는 시약과 장비 곳곳에는 위험이 도사리고 있다. 특히 화학 실험실에는 발화성 물질이 많기 때문에 화재나 폭발 등의 사고로 이어질 가능성이 높다.

화재 및 폭발로 인한 화상뿐 아니라 진한 산 등 약품에 의한 화상과 실명을 수반할 수 있는 사고 등 경계해야 할 위험 요소들이 도처에 숨어 있다. 그래서 실험실에서는 보안경 및 보호 고무장갑 등을 착용하는 것이 의무이지만 학생들은 별일 있겠느냐며 잘 따르지 않는다. 제 몸의 안전보다 순간의 편리함을 더 추구하기 때문이다. 학생들이 실험실 안전에 좀더 주의를 기울이길 바라는 마음에서 내가 경험한 몇 가지 사고 이야기를 전하고자 한다.

싱크대에서 추락하다

한국에서 석사학위 과정을 밟을 때의 일이다. 한겨울에는 난방이 제대로 되지 않아 실험실에서 연구를 진행하기가 어려웠다. 그래서 겨울 내내 비워두었다가 봄이 되어서야 먼지 가득한 실험실 문을 열게 되었는데, 우선 겨우내 쌓인 먼지부터 치워야 했다.

나는 실험실 천장의 거미줄을 제거하기 위해 실험대를 밟고 성큼 올라가 손잡이가 긴 빗자루로 천장을 쓰레질하기 시작했다. 실험대 위에서 한 발 한 발 옮기며 먼지와 거미줄을 제거하던 중 갑자기 눈앞이 아찔해지는가 싶더니 내 몸이 바닥으로 떨어지며 의식을 잃고 말았다.

잠시 후 깨어보니 내가 떨어지는 소리에 놀라 옆방에서 달려온 선배들(한보섭, 고 김인규 박사)의 얼굴이 눈앞에 어른거렸다. 도대체 어떻게 된 일일까? 다행히 별로 다친 것 같진 않았다. 내 옆에 나뒹굴고 있는 싱크대가 눈에 들어온 순간 그제야 나는 무슨 일이 일어났는지 짐작할 수 있었다.

천장의 먼지와 거미줄을 제거하는 데만 정신이 팔린 나머지 내 발이 실험대를 넘어 사기로 만든 싱크대를 밟게 된 것을 몰랐던 것이다. 안 그래도 부실하던 싱크대는 내 체중을 이기지 못하여 무너졌고, 동시에 나는 공중곡예를 하다가 싱크대에 정강이를 부딪치면서 의식을 잃고 말았다. 부주의한 행동 하나가 이렇게 사고로 이어진 셈이다.

방심으로 인한 실명 위기

1981년 초여름의 어느 주말 오후, 평소와 달리 조금 일찍 귀가했는데 최영상 교수에게서 전화가 왔다.

"진 교수, 연구실에서 사고가 났나봐. 정용석 군(현 충북대 교수)이 시약 때문에 눈과 팔에 화상을 입고 혜화동 우리 학교 병원에 실려 갔대."

최 교수의 목소리에 가슴이 철렁 내려앉았다. 유능한 한 젊은이가 실명했을지도 모른다는 생각에 마음을 진정시킬 수가 없었고, 그 상태로는 도저히 운전을 할 수가 없어서 아내를 운전대에 앉히고 병원으로 향했다.

'제발 실명만은 ….'

마음속으로 빌고 또 빌었다. 글로 쓰기조차 무서운 수많은 생각들이 머릿속을 맴돌았다. 황급히 응급실을 찾아가니 정 군 어머니가 "교수님, 걱정을 끼쳐드려 죄송합니다. 의사 선생님이 염려하지 않아도 된답니다"라고 말했다. 그제야 나는 안도의 숨을 내쉴 수 있었다.

이 사고는 실험실 안전에 대해 여러 가지를 생각하게 했다. 정 군은 어디에선가 기체가 새어나오는 소리를 듣고 의심이 가는 트랩라인에 귀를 갖다대며 소리가 나는 곳을 찾기 시작했다. 잠시 후 기체가 새어나오는 곳을 비교적 쉽게 찾았다 싶은 순간 '푹' 하며 트랩 병의 마개가 열리고 내용물이 정 군의 안경을 비껴 눈으로 들어갔다. 정 군은 재빨리 싱크대로 뛰어가 안경을 벗고 눈을 씻었는데, 튀어나온 산의 일부는 팔뚝으로 흘러 지금도 화상 흔적이 남아 있다.

당시 사용하던 질소 기체는 산소와 수분을 포함하고 있었다. 트랩라인을 사용해 이러한 불순물을 제거하고 건조된 환경과 질소기류 하에서 화학반응을 진행하던 중이었는데, 일부 트랩라인이 부분적으로 막혀 고압통에서 나오는 질소 기체가 트랩라인의 압력을 증가시킴으로써 트랩병 중 진한 황산 병마개를 밀어 열리게 하였다. 기체가 새어나오면 비눗물을 이용해 새는 곳을 찾아야 했는데, 정 군은 그 간단한 방법을 사용하지 않고 직접 본인의 귀를 갖다댄 것이었다. 다행히 팔에 상처가 남은 것으로 끝났지만 정말 큰 사고로 이어질 뻔했다.

미국 실험실의 폭발 사고

수십 년 전, 미국 동북부 명문대학에서 일어난 끔찍한 사고 이야기를 덧붙인다.

두 학생이 오래된 디에틸에테르(diethyl ether, 흔히 '에테르'라고 한다) 병의 플라스틱 마개를 열지 못해 쩔쩔매다가 우리가 흔히 사용하는 방법을 생각해 냈다. 찰고무 튜브로 검은 플라스틱 마개를 팽팽하게 두른 후 한 학생은 두 손으로 고무 튜브를 붙잡고, 다른 학생은 병의 몸체를 자기 배에 대고 병마개를 비틀기 시작하였다. 드디어 병마개가 비틀리며 열리는 순간 '펑' 하는 폭발음과 함께 두 학생은 피투성이가 되어 바닥에 쓰러졌고, 결국 한 명은 목숨을 잃었다.

이 사고의 원인을 살펴보자면 화학적 설명이 필요하다. 에테르류는 산소와 장시간 접촉하면 과산화물을 만들고, 이 과산화물은 충격을 주거나 가열하면 폭발한다.

위의 사고에서는 평소 에테르가 담긴 병을 사용하면서 병마개 주위에 내용물이 묻은 채로 방치해두었고, 그 결과 에테르의 일부가 서서히 과산화물로 변하였다. 물론 병마개를 열 때마다 병에도 공기가 들어가 산화물을 만든다. 병마개 주위에 묻어 있던 과산화물은 병마개가 돌 때 생기는 마찰에 의해 분해되며 이때 나오는 열은 순식간에 병 속의 에테르로 전달된다.

에테르 자체는 매우 쉽게 불이 붙는 인화성 물질로, 과산화물을 조금이라도 포함하고 있으면 위험이 커진다. 이런 위험 때문에 에테르 병은 한번 마개를 열면 6개월 이내에 폐기하거나 환원제로 과산화물을 제거한 후 사용해야 한다. 그렇지 않고 에테르를 증류 · 정제하면 증류가 진행되면서 잔류 과산화물 농도가 증가되고 끓는점이 높아져 폭발 사고로 이어진다.

실험에 대한 열정보다 중요한 것은 안전

지금은 대부분의 화학 실험실에 실험 중 발생하는 유해 증기를 배출하는 환기 후드가 설치되어 있지만 예전에는 그런 시설이 드물었다. 그래서 독성 기체로 분류되는 증기를 기화시키는 액체 시약을 일반 실험대에서 다루기 일쑤였다. 이를 개선하기 위해 많은 노력을 기울인 끝에 연구실 한편에 환기 후드를 만들고 큰 PVC 파이프를 건물 옥상까지 끌어올려 파이프 끝에 펌프를 달아 공중으로 증기를 배출시키도록 했다. 썩 좋은 방법은 아니었지만 우선은 독성 기체를 공중에 희석시켜 날려보내도록 한 것이다. 이 PVC 파이프는 현재도 건물(다행히 실험실이 건물 끝부분에 있었다) 벽에 삼지창처럼 매달려 있다.

안타깝게도 이렇게까지 위험 요소를 줄여보려 안간힘을 썼지만, 학생들은 실험실 안전에 대해 비교적 무관심했다. 배기가 제대로 되는지 지켜보지 않고(배기 후드 창에 얇은 휴지조각만 붙여놓아도 공기가 들어가는지 쉽게 눈으로 확인할 수 있다) 내가 안 보인다 싶으면 곧바로 바깥 실험대 위에서 냄새를 풍기며 지지고 볶아댄다. 손에 독성 화합물이 묻으면 안 되니 고무장갑을 끼라고 해도 불편해서인지 눈 가리고 아웅하는 식으로만 사용한다. 자신을 위한 안전이라는 것을 제대로 인식하지 못하는 모양이다. 다행스러운 것은 실험실에서 치명적인 사고를 당한 제자가 한 명도 없었다는 것이다. 하지만 하숙방에서 연탄가스 중독으로 목숨을 잃은 한 제자의 죽음은 내 가슴에 가장 큰 멍으로 남아 있다.

실험실의 학생들이여, 그대들의 부주의가 실험에 대한 열정마저 덮어버릴까 걱정이 되는구나. 부디 실험실을 떠난 노교수의 애정 어린 충고를 가슴에 깊이 새겨주길 바란다. ☀ 진정일 _ 고려대학교 융합대학원 석좌교수

대학원, 고진감래를
향한 보람찬 행군

요즘 중고등학생들에게서 "화학은 너무 어려워요. 생물보다 덜하지만 외워야 할 게 너무 많아요!"라는 말을 자주 듣는다. 결국 화학은 '재미없다'는 말이다. 정말 그렇게 재미없는 과목인가?

새삼 나와 함께 연구생활을 했던 석·박사과정 제자들은 화학을 재미있어 했을까 하는 질문을 하게 된다. 석·박사과정을 밟으려는 학생들을 내 연구실로 데려오려고 별다른 노력을 기울인 적이 없어서인지 내 제자들은 모두 화학을 재미있어 하리라고 믿었다. 물론 학위를 딴 후 사회에 진출할 때 누리게 될 이점을 따져본 제자도 있었겠지만 화학에 재미를 느끼지 못했다면 그 힘든 과정을 참고 이겨내진 못했으리라.

인류에 길이 남을, 세계적으로 인정받는 실험결과를 얻기 위해 실험실에서 청춘을 불살랐던 대학원생들의 생활을 잠시 엿보도록 하자.

신입생 환영회 그 후

대학원의 학기는 3월부터 시작하지만 보통 연구실에서 석·박사과정을 밟으려면 1월 초부터 연구실에 나와야 한다. 자세히는 모르지만 일단 연구실에 들어오면 선배들이 자리를 정해주고 환영회를 해주는 모양이다. 어느 정도 자리가 잡히면 내가 참석하는 신입생 환영회를 정식으로 갖는데, 오랜 세월 자리에 참석하다 보니 신입생 환영회의 양상이 달라져가는 것이 보인다. 예전에는 빈대떡, 족발, 염통, 허파구이 따위를 즐겨 먹었는데 지금은 삼겹살, 통닭을 먹고 술도 막걸리, 소주, 맥주, 양주 순으로 변했다. 아직까지 학생들과 폭탄주를 마신 적은 없지만 고깃집에서 삼겹살을 먹고 통닭집으로 2차를 가는 경우는 가끔 있었다.

환영회가 끝난 후에는 본격적인 연구실 생활이 시작된다. 신입생들에게 그동안 연구실에서 진행된 연구와 계획 중인 연구에 대해 들려준 다음 지금까지 발표된 논문과 관련 논문을 읽으라고 하고 한두 달 후에 어떤 연구를 하고 싶어 하는지 알아본다. 물론 그 사이 똑똑해 보이는 후배를 자기 연구분야로 끌어들이려는 선배들의 간섭과 욕심(?)이 신입생들 사이를 휘젓기도 한다.

실패를 통해 거듭나는 예비 과학자들

막 석사과정에 들어온 학생들이 가장 많이 하는 걱정은 '연구가 원하는 속도로 진전되지 않는다'는 점이다. 때로는 자신의 능력에 문제가 있는지 의심하는 학생도 있는데, 그럴 때면 나는 "아니, 자네가 벌써 세계가 놀랄 만한 결과를 얻는다면 누구든지 과학자가 되려 하게? 그러다간 세상이 과학자로 넘쳐나겠네"라는 농을 던진다. 그러면서 내가 석사과정에 있을 때 몇 달 동안 노력하여 만든 유기화합물이 '소금' 결정이어서 크게 실망했던 경험을 들려준다. 실험에 실패하면 좌절이 크지만 실패를 스승으로 삼아 무엇이 잘못되었는지 알아가다 보면 무엇이든 파고드는 탐구심과 합리적인 사고방식을 얻게 된다. 또 끝까지 도전하는 지구력과 인내심을 키우면서 결실의 단맛을 느끼는 영광의 순간을 향해 매진하는 과학자의 태도를 갖추게 된다.

성질이 급하고 찬찬하지 못한 학생들이 자주 저지르는 잘못은 지나치게 빠른 결과에 집착해 마땅히 밟아야 하는 단계를 무시하는 서두름이다. 시약과 용매를 정제하지 않고 사용하거나, 반응이 진행되는 도중 관찰을 게을리하거나, 예상되는 주 생성물과 부산물의 확인 및 분리 정제에 대한 준비를 소홀히 하는 것이 대표적인 예다. 특히 참을성이 없는 학생은 몇 시간에 걸쳐 진행해야 하는 반응의 진행과정을 밀착해서 관찰하는 단계를 견디기 힘들어한다. 주인의 발자국 소리를 듣고 자란다는 작물처럼 연구 수행자가 주는 눈길 수에 따라 플라스크 속의 분자들 간의 반응이 잘 일어나기도 하고 안 일어나기도 한다며 학생들에게 진행과정의 관찰에 대한 중요성을 강조하곤 했다. 분자들은 그들만의 특수한 구조와 반응성을 가져서 우리가 원하는 대로 움직여주지 않는다. 그래서 그들이 좋아하는 반응조건을 찾아 만들어주어야 하는데, 그것을 제대로 예측하려면 많은 지식과 경험이 필요하다.

석사과정을 밟는 학생들은 2년 동안 많은 일을 해야 한다. 학점도 따고, 자격시험(영어 포함)에도 합격해야 하고, 논문 연구를 성공적으로 마쳐야 하는 것은 당연한 일이고 학부생들의 실험조교와 심심치 않게 밀어닥치는 지도교수가 주는 특별 임무도 해내야 한다. 그런 와중에 친구도 만나야 하고 취미생활도 즐겨야 하니, 이들의 하루는 24시간만으로 부족할 지경이다. 이런 사정을 감안해 이들에게는 비교적 단편적이거나 시간과 노력만 투입하면 결과가 잘 나올 걸로 예상되는 연구주제를 던져준다. 또 비슷한 연구를 수행하고 있는 박사과정 학생에게 도움을 받을 수 있도록 팀을 만들어준다. 물론 이렇게 만들어진 팀이 모두 성공적이진 않다. 나에게 질문하는 것을 어려워하는 학생들에게는 박사과정 학생이 큰 도움이 되지만 둘의 성격이 잘 맞지 않거나 석사과정생이 박사과정생보다 더 똑똑함(?)을 보여 불편한 관계가 되기도 한다. 허나 나는 그들 사이에 개입하지 않는데, 그런 불편한 관계를 개선하기 위해 서로가 노력하는 것도 배움의 한 과정이라고 믿기 때문이다.

학생의 능력과 적극성, 연구의 난이도에 따라 차이는 있지만 일반적으로 석사과정생의 대부분은 1년 정도만 의미 있는 연구결과를 수확하고(그 전에는 주로 실패를 통해 연구를 배운다), 마지막 6개월 정도에야 쓸 만한 결과를 얻게 되는데, 마지막 두세 달은 거의 밤잠을 못 자며 연구에 매진하기도 한다.

제자들 중에는 다행히 석사과정 중에 국제적 학술지에 연구결과가 실리는 경우도 많았는데, 그것은 당사자가 엄청난 노력을 기울인 결과다.

논문이 어려운 심사과정을 통과해 국제적 학술지에 자신의 이름이 인쇄되어 나온 것을 보면서 즐거워하던 제자들의 모습을 떠올리면 지금도 입가에 절로 미소가 지어진다.

'창의성'으로 이루는 '최초'의 성취감

박사과정생의 어깨에는 석사과정생보다 더 커다란 부담과 기대감이 얹어진다. 석사과정을 끝내고 박사과정에 들어오는 학생에게는 석사과정 때 수행한 연구를 확대·심화시키는 연구과제를 주기도 하고, 본인의 의사와는 전혀 다른 과제를 주기도 한다.

석사과정 때와 달리 박사과정에서 겪게 되는 가장 큰 부담은 연구 아이디어, 수행과정 및 그 결과가 모두 창의적이길 요구한다는 것이다. 또 다른 부담은 박사학위 소지자가 진출할 수 있는 자리가 석사학위 소지자보다 훨씬 좁다는 점이다. 따라서 박사과정을 밟는 중에 기초지식을 튼튼히 하는 것은 물론, 세부 전공분야를 깊이 있게 이해하여 자신의 우수성을 충분히 보여주어야 한다.

우리나라 학생들에게는 특별히 고통스러운 조건이 하나 더 주어지는데, 그것은 다름 아닌 영어 구사능력이다. 대부분 독해력은 어느 정도 갖추었지만 작문과 회화 실력은 절대적으로 부족하다. 영어 공부에 투자하는 많은 시간에 비해 실력은 한참 모자란다. 중국 학생들에 비해서도 현저히 뒤지는 상황이다.

그러나 이 모든 자격요건 위에는 앞에서 언급했던 창의적인 연구가 진행되어야 한다. 이는 주로 얼마나 유명한 국제적 학술지에 완성된 논문을 게재할 수 있는가로 평가되는데, 유명 학술지일수록 심사가 까다롭고 최고 학술지의 경우 채택률이 10% 정도밖에 되지 않으므로 논문 게재가 얼마나 힘든지 짐작할 수 있으리라. 물론 지도교수의 판단에 따라 채택될 것이라고 믿는 수준의 학술지에 투고하고 결과를 기다리지만, 때로는 학생이나 지도교수의 욕심으로 지나치게 힘든 학술지에 도전했다가 쓴잔을 마시기도 한다.

세계적으로 인정받는 독창적인 연구결과를 얻으면 그 기쁨은 말할 수 없이 크다. 물론 그렇게 되기까지는 많은 시간이 필요한데, 아무리 참신한 아이디어를 낸다고 해도 그것이 새로운 지식으로 자리를 잡기까지는 결과가 계속 축적되고 전파되어야 한다. 다른 연구자들에 의해 증명되고 확대되는 데 시간이 필요하다. 국내에서 행해지는 대부분의 연구는 모방적이고 단편적인 면이 크며 새로운 지식을 체계화할 정도의 깊이도 부족한 편이다. 그래서 안타까운 마음에 늘 제자들에게 이렇게 이야기한다.

"다른 사람의 아이디어에 기대어 새로운 실험결과를 얻으면 우수한 학술지에 논문은 실리겠지만, 그것은 너희 자신보다 그 아이디어의 주인공을 돋보이게 한다. 나쁘게 말해 아이디어 창안자에게 충성하는 꼴이 되므로 절대 일류 과학자는 되지 못한다. 아무리 잘해도 비교적 인정받는 이류 과학자에 불과할 뿐이다. 너희 자신만의 독창적인 아이디어를 발휘해야 한다."

지금까지 아무도 수행한 적이 없는, 또는 시도했으나 실패했던 연구를 성공시키는 것은 그리 쉬운 일이 아니다. 상당한 지식과 경험이 쌓이기 전까지는 수많은 시행착오를 반복하기 일쑤고 거기에 들어가는 시간과 노력, 연구비 등은 종종 연구 당사자를 불안하고 초조하게 만들기도 한다. 때로는 자신의 능력을 의심하며 고민에 빠지기도 하는데, 이럴 때는 스스로 극복하기를 기다리는 수밖에 다른 방법이 없다.

나는 학생의 성품과 상황에 따라 지도방법과 채찍질의 강도를 조절한다. 그래서 내가 혹독하게 훈련시킨다는 소문이 나기도 했지만, 사용하는 화학약품에 알레르기 반응을 보여 세 명의 제자가 연구실을 떠난 이외에는 나간 학생이 없었으니, 소문처럼 그렇게 혹독하지만은 않았노라고 스스로 위로해(?)본다.

초지일관의 학구열로 힘든 연구를 마친 제자들이 사회 곳곳에서 훌륭한 리더로 자리매김하고 있는 모습을 보노라면 내 채찍질의 효과가 느껴져 내심 뿌듯하기도 한데, 이것이 비단 나만의 생각일까.

새로운 분야를 개척하고 그 분야가 세계적으로 인정받을 정도의 중요성을 가지게 되면 우리 과학도들에게도 노벨상의 희망이 보이게 된다. 그래서 많은 과학자들은 밤잠을 포기하고 몇 년을 매달려 노력한 끝에 '내가 첫 번째로 해냈다'는 성취감을 얻고자 연구실에 스스로를 가둔다. 물론 성취감보다 우선하는 것이 '과학은 재미있다'는 자기 만족감임을 굳이 설명하지 않아도 되리라. ☀ 진정일 _ 고려대학교 융합대학원 석좌교수

0학기부터 출발하는 고분자 연구실

대학원 생활은 3월 입학과 함께 시작되지만 진정일 교수님의 실험실은 예외였다. 12월 중순에 대학원 합격자 발표를 확인한 후 우연히 복도에서 선생님을 만나 반갑게 인사를 드렸더니 내일부터 실험실에 나오라고 하셨다. 다음날 실험실에 갔더니 미리 이야기를 들은 선배들이 내 자리를 배정해주고 선생님은 석사논문 주제에 대해 이야기하셨다. 그 악명(?) 높은, 고분자 연구실에만 있다는 0학기가 시작된 것이었다.

열악하고 혹독한 고분자 연구실

고분자 연구실의 하드 트레이닝은 우리 학교 화학과에서도 유명했다. 일찍 등교해서 밤늦게까지 실험하고 휴일에도 나와서 실험하는 곳. 고분자 연구실 졸업생이라면 모두 경험했겠지만 내가 석사과정 1년차 때 실험실을 쉰 날은 구정, 신정, 추석 이렇게 3일 정도였던 것 같다. 그래도 집이 지방인 사람들은 명절 때 휴가를 며칠 더 받았지만 서울에 집이 있는 나 같은 사람은 명절 하루만 딱 쉴 수 있었다.

이런 구조의 중심에는 진정일 선생님이 계셨다. 선생님은 항상 아침 8시에 출근해서 저녁 8시쯤에 퇴근을 하셨다. 아침 9시 정도가 되면 실험실에 오셔서 전원을 대상으로 실험진도와 상황을 파악하는 일대일 면담을 진행하는데, 이것이 저녁 7시에도 한 번 더 진행된다. 이런 생활이 매일같이 이어졌으니 하루 중 어느 때고 땡땡이를 칠 엄두를 낼 수가 없었다. 오전과 오후, 하루에 두 차례나 실험진도를 파악하는 선생님의 눈을 속일 재간이 없었으니 말이다.

실험을 하다가 망치기라도 하는 날에는 정말 식은땀이 나지 않을 수가 없었고, 시험기간이라도 겹친 때에는 정말 힘든 하루하루를 보내야 했다. 별다른 수가 있나? 무조건 열심히 하는 수밖에.

고분자 연구실에는 항상 사람들이 붐볐다. 학생 수가 많았고 땡땡이를 칠 수 있는 여건이 안 되었기 때문이다. 그래서 실험장비나 기구가 늘 부족해 미리 챙겨둬야 제대로 실험을 진행할 수 있었다. 가끔은 순번을 정해 기다려야 하는 상황이 생기기도 하는데, 이때에는 선후배를 따지지 않고 순서대로 진행하였다. 실험실 내에서 유일하게 선후배 질서가 적용되지 않은 경우라고 할 수 있다.

분석을 할 때는 여러 장비를 활용해야 할 때가 많았다. 그 당시 학교에는 장비가 많지 않아서 좋은 장비를 갖춘 다른 연구소나 대학을 찾아다니며 실험을 해야 했는데, 홍릉에 있는 KIST, 광주에 있는 조선대학까지 찾아가곤 했다. 비록 장비는 부족했지만 조금만 부지런하게 움직이면 연구나 실험에 지장을 받지 않았다.

실험하기 딱 좋은 날이구나!

1년의 대부분을 실험실에서 지내다 보니 웬만한 것은 모두 실험실에서 해결했다. 식사는 시켜 먹는 경우가 많았다. 그래서 자장면을 1000그릇 정도 먹어야 석사학위를 딸 수 있고, 2000그릇 정도를 먹어야 박사학위를 딸 수 있다는 말이 떠돌았다. 실험이 많은 날에는 실험실에서 자는 경우가 많았다. 여름에는 옷을 빨아서 말리는 사람이 있는가 하면 신발까지 빨아서 말리는 선배도 있었다. 날씨가 덥다 보니 샤워까지는 아니더라도 머리를 감는 경우가 많았는데, 머리를 감는 와중에 선생님이 오셨다가 그냥 가시기도 했다(선생님은 모른 척하셨다). 한 번은 머리를 감고 있다가 누가 말을 걸어서 반말로 대꾸를 했는데, 나중에 알고 보니 선생님이어서 깜짝 놀랐던 적도 있다.

한여름에는 실험을 진행하는 것이 곤혹스러웠다. 방독면과 수건을 뒤집어쓰고 40도가 훨씬 넘는 후드 안에서 실험을 하면 땀이 비 오듯 했는데, 그럴 때 선생님은 "실험하기 딱 좋은 날이구나!"라고 말씀하셨다. 햇볕이 강해 습도로 인해 생기는 문제가 없어져서 실험하기에 좋다는 뜻이었지만 그때는 어찌나 야속하던지.

실험실 칠판에는 행선지를 적는 칸이 있었다. 선생님과 선배들이 갑자기 찾을 수도 있기 때문에 화장실에 가더라도 꼭 적고 가야 했다. 행선지를 적지 않은 상태에서 한 시간이 지났는데도 나타나지 않으면 여지없이 혼쭐이 났다. 또 아침 8시까지 실험실에 나오지 않으면 여지없이 집으로 전화가 걸려 왔으니 이 얼마나 완벽한 통제 시스템인가. 지금처럼 IT가 발달하지 않았던 시절인데도 말이다.

그렇다고 실험실 생활이 삭막하기만 한 것은 아니었다. 젊은 청춘들이 모여 있으니 가끔은 낭만적인 면모도 엿볼 수 있었다. 어느 비 오는 여름날, 실험실 앞 애기능에서 한 여학생이 우산을 든 채 실험실 선배를 바라보고 있었다. 실험실 생활이 너무 바빠 데이트를 거의 할 수 없는 남자친구를 보기 위해 실험실 주변을 맴돌았던 것이다. 상황이 대부분 똑같다 보니 이런 일은 다른 사람들에게도 자주 일어났던 것으로 기억한다. 개중에는 여자친구와 헤어지는 경우도 있었고, 어려운 시기를 잘 넘겨 결혼한 경우도 있었다. 비 오는 날 애기능에 있었던 그 여학생은 결국 선배와 결혼에 성공했다.

무서운 호랑이 선생님

선생님은 무서운 것으로 유명했는데, 그와 관련한 몇 가지 일화가 생각난다. 매주 한 번씩 선생님과 함께하는 그룹토의가 있었는데, 선배들은 이 시간이 지옥 같다고 했다. 나 역시 긴장된 상태로 그룹토의에 참석해 보니 소문처럼 선배들은 진땀을 흘리며 잔뜩 긴장한 상태에서 토의를 하고 있었다. 또 매달 한 번씩 각자의 실험주제에 대해 발표하는 세미나 시간이 있었는데, 이때 선생님의 질문에 제대로 대답을 하지 못하면 무참히 깨지곤 했다.

언젠가 정기 고·연전 때 선생님 몰래 경기장에 가려고 몇 명이 일을 꾸몄다가 들킨 적이 있었다. 선생님은 우리 모두에게 당장 짐 싸서 실험실에서 나가라고 불호령을 내리셨고, 이후 일주일이 넘도록 우리와 말 한마디 나누지 않으셨다.

이렇게 무서운 선생님이지만 가르치고자 하는 열정은 지칠 줄 모르셨다. 강의시간이나 토의시간에 선생님은 하나라도 더 가르쳐주시려고 노력하셨다. 또 학문에 대한 열정이나 새로운 것에 대한 도전, 문제를 해결하고 극복하는 자세는 제자들의 귀감이 되기에 충분했으니 어찌 선생님을 단순히 무섭다는 말로만 표현할 수 있을까.

새로움에 도전하는 삶을 배우다

돌이켜보건대, 짧다면 짧고 길면 긴 2년 동안의 실험실 생활은 내게 소중한 경험과 자신감을 안겨주었다. 우리 연구실에서는 누구도 해본 적이 없는 실험들을 수행하는 편이었다. 선생님과 우리가 새로 만들어가면서 하는 실험이었기에 열정을 다해 실험에 임할 수 있었고 덕분에 많은 성과를 낼 수 있었다. 선생님의 열정이 제자들에게 전해지지 않았다면 이룰 수 없는 일이었으리라.

연구소에 입사해서 10년을 보내고 나니 새로운 도전의 기회가 찾아왔다. 마케팅이라는 새로운 업무를 찾아 OK 캐쉬백 사업부로 이동을 결정한 것이다. 많은 고민을 했지만 단순하고 쉽게 결정을 내렸다. 새로운 일은 항상 존재하는 것이니 그것을 두려워할 필요는 없다. 새로 배워야 할 것은 많겠지만, 열정과 부지런함만 있으면 무엇이든 잘할 수 있을 것이다. 이렇게 생각하고 이동을 결심했다.

나름대로 열심히 일을 배우고 적응해 나갔다. 새로운 것에 대한 두려움을 없애고, 하면 된다는 것을 몸소 보여주신 선생님을 떠올리면서 말이다. 대학원은 한 단계 높은 지식만 가르쳐준 것이 아니라 지치지 않은 자세로 세상을 살아가도록 하는 열정을 가르쳐주기도 했다. 새로운 것에 도전하는 삶, 열심히 노력하고 실천하여 목표를 달성하는 삶을 말이다.

선생님의 정년퇴임 소식을 듣고 오랜만에 선생님을 찾아뵈었다. 전보다 많아진 흰 머리카락과 야윈 얼굴에서 선생님의 연세를 실감할 수 있었다. 하지만 선생님과 이야기를 나누는 동안 선생님의 열정만큼은 예전 못지않음을 느낄 수 있었다. 말투, 목소리, 강렬한 눈빛, 새로운 학문에 대한 열정은 여전하셨다. 그 모습에서 선생님의 정년퇴임을 아쉬워하는 마음은 잠시 접기로 했다. 아직 선생님은 해야 할 일이 많으시고, 그 일들을 반드시 해내시리라는 확신이 들었기에 말이다. ☀ 김일중 _ (주)SK OK 캐쉬백 사업부

어려움 속에서 꽃피운 열정의 열매

나와 동료들은 고분자화학 연구실 또는 고분자화학 실험실이라는 정식 명칭보다는 '고분자방'이라는 애칭을 더 많이 사용했다. 우리 고분자방 뿐만 아니라 다른 연구실도 마찬가지였다. 무기화학 연구실은 무기방, 유기합성 연구실은 유기방, 물리화학 연구실은 물리방, 분석화학 연구실은 분석방 등 '연구실'이라는 거창한 이름보다는 정겨운 '~방'이라는 이름이 거의 24시간을 함께 보내는 연구원들에게 더 가깝게 느껴졌기 때문이다.

고분자방에 들어가기 위해 대학원 입학시험을 치고 진정일 선생님을 처음 뵈었을 때, 나는 학부(고려대가 아니다)에서 고분자 수업을 강의하신 교수님의 성함을 대지 못해 꾸중을 들었다. 그것은 시작에 불과했다. 고분자방에 들어간 이후 나는 선생님께 크고 작은 꾸중을 듣고 관심을 받게 되었다.

당시 연구실에는 선생님의 사진이 걸려 있었는데, 그 사진은 마치 우리의 생활을 일거수일투족 지켜보고 있는 것 같았다. 그 사진 앞에 있는 작업대에서 점심을 시켜 먹을 때면 우리는 사진 속의 선생님이 점심 메뉴도 정해주시면 좋겠다고 농담 삼아 이야기하기도 했다. 그만큼 선생님은 아침부터 밤까지 연구실에서 생활하는 우리와 떼려야 뗄 수 없는 공기 같은 존재였다.

무더위, 정전, 재활용

당시 수많은 해외 유명 저널에 논문을 발표하고 'IWLCD'와 같은 국제학회를 주관하실 정도로 국제적으로도 저명했던 선생님의 명성에 비해 연구실의 인프라는 매우 열악했다. 당시 이학관 건물 2층 한쪽 구석에 있던 실험실은 다른 곳에 비해 무척 컸다. 벽의 책상을 제외한 빈 곳에는 시약장이 가득 차 있어 환기를 위해 문을 열어야 했고 실내는 늘 외부 대기와 항온항습을 유지하곤 했다.

더운 여름날 열어둔 창문으로 열기가 들어올 때면 남자들만 있던 실험실에서 러닝셔츠 위에 실험복을 걸치고, 겨울에는 스팀이 들어오지 않는 밤에 작은 전기난로에 몸을 녹여가며 실험을 했다. 또한 잦은 정전 때문에 시약 냄새를 환기시키기 위해 창문을 열어 외부 공기와 평형을 유지해야 했는데, 열악한 전기 사정은 신입생을 괴롭히는 것 중의 하나였다. 정전 후 역류된 진공트랩을 청소하는 것은 만만치 않은 작업이었고 정전이 된 순간 정신없이 뛰어가 진공을 풀던 모습을 아직도 생생히 기억하고 있다. 가끔 정전이 되면 실험을 중지하고 마음 편히 축구를 하러 가기도 했지만 밤에는 진공펌프를 돌릴 수 없었던 당시의 열악한 사정을 생각하면 격세지감이 느껴진다.

실험물품은 뭐든지 재활용을 해야 했다. 신입생의 주요 임무 중 하나가 깨진 플라스크의 목 부분을 모아 청계천의 유리공방에서 때워오는 것이었다. 고장이 잦았던 맨틀과 펌프는 늘 수리해서 썼는데, 특히 중합에 사용하던 염욕로(salt bath)의 맨틀은 석사과정 중에 4~5번을 수리했던 기억이 난다. 용매도 예외가 아니었다. 세척용 아세톤은 교반기 없이 끓임쪽만 넣어둔 5리터 플라스크에서 가끔씩 폭주하듯 퍽퍽 거품을 내며 실험실 구석 자리를 차지하고 있었다. 하지만 이렇게 힘들고 어려운 상황에 대해 불만을 가진 적은 없었다.

늘 실험을 생각하라

왜 그랬을까? 무엇이 하루 종일 서서 실험을 하고, DSC 데이터 하나를 얻기 위해 광주로 대전으로 돌아다니는 생활을 군말 없이 하게 만들었을까? 그것은 선배들이 이루어놓은 전통과 성과에 대한 자부심과 선생님에 대한 신뢰가 있기에 가능한 일이었다.

선배들이 이루어놓은 전통과 관련해서 생각나는 이야기가 하나 있다. 신입생 시절, 실험실에서는 '하이타이'라는 분말세제를 사용했다. 하이타이는 수분이 들어가면 쉽게 굳어지고 찬물에도 잘 녹지 않아 사용하

과학자는 이렇게 태어난다

기가 불편했다. 그런데 다른 실험실에서는 액상 세제인 '퐁퐁'을 사용하고 있는 것이 아닌가! 그래서 동기와 함께 우리도 한번 편하게 해보자고 의기투합하여 세제를 바꾸었는데, 결국 선배에게 혼만 나고 말았다. 우리 실험실에서는 지금껏 하이타이를 사용해서 좋은 결과를 냈는데 왜 다른 실험실을 따라 세제를 바꾸느냐는 것이었다. 사용하던 세제를 고수하는 것이 버려야 할 인습인지 지켜야 할 전통인지 따져보기 전에 선배들의 자부심이 대단하다는 생각을 했다(지금은 연구실에서 어떤 세제를 쓰는지 궁금하다).

실험실 여건은 열악했지만 데이터를 분석하고 정리하는 데는 한 치의 오차도 없어야 했다. NMR 결과 예상치 않았던 작은 피크 하나, 실험결과를 정리한 리포트의 오타 한 자도 선생님의 날카로운 눈을 피해갈 수 없었기 때문이다. 컴퓨터 프로그램이 발달하지 않아 DSC 피크의 종이를 잘라 데이터를 구하던 시절, Tg 변곡점을 찾기 위해 안경을 벗고 실눈으로 결과를 살피시던 선생님의 모습이 잊히지 않는다. 선생님은 너무나 빠르고 정확하게 오타를 찾아내셨는데, 그 당시 문서를 타이핑해 주던 아가씨에게서 받은 문서를 유심히 살펴보고 가져가도 선생님은 귀신같이 오타를 골라내셨다.

한번은 대학원생을 대상으로 한 영어 논문작성법에 대한 강의가 있었는데, 선생님은 딱 한 장의 자료를 준비해 오셨다. 선생님은 "내가 지금까지 논문을 100여 편 냈다. 이건 지금 수정 중인 논문인데, 보다시피 수정할 부분이 많다는 걸 알 수 있다. 그러니 너희들도 이런 강의 들을 생각 말고 모두들 돌아가서 실험이나 열심히 해라"고 말씀하시며 강의를 마치셨다.

늘 버스로 통근하시면서 너희들도 차 안에서 실험을 생각하라고 말씀하시던, 학생인 우리들보다 더 많은 책과 논문을 읽으시던, 언제 어디서나 연구만 생각하시던 선생님의 열정과 실험실에서 활활 타오르는 청춘을 바쳤던 선후배들의 열정 덕에 고분자방의 자랑스러운 역사는 계속 이어지고 있다. ☀ 김종성 _ 애플코리아

과학자는 이렇게 태어난다

상처, 미스터리, 그리고 실험실

대학에 다닐 때부터 화학이론에 대한 강의보다 실험하는 것을 더 좋아했다. 그래서 대학원에 가고자 마음먹었을 때에도 초자 기구와 시약으로 실험을 많이 하는 유기화학 실험실에 들어가고 싶었다.

당시 학교에는 정봉영 교수님과 조봉래 교수님의 유기화학 실험실, 그리고 진정일 교수님의 고분자화학 실험실이 있었다. 정 교수님과 조 교수님의 수업은 거의 듣지 못한 반면 진 교수님의 수업은 3학기에 걸쳐 세 과목이나 들은 상태였지만 이상하게도 유기화학 실험실에 마음이 더 끌렸다. 그곳의 규모가 가장 큰 것은 물론이고, 유학을 준비하는 많은 선배들도 그곳에 포진하고 있었기 때문이다. 또 어이없는 이유이긴 하지만 '고분자화학'보다는 '유기화학'이라는 이름이 더 좋아 보이기도 했다.

대학원 진학 준비를 하던 석철이와 내가 정 교수님 연구실을 찾아간

날, 교수님은 자리를 비운 상태였다. 그래서 최이준 선배나 만나고 가자며 고분자화학 실험실에 들렀다. 당시 유기화학 실력이 뛰어난 석철이를 실험실로 불러들이려고 노력하던 최 선배는 우리를 보자마자 바로 진 교수님 연구실로 데리고 가서는 "교수님! 여기 두 사람이 우리 방에 오겠답니다"라고 말하는 것이 아닌가! 순간 당황했지만 나중에 다른 방에 간다고 해도 문제가 안 될 거라고 생각하며 어색한 웃음을 지었다.

교수님은 석철이는 유기화학을 잘하는 학생으로, 나는 다른 전공과목에 비해 교수님이 강의하는 과목의 성적만 유달리 안 좋은 학생으로 기억하고 계셨다. 그러면서 석철이는 최 선배와 함께 액정 중합체 합성을, 나는 박주훈 선배와 함께 전도성 고분자에 대해 연구해보라며 내일부터 실험실에 나오라고 하셨다. 상황이 그렇게 되고 보니 더 이상 다른 실험실에 간다는 것은 생각할 수 없게 되었다. 이렇게 해서 내 인생의 핵심인 고분자화학과의 인연이 시작되었다.

손바닥의 부끄러운 상처

내 손바닥에는 실험 중에 입은 작은 상처가 남아 있다. 나의 무식함과 성급함으로 빚어낸 '부끄러운' 상처다.

대학원에 입학한 지 얼마 되지 않았을 때 끓는점이 섭씨 200도 정도 되는 용매를 100밀리리터 플라스크에 넣고 기름 중탕을 이용하여 끓이는 실험을 했다. 당시 고분자화학 실험실은 너무 작아서 신입생이 실험할 수 있는 공간이 없었기에 증류실에서 실험을 하고 있었다. 약 한 시간가

량 끓인 후 식히고 집에 가려고 하는데 식는 속도가 너무 느린 게 아닌가.

'에라, 모르겠다. 물로 식히자.'

빨리 식히겠다는 생각에 플라스크를 찬물에 넣었다. 그런데 플라스크가 찬물에 닿는 순간, 플라스크는 산산조각이 났다. 열을 받은 유리의 팽창과 수축 정도를 고려하지 않아서 벌어진 일이었다. 당시에는 입학을 하면 100밀리리터 일구 플라스크, 250밀리리터 삼구 플라스크, 마개, 냉각기 한 점씩을 선물로 받았는데, 연구비가 빠듯한 시절이라 대통령에게 훈장을 받는 것만큼이나 대단한 것이었다. 그렇게 대단한 유리기구가 깨졌으니 그 상실감은 이루 말할 수가 없었다.

그 후 나는 유리기구들을 조심스럽게 다루었고 더 이상 사고는 없을 듯했다. 그러나 유리기구는 깨지지 않는다는 착각에 빠질 즈음 또다시 사고가 터지고 말았다. 건조용 트랩을 만들려고 유리관에 고무관을 끼우는데 잘 들어가지 않았다. 그리스를 사용하니 잘 들어가긴 하는데 너무 잘 빠지는 것이 문제였다.

선배가 물을 이용해보라고 했지만 '건조용 트랩에 쓰일 관을 만드는데 물이 닿으면 안 되지'라는 생각에 엄청나게 힘을 주어 고무관을 밀어넣었다. 아니나 다를까, 내 힘을 감당하지 못한 유리관이 깨지면서 유리파편이 손바닥 깊이 박히고 말았다. 지금도 남아 있는 손바닥의 상처를 보면서 항상 익숙해진 것에 대해 더욱 조심하고자 한다.

염화티오닐에 얽힌 추억

고분자화학 실험실을 떠올리면 가장 먼저 생각나는 것이 염화티오닐(thionyl chloride)이다. 이것은 최루성 화합물로 염소화 반응에 쓰이는데, 매번 정제해서 사용해야 했다. 정제가 끝나고 실험장치를 닦으려고 실험대 위에서 분리하면 눈물을 쏟기 일쑤였다(그 당시의 후드 시설은 너무 작고 팬의 성능도 좋지 않아 사용하지 못했다).

어느 날 한 선배가 실험을 하다가 염화티오닐을 병째 깨뜨렸다. 우리는 모두 실험실 밖으로 대피했다. 모두들 눈물, 콧물을 흘리며 실험실 안으로 들어가지 못하고 있는데, 병을 깨뜨린 선배는 사고를 수습하겠다며 수건으로 입을 틀어막고 들어가 치우기 시작했다.

하지만 오래된 실험대의 갈라진 틈새로 들어간 염화티오닐은 도저히 치울 수가 없어서 포기하고 돌아가려는데 연구실 문이 열리면서 진정일 교수님이 나오시는 것이 아닌가! 교수님의 연구실에도 냄새가 진동했을 텐데 교수님은 아무렇지도 않게 "오늘은 일찍 가야겠다"라며 실험실을 나가셨다.

어떻게 교수님은 그렇게 오랫동안 연구실에 계실 수 있었을까? 혹시 방독면을 쓰고 계셨나? 이유는 알 수 없지만 이 사건으로 인해 교수님의 코가 안 좋아진 것이 아닌가 짐작할 뿐이다. 여기서 이야기가 끝난 것이 아니다. 며칠 뒤 발견한 놀라운 사실은 염화티오닐이 깨진 곳부터 후드가 있는 방향까지 거의 모든 쇠가 벌겋게 녹슬어 있었다는 것이다. 실로 염화티오닐의 굉장한 위력이 아닐 수 없다.

산산조각난 플라스크의 미스터리

1984년 가을 어느 날, 당번이었던 나는 아침 일찍 실험실에 도착해서 청소를 시작했다. 실험실과 교수님 연구실의 창문을 열어 환기시킨 후 청소를 하는데, 실험실 싱크대에 아스피레이터(aspirator)가 붙어 있는 수도꼭지가 활짝 열려 있는 것이 눈에 들어왔다. 싱크대 옆 실험대 위에는 부흐너 깔때기가 놓여 있고 그 옆에는 우유처럼 뿌연 액체가 들어 있는 비커가 놓여 있었다. 자세히 보니 비커 안에는 아주 고운 입자의 생성물이 떠다니고 있었다. 수도꼭지를 잠그고 청소를 끝내고 나니 아침 운동을 마친 동기와 선배들이 들어왔다.

"준섭아, 여기 있던 2리터짜리 감압 플라스크 어디 갔니?"

"응? 모르겠는데. 내가 왔을 때는 감압 플라스크는 없고 아스피레이터가 달려 있는 수도꼭지가 틀어져 있던데?"

이렇게 말하면서 아스피레이터에 연결된 고무관을 보여주었다.

"이것 봐. 여기에는 아무것도 연결되어 있지 않잖아."

그런데 이게 웬일인가! 고무관에 감압 플라스크의 꼭지만 대롱대롱 매달려 있는 것이 아닌가. 아니, 플라스크 몸체는 어디로 갔지? 바닥을 청소할 때 작은 유리 조각이 몇 개 나오긴 했지만 플라스크의 몸체라고 보기에는 그 양이 너무 적었다. 실험대나 다른 책상을 뒤져보아도 커다란 유리 조각은 발견되지 않았다. 귀신이 곡할 노릇이었다.

동기는 생성물이 너무 고운 입자로 엉켜 잘 걸러지지 않고 1분에 한 방울씩 걸러지기 때문에 수도꼭지를 활짝 열어놓아 감압을 최고 상태로 유지한 채 테니스를 치러 갔다고 했다. 그 시간에 이공대학 건물 전체에서 수도꼭지를 열어놓은 것은 우리 실험실이 유일했을 텐데. 하지만 곰곰이 생각해보니 8시 20분쯤 구경이 큰 수도꼭지를 여는 사람이 있었다는 결론이 나왔다. 그는 다름 아닌 청소 아주머니였다.

아주머니는 그 시간에 대걸레를 빨기 위해 화장실에서 수도꼭지를 열고 닫는데, 아마도 이 때문에 급격한 수압의 변화가 생겨서 감압 플라스크가 산산조각이 난 게 아니었나 싶다. 아니면 고분자를 만들어보지 못한 한 맺힌 유령의 짓이려나? ☀ 김준섭 _ 조선대학교 응용화학소재공학과 교수

과학자는 이렇게 태어난다

이학관 2층 구석방의 추억

가끔 선배들로부터 예전의 실험실 이야기를 들으면 흥미진진했다. 그때는 군기가 대단해서 후배들에게 기합을 주는 일이 비일비재했고, 핫플레이트에 삼겹살을 구워 먹기도 했다는 등 내가 실험실에서 생활하던 때보다 훨씬 짜릿한 일이 많았다고 느꼈다. 나는 선배들에게 들은 이야기를 내가 겪은 일인 양 후배들에게 들려주었는데, 후배들이 워낙 흥미롭게 듣기에 신이 나서 더욱더 꾸며서 이야기를 했다. 후배들의 즐거워하는 모습을 보니 내 기분도 덩달아 좋아졌다. 아마 선배들도 그런 마음으로 우리를 바라봤을 것이다.

스파르타 문화와 홍길동
내가 학교에 다닐 당시, 고려대학교 화학과의 대학원 실험실은 모두 이학관 3층에 있었지만 우리 고분자화학 실험실은 2층 맨 구석에 있었다. 마치 대륙에서 떨어진 섬나라 같은 독특한 지리적 위치 때문에 우리 실험실은 오랫동안 독특하고 독창적인 문화를 간직할 수 있었다. 그 차별화된 문화란 것이 세계사 시간에 들었던 2000년 전의 스파르타 문화라는 것을 깨닫기까지는 그리 오래 걸리지 않았다. 아무튼 분명한 것은 스파르타의 힘 덕분에 우리 실험실에서는 많은 스파이더맨을 배출시킬 수 있었다.

이학관 2층 구석방에서의 2년은 내 인생의 전투력을 배우는 훈련병 시절의 시작이었다. "천하의 홍길동도 처음에는 마당 쓸고 장작불 때는 것부터 시작했어"라는 선배의 말대로 처음에는 선배들보다 일찍 나와서 실험실과 선생님 연구실을 청소하고 초자를 닦았다. 언젠가 나도 홍길동이 될 거라고 생각하면서 말이다. 허나 18년이 지난 지금, 아직 홍길동 근처에도 못 갔으니 어떻게 된 일일까?

쥐 소탕작전

아침에 실험실에 가면 밤새 비누가 예리하게 깎인 자국이 보였다. 누가 밤 사이에 이런 짓을 했을까? 범인은 쥐였다. 책상 아래 시약장 문을 열어보면 쥐가 나를 빤히 바라보고 있었다. 조용한 집안에 들이닥친 불한당처럼. 순간 당황해서 문을 닫고 잠시 생각을 가다듬은 후에 다시 문을 열면 그새 사라지고 없다.

선배들에게 그 이야기를 하니 새삼스럽다는 듯이 "예전부터 같이 살

앉어. 아마 자기들이 이 방 주인이라고 생각할 걸"이라고 한다. 하지만 실험실 운영비로 마련하는 비누를 계속 갉아먹는 쥐를 그대로 둘 순 없었다.

결국 6개월 방위 출신인 선배가 쥐 소탕작전을 벌여 이 방의 주인은 우리라는 것을 확인시켜 주었다. 쥐와의 전쟁은 그렇게 막을 내렸다. 전적은 한 마리 사살, 아군 피해 6개월 방위 한 사람 부상(적의 최후 저항으로 고무장갑 낀 손을 물림).

전화 그리고 청춘남녀

휴대전화가 없던 시절이라 실험실에서 바깥세상의 연락을 받을 수 있는 유일한 수단은 유선전화였다. 그런데 전화는 선생님 연구실과 연결되어 있어서 선생님이 전화를 받아 우리에게 바꿔줄 때가 많았다. 특히 퇴근이 늦는 날이면 선생님은 전화교환수 역할까지 톡톡히 했다.

그 당시 선배들은 대부분 애인이 있었는데, 선생님이 퇴근한 후에는 다들 줄줄이 전화통을 붙잡고 놓질 않았다. 한번은 선생님이 "예쁜 목소리의 아가씨가 내 목소리를 듣고 전화를 끊어버리네. 한두 번이 아니야"라고 말씀하셨다. 그 한마디에 선배들은 범인 색출 회의를 가졌는데 다들 오리발을 내밀기 바빴다. 심증은 있으나 물증이 없어서 결국 범인 색출에는 실패했다.

그나마 전화로나마 연락할 수 있는 상황은 나은 편이었다. 나는 제때 전화 연락을 하지 못한 죄로 만난 지 얼마 되지 않은 여자친구를 떠나보내야 했다. 간만에 여자친구를 만나러 나가려던 찰나, 즉흥적으로 회식이 결정되었다.

그 당시 회식에는 무조건 전원이 참석해야 했는데, 천재지변에 준하는 상황이 아니라면 불참은 생각도 못할 일이었다. 문제는 회식이란 것이 사전에 미리 공지되는 것이 아니라 "오늘 다 같이 식사나 하지"라는 선생님의 말씀에 즉흥적으로 결정된다는 것이다. 여자친구를 만날 장소가 길거리라서 연락할 방법이 없었다. 아무튼 학교 앞 정육점에서 삼겹살을 어떻게 먹었는지 기억도 나지 않는다. 평소와 달리 회식이 끝날 때만 기다렸지만 그날따라 시간은 왜 그리도 안 가던지.

회식이 파한 후 부랴부랴 택시를 타고 약속장소로 갔다. 약속시간보다 한 시간이나 늦게 도착했는데 그녀가 아직도 기다리고 있지 않은가! 아, 이 여자는 하늘에서 길을 잃고 땅에 떨어진 천사가 분명하다.

삼겹살 냄새를 풍기며 변명과 감사의 뜻을 전하니 그녀는 "시간 약속을 지키지 못하는 사람과는 사귀기가 어렵지 않겠어요?"라고 한마디 던진 후 휭하니 가버린다. 아니, 그럼 지금까지 왜 기다린 거야? 후배에게 그 이야기를 했더니 그때는 따라가서 잡는 거라나? 아무튼 그 천사는 어딘가에서 잘 살고 있겠지. ☀ 윤경근 _ 코오롱 중앙기술원 IT 소재연구그룹 개발담당

과학자는 이렇게 태어난다

나도 그런 삶을
살고 싶다

1996년 겨울 어느 날, 고려대학 고분자화학 연구실의 문을 두드렸다. 부산하게 움직이는 연구원들 사이에서 머리가 희끗희끗한 진정일 교수님은 단연 눈에 띄었다. 한 학생과 무언가를 열심히 들여다보고 계셨는데, 잘 안 보이시는지 연신 안경을 들어올리며 열중하는 모습이 무척 인상적이었다. 그동안 머릿속으로만 그리던 진정한 학자의 모습이 느껴지면서 나이가 들어서도 학문에 대한 열정을 나누고 싶다는 생각에 당장 고분자화학 연구실에서 석사과정을 밟게 되었다.

밥 먹듯 밤을 새워

2년 동안 아침부터 밤늦게까지 정말 열심히 연구에 몰입했다. 실험실의 불이 꺼지는 날이 거의 없을 정도였는데, 특히 마지막 한 학기를 남겨두었을 때에는 모두들 밥 먹듯이 밤을 새웠다. 새벽에 잠시라도 눈을 붙일라치면 서로가 조금이라도 편한 의자를 찾아 경쟁하곤 했다. 특히 실험실 구석에 있던 갈색 의자는 실험실에서 가장 편한 의자 중 하나로, 겨울엔 가장 따뜻하기도 해서 그것을 차지하기 위한 경쟁이 치열했다. 밤을 새면서 다 함께 먹은 야참은 왜 그렇게 맛있던지, 야참의 종류는 왜 그리 많은지. 한국을 떠나 있어서 그런지 몰라도 그 당시에 먹었던 음식들이 정말 그립다.

나는 선생님께 야단을 참 많이 맞았다. "공부 좀 해라. 이 저널 좀 봐!" 나도 모르는 논문이 책상 위에 올려져 있으면 그렇게 당황스러울 수가 없었다. 선생님은 바쁜 와중에도 저널에 내 연구와 관련된 논문이 실려 있으면 언제나 챙겨주시며 공부 좀 하라고 야단을 치셨다.

선생님은 하루에도 수십 번씩 연구실과 실험실을 오가셨는데, 덕분에 선생님께서 연구실에 계시면 우리는 꼼짝도 못하고 연구에만 전념할 수밖에 없었다. 언제 어디에 나타나셔서 연구에 대해 물어보실지 몰랐기 때문이었다.

한번은 밤을 샌 후 쏟아지는 졸음을 참지 못하고 책상에 엎드려 잠시 눈을 붙인 적이 있었다. 그때 선생님이 들어오시는 바람에 놀라서 벌떡 일어났지만 퀭한 눈과 얼굴에 벌겋게 눌린 자국은 내가 잔 흔적을 그대로 보여주고 있었다. 아뿔싸! 야단맞을 각오를 하고 있는데 선생님은 뜻밖에도 "어제 밤샜구나! 건강 조심하면서 일해라"라며 격려해주시는 게 아닌가? 선생님의 그 한마디에 얼마나 큰 힘을 얻었는지 모른다.

이렇듯 선생님은 엄하면서도 너그러우셨다. 이러한 선생님의 인간다움과 우리 그룹이 한국의 고분자화학을 선도하고 있다는 자부심이 힘든 2년여의 기간을 지탱하게 해준 힘이 아니었을까?

유학을 와서도 고분자화학 연구실에서 배운 지식은 많은 도움이 되었다. 신입생으로 들어온 내가 오히려 2~3년 위의 학생들에게 조언을 해준 적도 많았으니 말이다. 이것은 우리 그룹의 연구가 선진국의 그것에 전혀 뒤떨어지지 않았다는 것을 보여준다.

늘 새로운 것을 탐구하는 삶

몇 달 전 가족들과 함께 선생님을 찾아뵈었다. 실험실에서 서류 뭉치를 들고 나오는 선생님을 따라 한 학생이 고개를 푹 숙이고 나왔다. 선생님은 나에게 잠시 기다려달라고 한 후 그 학생과의 대화를 이어나갔다.

"창피해서 어떻게 이런 데이터를 보여주겠니?"

"…"

"뭐가 잘못되었는지 알겠어?"

선생님과 그 학생 사이에 익숙한 대화가 오갔다. 10여 년 전의 나를 혼내시던 모습 그대로라, 정년을 몇 달 앞둔 노교수라고는 전혀 믿기질 않았다.

알고 지내던 박사님 몇 분과 선생님을 모시고 식사를 했다. 아직도 새로운 연구분야에 대한 관심이 많은 교수님은 연신 질문을 던지셨다. "이 연구는 어떻게 되나?" "누구는 이런 일을 했더라." 그런 와중에도 내 아이가 생선을 잘 먹는다며 앞에 있던 생선 접시를 내 처에게 밀어주신다. 오래전 "밤샜구나. 건강 조심하면서 일해라"라고 다정하게 말씀하시던 모습 그대로 말이다.

앞으로 내가 어디에 자리를 잡고 무슨 일을 하게 될지는 아직 잘 모른다. 다만 확실한 것은 앞으로 나이가 들어서도 늘 새로운 것을 탐구하는 선생님의 모습을 닮으리라는 것이다. 그런 삶을 살고 싶다. ☀ 홍영래 _ 미국 실리콘밸리 클리어리스트 사

고분자 연구실, 내 청춘의 보물상자

이공계 대학원 연구실 생활을 해보지 않은 사람들은 실험실에서 어떤 일이 일어나며 대학원생들이 어떤 생활을 하는지 잘 모른다. 아마 대부분이 연구실에서는 실험만 한다고 생각할 것이다. 하지만 그 작은 연구실 안에서는 실험뿐 아니라 전공 공부와 먹고 자는 일, 연구실 사람들과의 크고 작은 사적인 일 등 여러 가지 일이 이루어진다. 연구실에서 생활할 당시에는 힘들었지만 지나고 나면 즐겁게 추억할 수 있는 까닭은 청춘의 한때를 울고 웃으며 보낸 아지트와 같은 공간이기 때문이다. 잠시 눈을 감고 그때 그 시절로 떠나보자.

머리에 떡칠을 하고 다니냐?
나는 헤어스타일과 옷차림 때문에 억울한 경험을 여러 차례 당했다.

2002년 8월, 고대 오픈 랩에 참석하여 처음으로 고분자화학 연구실을 방문하게 되었다. 첫 방문이라서 조금 긴장한 나는 마땅히 질문할 것이 없어서 "이것이 로터리 에바포레이터(Rotary Evaporator)입니까?"라는 단순한 질문을 던졌다. 당시 우리를 인솔했던 연구실의 천철홍 선배는 후에 내가 연구실에 들어오리라고는 상상도 하지 못했다고 한다. 빨강 옷에 빨강 가방을 들고 와선 에바포레이터를 물어보니 황당했다는 것이다. 사실 내 옷차림이 튀긴 했지만 그저 친해보고 싶은 마음에 질문한 것인데 그렇게 이상했었나?

연구실에 들어간 직후 선배들과 신년 하례식에 참석했을 때의 일이다. 신년 하례식은 그해 졸업한 선배들과 선생님댁을 방문하여 인사를 드리는 자리로, 1년에 한 번밖에 없는 중요한 행사였다. 여느 날보다 춥고 한파가 심하게 느껴지는 날 머리에 헤어 젤을 한껏 발라 멋을 낸 후 선생님댁을 방문했다. 박사과정 선배들부터 세배를 드린 후 마지막으로 신입생들이 인사를 드렸다. 저녁식사 후 선생님과 이야기를 나누고 돌아오면서 새해에는 어떤 실험을 해야겠다는 계획을 세웠다.

그런데 나중에 한 선배에게서 선생님의 말씀을 전해 들었다. 선생님은 "영준이 그놈 머리 깎으라고 해라. 어떻게 머리에 떡칠을 하고 다니냐?"라고 말씀하셨단다. 연구에 방해가 되는 행동은 절대 용납하지 않는 선생님의 성격상 내가 겉멋에 치중해서 연구에 소홀할 거라고 생각하신 모양이다. 나름대로 억울하긴 했지만 선생님 말씀이기에 곧바로 머리를 아주 짧게 잘랐다. 그 후 5년 동안 내 머리카락의 길이는 12밀리미터를

과학자는 이렇게 태어난다

넘지 않았고, 지금도 선생님은 나의 짧은 머리를 제일 좋아하신다.

이번에는 짧아진 머리 덕에 생긴 일이다. 서울대학에서 실험을 할 일이 생겨서 그 학교의 석사과정 학생을 만나게 되었다. 그런데 그 학생이 나에게 말도 걸지 않고 멀찍이 떨어져서 눈치만 보고 있었다. 알고 보니 깡패가 무엇 때문에 연구실에 왔을까 생각하며 내 눈치만 보고 있었던 것이다.

지금은 웃으면서 그때를 떠올리지만 당시에는 정말 너무나 머리를 기르고 싶었다. 하지만 머리를 잘랐기에 연구에 몰두할 수 있었고 연구실에서 박사과정까지 마칠 수 있었다고 생각한다.

불이 꺼지지 않는 연구실

고분자 연구실은 밤에도, 주말에도 항상 불이 켜져 있었다. 선생님의 말씀처럼 'No Vacation'이었다. 일요일 오후가 되면 실험실에 나와서 한 주를 정리하고 다음 주를 계획하는 시간을 가지지만, 한 달에 두 번씩은 서로 도와가며 일요일에 휴식을 취할 수 있는 시간을 나누어 가졌다. 우리의 유일한 외출은 지방에서 개최되는 학회에 참석하는 것이었는데, 그나마 실험결과가 나오지 않으면 학회에 참석하는 것도 어려웠다.

고분자를 처음 합성할 때 느꼈던 신기함과 설렘이 생각난다. 반응물들을 반응 용기에 넣고 온도를 올려가면서 또는 저온에서 실험을 하면서 생성물을 얻는 것이 신기하기만 했다. 용액 상태에서 반응을 시키고, 혼합물에서 생성물만을 추출해내는 것과 새로운 화학구조의 생성물을 만들어내는 것은 유기화학의 꽃이라고 말할 수 있다. 단위체(monomer)를 깨끗하게 합성하고 정제하는 것은 많은 과정을 거쳐야 하지만 고분자 중합을 위한 가장 기본적인 일이다. 선배들은 깨끗하게 목욕한 후 맑은 정신으로 단위체를 합성하고 중합을 행한다고도 했다.

석사과정 2학기가 되어서 발광 고분자를 합성할 수 있게 되었는데, 고분자에 UV를 쬐면 파란색 빛이 나오는 것을 보고 놀라지 않을 수 없었다. 반응 종료 후 피펫(pipette)을 이용하여 혼합용액을 메탄올 용액에 한 방울씩 천천히 떨어뜨리며 긴장된 마음으로 고분자를 얻는다. 검은색 용액에서 하얀 고분자 침전을 떨어뜨릴 때면 너무나도 신기하기만 했다. 아무도 합성하지 않은 고분자를 내가 처음 만들었다는 생각에 뿌듯해하면서.

석사과정 3학기 때 석·박사 통합과정에 지원하면서는 많은 혼란을 겪었다. 석사과정 후배들이 입학을 하고 시간이 지날수록 더욱더 공부와 연구에 집중해야 했다. 석사과정 때는 박사과정 선배와 함께 토론하고 실험에 대한 많은 해답을 제공받았지만 이제는 혼자 문제를 해결해야 한다는 무게감이 크게 와 닿았다. 물론 선생님께서 지도해주시는 내용을 바탕으로 연구를 해나갔지만 이제는 후배들을 가르쳐야 한다는 숙제가 하나 더 생겼으니 그 부담감이 오죽했을까. 지금이야 그 시절이 너무 빨리 지나간 것 같지만 그때는 정말 하루하루가 너무나 길게 느껴졌었다.

어느덧 시간이 흘러 박사과정 졸업을 앞두고 있자니 실험실에서 보낸 지난 시간들이 주마등처럼 스쳐갔다. 처음 접하는 현상이나 새로운 지식에 혼자 즐거워하며 행복해하던 시간도 있었지만 뜻하는 대로 풀리지 않아 힘들고 외로운 길을 혼자서 헤쳐가야 할 때도 있었다. 긴 배움의 터널을 무사히 통과할 수 있었던 것은 연구방법 이외에도 인생에 대해 여러 가지 조언을 아끼지 않은 교수님, 실험이 잘될 때나 안 될 때나 머리를 맞대고 위로해준 실험실 선후배들 덕분이었다.

내 앞에 펼쳐질 찬란한 인생은 현재진행형이다. 실험실에서 보고, 듣고, 연구했던 것을 바탕으로 계속해서 나아간다면 눈앞의 시련이나 굴곡쯤은 거뜬히 넘을 수 있을 것이라고 감히 장담해본다. ☀ 유영준 _ LG디스플레이 연구소 연구원

내일의 실험은 내일로 미루지 말라

1985년 12월부터 시작된 고분자 연구실 생활. 새해가 밝아 선생님께 신년 인사를 하기 위해 선생님댁을 방문하였다. 당시에 선배들이 따라준 술은 왜 그렇게 맛있었는지, 그날 선생님 집에 있던 양주는 모두 비웠던 것 같다. 밤새워 술을 마신 후 마당에서 찍은 사진은 아직도 내 사진첩에 소중하게 간직되어 있다. 신입생이었기에 선생님, 선배들과 함께한 그 시간이 마냥 설레고 즐거웠던 것 같다.

연구실은 숙직실

석사과정 2년 동안 거의 매일 밤을 꼬박 새며 실험을 했다. 실험실에는 지방 출신이 많아 점심에는 라면을 끓여 먹고 저녁에는 정해놓은 식당에서 밥을 사먹었다. 밤을 샐 때는 실험실 책상이 침대가 되었는데, 석사 3

과학자는 이렇게 태어난다

학기 이상이 되면 선생님 연구실에서 잘 수 있는 특권이 주어졌다.

실험실에서 잠을 자려면 시약 냄새가 심하게 났는데, 나중에는 하도 익숙해져서 냄새를 거의 느끼지 못할 지경이 되었다. 시간이 흘러 드디어 선생님 연구실에서 잘 수 있는 3학기차가 되었다. 연구실에서는 4~5명 정도가 같이 잤는데, 너무 좁아서 옆으로 돌아눕는 것이 힘들었다. 그래도 소파 덕분에 춥지 않게 잘 수 있었다.

그러던 어느 날 선생님이 아침 6시쯤에 출근을 하셨다. 모두가 새벽 2~3시까지 실험해서 피곤한 상태라 아무도 선생님이 들어오신 걸 몰랐다. 선생님은 "이놈들, 아직도 자네"라고 혼잣말을 하신 후 가방만 두고 나가셨다. 잠결에 선생님 목소리를 들은 나는 바로 일어나 창문을 열고, 빨랫줄에 걸려 있던 팬티와 옷가지들을 주섬주섬 챙겨서 실험실로 내려갔다. 지금 생각하면 아찔하면서도 부끄러운 일이지만, 선생님의 따뜻한 음성이 귓가에 들려오는 듯 마음이 편안해진다.

선생님은 내 연구활동의 지침서

아침마다 전날의 실험내용을 선생님께 보고하는 것으로 하루를 시작했다. 모두들 돌아가면서 보고를 하는데 좋은 결과가 나오지 않으면 "똥머리도 머리냐!"라는 선생님의 호통을 들어야 했다. 선생님의 호통을 듣지 않은 사람은 손으로 꼽을 정도였다. 그때는 그저 선생님이 무섭기만 했다. 그러다가 졸업할 즈음에야 선생님의 지도에 감사하게 되었다. 그 계기는 이랬다.

1987년 12월에 결혼을 하게 되었는데, 실험은 마무리가 안 된 상태이고 논문심사 날짜는 다가오고 있었다. 그때 선생님께서 구세주처럼 나타나서 1년 6개월 동안 연구했던 전도성 고분자 합성 대신 액정 저분자량 합성으로 아이템을 바꾸라고 하셨다. 너무 황당했지만 6개월 동안 액정 화합물 합성에 매진하여 석사과정을 무사히 마칠 수 있었다. 아마 선생님의 지도가 없었다면 석사과정도 끝내지 못했을 것이다.

석사과정을 마친 후 5년 동안 직장을 다니다가 1993년에 박사과정을 밟기 위해 다시 선생님의 연구실에 들어갔다. 연구실에서나 화학과에서 내가 제일 고참이었는데, 신임 교수님이 내게 인사를 하여 무안한 적도 있었다. 최고 고참으로서 선생님을 보좌하고 후배들을 챙기는 책임을 다하려고 노력했고, 선생님의 지도 아래 박사과정도 무사히 마치게 되었다.

아직도 잊히지 않는 선생님의 말씀이 있다.

"내일 실험할 내용은 오늘 미리 세팅해놓고 내일 아침에 나오자마자 실험을 시작할 수 있도록 해라. 내일 아침에 와서 실험계획을 세우지 마라."

30년 이상 연구활동을 하면서 한시도 잊은 적이 없는 말씀이다. 회사 선후배들에게 선생님의 말씀을 전할 때마다 선생님의 얼굴을 떠올리며 그렇게 생활하고자 노력했고, 이제는 실천이 몸에 배어 습관이 되었다. 평생 내 연구활동의 지침서가 된 선생님의 말씀 덕분이다. ※ 허승무 _ 금호

석유화학 중앙연구소 수석연구원

큰 방 문 잠금 사건

연구실 문이 잠기다

2000년 석사과정 2학기였던 것 같다. 그날도 그 전날 '천하일품'이라는 곳에서 밤늦게까지 술 한 잔을 하고 (10,000원에 100원 적립해주는데, 한 달에 거의 10,000점 적립했다.), 술기운이 가득한 상태에서 간신히 연구실로 출근을 했다. 그런데 이게 웬일인가. 선생님께서 그날따라 출근을 꽤 일찍 하셨다. 아침 8시경으로 기억한다. 그 시간까지 출근한 사람은 술을 잘 안 마시는 박사과정 형 한 명과 나 둘뿐이었다. 선생님의 "다 어디 갔어!!" 하시는 외침이 적막하던 실험실에 울려 퍼졌다. 청소하던 나는 차마 술 때문에 안 나왔다는 말은 못하고 멍하니 가만있었다. 선생님은 잠시 생각하시더니 직감적으로 "학생 놈들이 뭔 돈이 있어서 밤새 술을 처먹어. 실험실 문 닫아!" 하시며 직접 문을 잠그셨다(사실 그 선생님에 그

제자다. 선생님도 그 당시는 잘 드셨다.). 나와 박사과정 형은 큰 방에 갇혀서 이러지도 저러지도 못하고, 선생님께서 얼른 교수연구실로 돌아가시기만을 기다렸다. 시간이 조금 흘러 선생님은 방으로 가시고 그때부터 다른 선배들에게 전화를 하기 시작했다. "형 빨리 나와요. 선생님 나오셨어요!!"

순욱 형, 경곤 형, 준우 형, 성훈 형은 전화를 받자마자 "선생님 벌써 오셨어?" 깜짝 놀란 반응이었고, 다들 혼비백산해서 연구실로 뛰어들어 왔다. 그들은 도착하자마자 줄줄이 선생님 방으로 끌려갔다. 이후의 얘기는 굳이 하지 않아도, 그들의 어두워진 표정으로 잘 알 수 있었다. 물론 그날 저녁은 선생님께 혼난 기념으로 또 술 한잔하러 갔고, 그 자리에서도 한동안 선생님 얘기로 시간 가는 줄 몰랐다. 그날은 그렇게 지나갔다.

교수님 많이 약해지셨네

그로부터 몇 개월 뒤에 고고회가 열렸다. 선생님이 1차만 끝내고 가시고 2차에서 (그 당시는 선생님께서 1차만 하시면 꼭 사모님이 차로 모시러 올 때였다.) 형들하고 오랜만에 이런저런 대화를 하다가 선생님께서 몇 달 전에 실험실 큰방(338호) 문 잠근 사건 이야기가 나왔다.

"옛날에는 문에다 못질까지 하셨다. 화장실 소변보러 가는데도 복도에서 만나면 '너 어디 가!' 혼도 내셨는데, 노인네 많이 약해지셨네."

그러면서 형들은 다음 한마디도 덧붙였다. "교수님 열정은 지금도 대단하시네. 하여간 그 열정은 아무도 못 말려."

그 당시 선생님과 동년배인 분들은 연구보다는 일을 정리하시는 쪽이 었는데, 선생님은 그 당시에도 항상 먼저 논문을 가져오셔서 "이거 한번 읽어봐라. 굉장히 좋은 내용이 있어"라고 하시며 우리에게 새로운 자극을 주셨다. 지금 생각해도 선생님은 학문에 대한 열정이 정말 대단하신 분이었다. 어떤 아이템만 있으면 벤처 창업해서 연구는 등한시하는 분들이 많았는데, 우리 선생님은 정말 지독히 연구만 하셨던 것 같다. 정말이지 모든 이들이 인정하는 진정한 학자로 기억되고 있다. ☀ 박종현 _ LG디스플레이 연구소 책임연구원

Oh
my
god
!

영어로 하는 연구 발표

대학원 재학 당시 우리 연구실의 특징은 세 가지가 있었다.

첫째, 여자 연구원이 한 명도 없다.

둘째, 선생님의 카리스마.

셋째, 세미나는 영어로 진행한다.

연구실 생활을 처음 시작하는 나에게 이 세 가지는 조금 낯설었다. 어디든지 선후배간의 관계는 중요하지만 남자들을 중심으로 생활하는 분위기에서 카리스마 넘치는 선생님의 가르침, 그리고 호랑이 선생님을 닮은 선배들이 후배를 지도해주니 군대와 비슷한 분위기가 있었던 것

과학자는 이렇게 태어난다

같다. 영어 세미나는 화학과 전체 대학원에서 우리 연구실만 진행했다. 요즘은 영어 세미나 발표나 수업이 많지만, 당시에는 매우 드문 경우였다. 더구나 아직 학문적 완성도가 낮은 상태에서 전문용어와 학문적 이해를 가지고 자신이 연구한 분야를 발표해야 하는 상황도 벅찬데 이를 영어로 표현하고 소통하는 것이 나에게는 큰 도전이었다. 그것도 자타공인 대학원 모든 학생들이 인정할 정도로 강렬한 카리스마를 가지신 호랑이 선생님 앞에서 말이다. 상황이 이렇다보니 대학원 입학 후 처음 발표했던 세미나는 졸업논문 심사보다도 더 두려운 날이었다. 당시 세미나를 하는 날이면 교수님을 모시고 저녁 회식을 했었다. 그때마다 막내였던 나는 분위기를 살필 수밖에 없었는데, 세미나 분위기에 따라 회식 분위기가 화기애애할 수도 가시방석 같은 자리가 될 수도 있었다.

나의 첫 발표

드디어 연구실 신입생으로서 처음 발표하는 날이 하루 전으로 다가왔다. 준비를 제대로 못해서 발표를 망치면 나뿐만 아니라 지도해주는 박사과정 선배님들까지도 혼난다는 부담 때문에 며칠 밤을 지새웠다. 마지막 장표를 만들고 마지막으로 영어 프레젠테이션을 준비하면서 입에 영어를 붙이고 있었다.

시간은 이미 늦어 새벽 4시… 2월의 날씨는 다 지나가는 겨울을 붙잡고 있어서 아직 쌀쌀했고, 고분자를 연구하는 실험실답게 다른 연구실보다 강한 유기용매의 향이 진동하고 있었다(고분자는 저분자보다 일반 용매에 잘 녹지 않기 때문에 타 연구실에 잘 안 쓰는 유기용매를 사용했고, 사용량 또한 3~4배 이상 많았다.). 며칠간 쌓인 피로와 유기용매의 향에 취해 잠에 빠져들다 문득 춥고 냄새나는 연구실보다 선생님 사무실에 있는 따뜻하고 푹신한 소파가 생각났다. 달콤한 유혹을 뿌리칠 수 없었던 나는 선생님이 출근하시기 전까지 한두 시간만 자고 깨끗이 정리하자고 생각하며 선생님 사무실 소파에서 잠을 청했다.

잠시 눈을 붙인다는 것이⋯ 달그락⋯ 덜컹! 헉! 선생님께서 오신 것이다. 평소보다 일찍 출근하신 것도 있지만, 내가 그만 세상모르고 잔 것이다. 제정신이 아니었던 나는 나도 모르게 그만 "Oh my god, oh my Jesus~" 내가 왜 이런 말을 했을까? 너무 놀랐던 나는 연달아 "Oh my god, oh my Jesus~" 계속 영어로 이런 말을 뱉어냈다. 세미나 발표의 두려움에 영어 강박관념으로 잠시 노이로제가 걸린 것일까? 한국 토종으로 당시 비행기 한번 못 타본 촌놈이 선생님을 보자마자 놀란 마음에 영어가 트인 것일까? 아니면 전날 밤 열심히 영어발표를 준비해 머릿속에 영어만 남아 있던 것일까.

너무 당황해하는 모습을 보시고 선생님은 웃으며 "여기서 자고 있었구나, 다칠라 천천히 일어나라"고 말씀하셨다. 평소보다 일찍 출근하신 선생님은 당황스러워하며 되지도 않는 영어로 주절거리는 날 보시고, 이 녀석이 놀라 제정신이 아닌가 보다 생각하셨는지 혹시 다치기라도 할까봐 천천히 일어나서 나가라고 따뜻한 표정으로 말씀하셨고, 나는 그날 처음으로 선생님의 미소를 보았다.

그날을 회상하며

그럼 세미나는 어땠을까? 역시 언어는 벼락치기로 배워지는 것이 아니었다. 사무실 소파의 기억을 가지고 호랑이 선생님 앞에서 발표를 하려니 긴장이 배가되어 실수를 더 많이 했다. 하지만 웬일인지 그날 세미나와 저녁 회식 분위기는 나쁘지 않았고 괜찮은 편이었다. 지금 생각해보면 너무 부끄럽지만 잊지 못할 추억이다. 카리스마 넘치는 호랑이 선생님의 제자 사랑은 졸업 후 선생님과의 생활을 생각할 때 비로소 얼마나 커다란 사랑이었는지가 느껴진다. 꿈꾸는 것과 노력하는 것, 삶의 자세 등 말로 가르치고 행동으로 보여주신 그분은 학문의 스승을 떠나 인생 자체의 훌륭한 스승이며 롤 모델이시다.

이제 인생의 반을 살았다. 앞으로의 인생계획을 세우는 데 지금까지도 선생님은 말이 아닌 행동으로 직접 보여주시며 나에게 조언을 해주시는 것 같다. 이 자리를 빌려 못난 제자의 결혼식을 위해 비행기 일정까지 조정하셔서 자리를 빛내주신 선생님께 다시 한 번 감사의 인사를 올린다. ☀ 이세희(LG디스플레이 선임연구원)

막 석사과정에 들어온 학생들이 가장 많이 하는 걱정은 '연구가 원하는 속도로 진전되지 않는다'는 점이다. 때로는 자신의 능력에 문제가 있는지 의심하는 학생도 있는데, 그럴 때면 나는 "아니, 자네가 벌써 세계가 놀랄 만한 결과를 얻는다면 누구든지 과학자가 되려 하게? 그러다간 세상이 과학자로 넘쳐나겠네"라는 농을 던진다. 그러면서 내가 석사과정에 있을 때 몇 달 동안 노력하여 만든 유기화합물이 '소금' 결정이어서 크게 실망했던 경험을 들려준다. 실험에 실패하면 좌절이 크지만 실패를 스승으로 삼아 무엇이 잘못되었는지 알아가다 보면 무엇이든 파고드는 탐구심과 합리적인 사고방식을 얻게 된다. 또 끝까지 도전하는 지구력과 인내심을 키우면서 결실의 단맛을 느끼는 영광의 순간을 향해 매진하는 과학자의 태도를 갖추게 된다.

2

호랑이 선생님,
곰탱이 제자

"어제 뭐했어?" 선생님이 아침에 실험실에 올 때마다 하시던 말씀이다. 밤새 새로운 결과가 나왔는지 궁금한 마음에 급하게 들어오시면서 말이다. 어떨 때는 실험 당사자인 우리를 대신해 꿈을 꾸기도 하셨다.

박사과정에 들어온 후 우리 연구실에서 한 번도 한 적이 없는 DNA의 자기적 성질에 대한 연구를 하면서 여러 번 꿈을 꿨다. 실험이 워낙 어렵고 까다로워서 잠자리도 불편했던 게다. 깎아 내린 듯한 절벽을 올라가는 꿈이었는데, 절벽이 움직이는 바위들로 되어 있어서 올라가기가 여간 힘들지 않았고, 올라가는 중간에 절벽이 마구 흔들리기 시작했다. 실제로 실험 도중 많은 변수가 일어나 그 꿈의 내용이 현실적으로 와 닿았다. 선생님의 꿈은 좀더 구체적이었다. 부처님이 나타나서 실험 방법을 알려주거나 꿈에서 직접 실험을 했다는 식이다. 비록 꿈을 꾸어서 뾰족한 실험 방법이 나온 것은 아니지만 꿈에서조차 실험을 생각하는 선생님의 열정이 와 닿는 대목이 아닐 수 없다.

대학에서 43년 동안 강단에 섰고, 가르친 학부생도 3000~4000명은 넘을 것 같고, 거의 매일 생활을 같이 했던 석 · 박사과정 학생은 150여 명에 이른다. 이쯤 되면 스승과 제자 관계에 대해 할 말도 많고 숨겨진 이야기도 많으련만 특별히 글로 풀어낼 만한 이야기는 없다. 단지 나이가 들어갈수록 스승은 제자를 무조건 사랑해야 한다는 점을 터득했다고나 할까? 배움을 얻으려고 내게 온 제자들에게 올바르게 가르치고자 말과 행동을 조심스레 하고, 가르치는 내용과 일치하는 삶을 영위하고자 의식적으로 노력할 필요가 없는 상태여야 참스승임을 자처할 수 있을 게다. 불가에서 말하는 청정한 삼업(三業)을 이루어야 한다는 뜻이다.

　스승은 틀에 박힌 철학과 생활규범 및 가치 판단의 기준에 갇혀 있어 다양한 배경과 능력, 생각을 가진 제자들에게 지나치리만치 똑같을 것을 바라고 요구하는 우를 범할 수도 있다. 열 손가락 모두 다르듯이 제자들 또한 모두 다른 인격체로, 저마다의 재능과 특성을 지니고 있다. 각기 다른 부모와 환경에서 자라고, 교육받은 그 다양성은 감히 짐작하기도 힘들 정도라 그들에게 획일화된 지도법이 통할 리 없었다. 그야말로 맞춤식 교육·지도방법이 필요한 것이다. 물론 획일화를 요구하던 스승도 세월이 흐르면 노화되거나 생각이 유연하게 바뀌어 변화하기도 한다.

"선생님, 요즘 후배들에게는 저희들에게 한 것처럼 엄하게 하지 않는 모양이죠?"

어느새 쉰을 훌쩍 넘긴 제자들이 어쩌다 연구실에 들러서 던지는 말이다. 부러워서 하는 말인지 아니면 전처럼 엄하게 하라고 하는 말인지 종잡을 수가 없다. 어쩌면 자기들이 나보다 더 엄한 스승 노릇을 하고 있기에 내가 변하지 않았음에도 불구하고 느슨해 보이는 건지도 모를 일이다. 스승의 엄함 밑에는 제자를 사랑하는 따뜻한 마음이 자리 잡고 있었음을 이제는 느꼈으리라.

수많은 제자들 중에서 각별히 생각나는 두 사람이 있다. 오래전 일인데도 내 기억에 또렷이 남아 있는 이유는 그들이 평소와는 너무나 다른 모습을 보여준 것은 물론 내게 '반항'에 가까운 행동을 했기 때문이다. 물론 제정신에서 한 행동이 아니라 웃어넘길 수 있었지만.

이 가방 제 겁니다

대략 35년 전의 일이다. S대에서 학부과정을 마친 후 한국원자력연구소에서 근무하다가 뒤늦게 석사과정에 입학한 S군은 내가 석사과정을 밟고 있을 때 유기화학 실험조교로 가르친 적이 있는 후배였다. 후배였던 그가 내 제자가 되었다.

당시 직장에 다니고 있던 학생 몇 명이 파트타임으로 S군과 함께 석사과정을 밟고 있었다. 토요일 저녁이면 가끔 이들과 돈암동에 있는 빈대떡, 돼지족발 집에서 소주를 즐기곤 했다. 이 집에서는 전동 맷돌로 녹두를 갈아 빈대떡을 만들었는데, 이 맷돌은 주인아주머니가 직접 맷돌을 돌리는 것이 안쓰러워서 공릉동에 있는 어떤 연구소의 과학자가 직접 맷돌에 전동장치를 달아주었다.

어느 날 취기가 오를 대로 오른 상태에서 생맥주 집으로 2차를 갔다. 덩치로 치면 가장 든든한 S군이 많이 취해 있었는데, 아마도 말수가 적은 터라 더욱 빨리 취기가 오른 것 같다. 당시에는 통행금지시간이 되기 전에 집에 들어가야 했기 때문에 밤 11시가 조금 넘어서 모두 자리에서 일어났다. 택시를 잡아서 타려고 하는 순간 문제가 발생했다. S군이 내 가방을 붙잡고 "선생님! 이 가방 제 겁니다"라면서 놓아주질 않았다. 옆에 있던 O군과 C군이 아니라고 말렸지만 술에 취한 S군은 가방에서 손을 떼지 않았다. 나는 할 수 없이 "알았어. 잃어버리지 말고 잘 갖고 가게"라고 말한 후 집으로 돌아왔다. 나중에 술에서 깨면 자신의 행동에 황당해하며 돌려주리라 생각하면서 말이다.

다음날 하루 종일 기다려도 S군에게서는 연락이 없었다. 그래서 하루를 더 기다렸다. 아마도 늦게 일어나 무슨 일로 자기가 내 가방을 갖고 있는지 O군과 C군에게 알아보았겠지. 사정 이야기를 듣고는 무어라 사과할지 몰라 얼른 갖다주지 못하고 꾸물대고 있겠지. 조금 더 기다려 보지.

S군이 집 앞에 나타난 것은 화요일 저녁 무렵이었다. 내 가방과 술 한 병을 들고 멋쩍은 표정으로 서 있었다.

아마 올해쯤 연구소를 퇴직할 때가 되지 않았나 싶다. 조금은 느린 듯 행동하고 항상 점잖던 그가 늦게 결혼해 얻은 아들이 지금은 꽤 컸을 테지.

나 깨우지 마! 조금 더 잘래

20여 년 전의 일이라고 기억된다. 워낙 연구결과를 재촉해서 그런지 대부분의 대학원생이 자정까지 연구실에서 일하기 일쑤였고, 토요일은 물론이고 일요일에도 연구에 몰두했다. '방학'이 생소해진 단어가 된 지 오래였는데, 제자들의 생활이 이렇다 보니 나도 그들과 거의 비슷하게 생활하며 일요일에도 심심치 않게 연구실에 들렀다.

어느 여름 일요일 아침에 연구실에 들러야 할 일이 생겨서 학교에 갔는데, 연구실 문을 여는 순간 깜짝 놀라고 말았다. 허옇게 살이 찐 한 청년이 연구실 바닥에 스티로폼 보드를 깔고 그 위에 대자로 누워 있는데, 그 모습이 범죄현장을 방불케 했다. 자세히 보니 H군이었다. 내 밑에서 석사과정을 취득한 후 직장생활을 하다가 크게 인정을 받고 박사과정에 들어와 연구를 수행하던 중이었다. 하루속히 박사학위를 취득하려고 정말 혼신을 다해 연구에 전념하고 있었던 터라 밤을 샌 후 잠시 눈을 붙이던 중이었나 보다.

"H군, 어제 밤늦게까지 실험했구나!"

낮은 목소리로 말하며 조심스레 의자에 앉았는데, 순간 H군이 "야, 새끼야! 나 깨우지 마! 조금 더 잘래"라며 중얼거렸다. 난감해져서 조용히 일거리를 챙기는데 갑자기 H군이 벌떡 일어났다.

"선생님, 나오셨어요? 죄송합니다."

"아니야. 괜찮아. 조금 더 자지 그래?"

"아닙니다."

H군은 정신을 차리기 위해 세면실로 뛰어갔다. 그는 현재 회사에서 큰 신임을 얻고 있고, 중책을 맡아 분주히 뛰어다닌다고 한다. 연구에 몰두하느라 밤을 지새우길 밥 먹듯이 한 그때처럼 지금도 열심히 살고 있을 게다. ☀ 진정일 _ 고려대학교 융합대학원 석좌교수

인간적인 면모와
학자적인 면모

선생님과의 첫 만남

아마 내가 본 선생님의 면모는 다른 제자들의 그것과는 다를 것이다. 선생님의 지도를 받고 있다는 공통점에도 불구하고 전공이 다른 만큼 지도방식도 다르고, 거기에서 기인하는 관계도 차이가 나기 때문이다. 다른 제자들은 실험실에서 한솥밥을 먹으며 지낸 까닭에 지근거리에서 선생님의 속내까지 들여다볼 수 있을 정도로 가깝겠지만 그 때문에 미처 발견하지 못하는 선생님의 면모도 있으리라 믿는다.

선생님과의 인연은 '두 스승 제도'와 '화학과'라는 요소가 촉매로 작용한 결과이다. 과학기술학 협동과정에서는 '두 문화' 극복이라는 훌륭한 취지에 기반하여 두 스승 제도를 두고 문과와 이과 분야의 선생님 한 분씩을 지도교수로 모시게 했다. 화학과를 졸업한 나로서는 지도교수가 화학과 소속이자 대학 선배라는 것이 그리 나쁘지 않았다. 아니, 이미 이 전부터 선생님에 대한 자자한 평판(한국 고분자화학계를 일구었고 현재도 이끌고 계시며, 최근에는 당신의 경험을 바탕으로 과학문화 진작을 위한 사회 활동에도 열정적인 분)에 끌려 내심 선생님을 지도교수로 모셨으면 좋겠 다고 생각했던 터였다.

첫 만남은 늘 그렇듯 긴장과 기대 속에서 이루어졌다. 말투와 행동거 지에 잔뜩 신경을 쓰고 연구실 문을 두드렸지만 이내 선생님의 호탕한 웃음에 슬그머니 긴장은 사라졌고, 자연스러운 대화가 오갈 수 있었다. 그 후로도 선생님은 늘 그랬다. "허허, 강 군 왔나. 이리 와 앉아." 항상 넉 넉한 웃음으로 맞으시며 아낌없이 지도해주셨다.

자주 찾아뵙지 못하는 미안함과 죄스러움에도 아랑곳하지 않고, 선생 님은 사람의 마음을 편안하게 만드는 놀라운 능력을 가지고 계신 듯했 다. 연구실 곳곳에 자리 잡고 있는 사진들 속에서 선생님과 함께 웃고 있 는 노벨상 수상자들을 비롯한 수많은 일류 과학자들의 모습이 선생님의 그런 능력을 대변해주는 것 같다.

선생님의 부드러운 리더십

선생님의 인간적 면모는 분명 나를 비롯한 많은 이들의 시샘을 사기에 충분하다. 젊은이들과 어울려도 전혀 꿀릴 것이 없는 체력도 그렇지만 (수차례의 회식 자리에서 충분히 증명하신 바 있다) 연구실과 과학단체에서 는 늘 호탕한 웃음으로 좌중을 편안하게 이끌었다. '부드러운 리더십'을 가졌다 할 만하다. 그렇다고 무조건 '좋은 게 좋다'는 식은 아니다. 선생님의 부드러움 속에는 창조적 기획력과 그것을 현실화해내는 강력한 추진력이 자리 잡고 있다.

우연한 기회에 '생활과학 교실의 활성화 방안'을 마련코자 하는 프로젝트에 참여한 적이 있다. 선생님은 그 프로젝트의 총책임자였다. 몇 차례 회의에 참석하고, 평가회와 보고회를 여는 등 다양한 활동을 하면서 선생님을 접할 기회가 많았다. 선생님은 늘 그렇듯 부드러운 리더십을 발휘하여 프로젝트 전체를 원활하게 진행하면서도 아이디어를 끊임없이 생산하고, 그것을 현실화하기 위해 지속적으로 노력하셨다. 잘 모르는 사람이 봤다면 선생님의 역할이 중요하지 않고, 그 일이 너무 쉽다고 생각했을지도 모른다. 하긴, 일을 못하는 사람이 요란하다고 하지 않는가.

선생님과 닮은 집

선생님은 사석에서도 매력적인 모습을 보여주신다. 제자들과 똑같이 호흡할 수는 없겠지만 당신만의 독특한 매력으로 세대차를 눈 녹듯 녹이신다. 손자와 부모에 대한 애정, 제자들에 대한 자랑과 걱정, 자신의 경험담과 인생관 등을 화제로 삼곤 하시는데, 이야기 자체에 함몰되지 않고 오히려 대화 분위기를 부드럽게 만들어서 없으면 허전한 맛깔스런 양념처럼 느껴진다.

협동과정 제자들이 모여 신년 하례식을 하던 중 선생님은 기분이 좋으셨는지 당신 집에 가서 한잔 더 하자고 하셨다. 아마 새벽 세 시는 족

과학자는 이렇게 태어난다

히 된 것 같다. 나를 비롯한 몇몇이 맞장구를 쳤고, 모두들 택시를 타고 선생님댁으로 향하기에 이르렀다. 몇십 분 달린 끝에 큰 길을 벗어났나 싶더니 택시는 언덕을 오르기 시작했다. 전형적인 서울의 주택가였는데, 처음 와보는 낯선 동네였다.

나는 막연히 선생님이 꽤 괜찮은 아파트에 살고 계실 거라고 생각했다. 아마도 선생님 정도의 지위와 경력이라면 당연히 그럴 것이라고 지레짐작한 것이다. 선생님댁은 윤곽은 뚜렷치 않았지만 마당이 있는 아담한 2층 양옥집이었다. 마당은 잘 정돈된 느낌이었다. 나중에 선생님이 지나가는 말로 "한여름 뙤약볕에 마당의 잔디를 뽑으시던 아버님께 덥지 않으시냐고 물으면, 따뜻하고 좋다고 말씀하셨지"라고 하신 것을 보면 선생님의 돌아가신 아버님께서 정성 들여 가꾸신 듯하다.

초인종 소리에 사모님이 문을 열어주시자 선생님은 너스레를 떠신다.

"마누라, 나 왔어. 제자들도 함께 왔는데 괜찮지? 쫓아내지만 말아줘."

불청객과 함께한 새벽 귀가가 처음은 아닌 듯 사모님의 추임새가 거침없다.

"당신도 참, 당신이야 괜찮겠죠. 제자들은 집에도 못 가. 제자들이 흉보겠어요."

사모님은 조금도 싫은 내색 없이 새벽에 불쑥 쳐들어온 제자들에게 술자리를 마련해주셨다. 갑자기 준비한 것치고는 놀랄 만큼 좋은 안주와 술이 나와 술자리는 계속 이어졌다. 술자리라기보다는 즐거운 대화의 자리였다. 국가 과학정책에 대한 거창한 이야기부터 손자 이야기까지 술자리답게 대화의 주제는 종횡무진 거침이 없었다. 사모님과의 자리도 전혀 어색하지 않았다.

즐거움과 부러움을 안고 선생님의 집을 나서며 그 집에 대해 생각해보았다. 대를 이어 살고 있는 집, 아파트가 아니기에 끊임없이 사람의 손길을 줘야 정갈한 모습을 유지할 수 있는 집, 귀찮고 불편하며 고리타분하다고 생각할 수도 있는 집, 어쩌면 후손들이 부담스러워할 수도 있는 집. 그런 집에 뿌리를 내리고 선대의 삶을 존중하면서 후대의 삶의 방식을 함께 누리려는 열린 자세를 가지고 계신 선생님. 선생님의 호탕함에 담겨 있는 소박함이 선생님의 집과 무관치 않아 보였다. 평생을 함께해서일까? 주인과 집이 닮았다는 느낌을 지울 수가 없었다.

넉넉하고 치열한 전략가

내가 연구하는 분야가 선생님에게 익숙한 것이 아니어서 어찌 보면 내가 선생님을 학문적으로 고문한 형국일 수도 있다. 화학과를 졸업했지만 화학을 계속하고 있는 것이 아니기에 내가 감히 선생님의 학자적 면모를 이야기할 처지는 못 된다. 하지만 그간의 경험으로 알게 된 학문에 대한 태도와 기획력에 대해서는 어느 정도 이야기를 할 수 있다.

학문에 대한 선생님의 태도와 열정은 석사논문 심사과정에서 경험할수 있었다. 그 당시 철학적 논의에 다소 경도되었던 까닭에 석사논문 주제를 철학적 성격이 강한 것으로 설정하고 나름대로 힘들게 작업을 마쳤다. 나로서는 모르던 사실들을 알아나가는 즐거운 과정이었지만 과연 선생님도 그러했는지는 잘 모르겠다. 하지만 분명한 사실은 논문 초교를 처음부터 끝까지 줄을 쳐가며 꼼꼼하게 읽으시고, 좋은 공부가 되었다는 말씀과 함께 내공이 묻어나는 날카로운 지적을 해주셨다. 선생님의 학문적 성실함과 공력을 몸소 느낄 수 있는 기회였다.

한국 고분자화학계를 개척하고 현재에 이르게 한 것은 물론 다양한 활동을 통해 한국 과학의 수준을 한 차원 끌어올리는 데 주도적 역할을 한 것이 단순한 요행이 아니었음을 알게 해준다. 미국의 좋은 조건에서 연구를 하다가 한국에 들어왔을 때 기본적인 실험도구조차 없어서 허탈했지만 한국적 상황에 굴하지 않고 필요한 것을 일구어내는 것이 진짜 과학자의 길이라고 말씀하신 것과 무관치 않을 것이다.

선생님은 뛰어난 기획력을 가지고 있다. 나로서는 그 깊이와 폭을 알 수 없지만, 어림짐작으로 보더라도 선생님은 탁월한 전략가이자 전술가다. 그렇다고 선생님이 철두철미한 논리로 무장한 이론가 분위기를 풍기는 것은 아니다. 오히려 정반대라고 할 수 있다. 전혀 치밀할 것 같지 않은 분위기를 풍기면서 일의 핵심을 틀어지고 손쉽게 해치우기 때문이다. 일의 꼭지를 잡아챌 줄 안다는 말이 있는데, 아마도 선생님의 경우가 그럴 것이다. 끊임없이 아이디어를 내고, 그것을 실행에 옮겨 일이 되도록 만들어 나가는 것. 이것이 선생님의 전략가로서의 면모이다.

선생님은 학자로서, 과학자로서, 과학문화 지도자로서 제2의 삶을 보내고 계신다. 일이 없을까봐 걱정했는데 일복이 터졌다고 기뻐하시는 모습이 참 보기 좋다. 아마도 지금까지의 경륜을 바탕으로 앞으로 더 중요한 일들을 이룩하실 것이다. 겉으로는 허허 넉넉하게 웃으시지만 안으로는 꼼꼼하게 하나하나 할 일을 챙기실 분이다. 김정수 화백의 진달래꽃 그림이 주는 여백의 미처럼 선생님은 지나온 삶처럼 앞으로도 그렇게 넉넉하고 치열하게 살아가시리라 믿는다. ☀ 강윤재 _ 동국대학교 다르마칼리지 교수

과학자는 이렇게 태어난다

세월도 열정을 식히지는 못한다

제대한 후 4학년으로 복학했을 때는 앞으로 뭘 해야 할지, 취직을 어떻게 해야 할지 몰라 머리가 복잡했다. 3년 동안 화학을 배웠지만 화학 공부에 재미를 느끼지 못했고 흥미가 가는 분야도 없었다. 그래서 그냥 강의를 듣고 시험을 치는 평범한 일상을 보내던 차에 진정일 선생님의 고분자화학 강의를 듣게 되었다. 그때는 정말 몰랐다. 내가 선생님 밑에서 석·박사과정을 밟고 그 후에도 선생님이 정년퇴임하시는 날까지 곁에 남게 될 줄 말이다.

석사과정 때는 실험실에 들어오다가 선생님의 화난 목소리를 들으면 우리 실험실 앞에 있던 물리학과 임동건 교수님 연구실의 소파를 바늘방석 삼아 앉아서 실험실 상황에 귀를 세우며 잠잠해질 때를 기다리곤 했다. 그러다가 선생님이 나가시면 슬그머니 실험실에 들어갔다. 박사과정 시절, 어느 날 연구실 문을 열고 들어갔다가 외롭고 쓸쓸한 선생님의 뒷모습을 보게 되었다. 항상 강하고 엄격하시던 스승의 뒷모습에서 늙고 기력이 쇠하여 봉창을 열어두고 밖을 내다보시던 외할아버지의 모습이 떠올라 무척 안쓰러운 마음이 들었다.

부모와 같은 스승의 마음

대학원 입학 직전에 결혼한 후배가 석사과정 3학기쯤 되었을 때의 일이다. 어느 날 후배의 얼굴이 안 좋아 보여서 무슨 일이냐고 물으니 아내가 유방암에 걸린 것 같단다. 그 후배에게는 아직 아이가 없었다. 결혼 후 공부에만 전념하고 있었는데 청천벽력 같은 소리를 들었으니 그 실의가 오죽할까!

실험실 방장을 맡고 있던 나는 선생님에게 그 후배의 일에 대해 말씀 드렸다. 그랬더니 선생님은 여기저기 전화를 걸기 시작하셨고, 그 분야에서 아주 유명한 의사를 소개해주시는 것은 물론 수술을 하게 되면 얼마 정도의 수술비까지 전달해달라고 하셨다. 결국 한두 달 동안 긴장과 걱정 속에 애를 태웠던 그 후배의 부인은 정밀검사 결과 유방암이 아닌 것으로 판명되었다. 그 후배는 무사히 졸업한 후 취직도 하고 아이도 낳아 행복하게 잘 살고 있다. 잠깐 동안의 해프닝으로 끝나서 정말 다행이었지만 선생님의 따뜻한 마음만은 충분히 느낄 수 있었던 사건이었다.

언젠가는 첫 번째 제자부터 한 명 한 명 이름을 부르며 지금 어떻게 살고 있는지 이야기하시는데, 그중에 좀 어렵게 살고 있거나 직장을 옮겼거나 직장에서 승진할 때가 되면 선생님이 오히려 긴장하고 염려하는 모습을 보면서 '군사부일체'라더니 선생님은 정말 부모와 같은 마음을 가지고 계시는구나라는 생각을 했다. 간혹 소식이 끊겨 생사를 알 수 없는 제자, 일이 안 풀려 고생하는 제자, 투병생활을 하는 제자들을 떠올리실 때는 많이 힘들어 하셨다. 그러나 승진처럼 좋은 소식이 들리면 누구보다도 기뻐하며 즐거워하셨다. 또한 제자들이 좋은 연구결과를 내어 신문에 나기라도 하면 신문을 스크랩하여 연구실 방문과 출입문에 붙여 놓고 화학과 여기저기에 자랑하고 다니셨다.

선생님의 연구는 현재진행형

"어제 뭐했어?" 선생님이 아침에 실험실에 올 때마다 하시던 말씀이다. 밤새 새로운 결과가 나왔는지 궁금한 마음에 급하게 들어오시면서 말이다. 어떨 때는 실험 당사자인 우리를 대신해 꿈을 꾸기도 하셨다.

박사과정에 들어온 후 우리 연구실에서 한 번도 한 적이 없는 DNA의 자기적 성질에 대한 연구를 하면서 여러 번 꿈을 꿨다. 실험이 워낙 어렵고 까다로워서 잠자리도 불편했던 게다. 깎아내린 듯한 절벽을 올라가는 꿈이었는데, 절벽이 움직이는 바위들로 되어 있어서 올라가기가 여간 힘들지 않았고, 올라가는 중간에 절벽이 마구 흔들리기 시작했다. 실제로 실험 도중 많은 변수가 일어나 그 꿈의 내용이 현실적으로 와 닿았다. 선생님의 꿈은 좀더 구체적이었다. 부처님이 나타나서 실험 방법을 알려주거나 꿈에서 직접 실험을 했다는 식이다. 비록 꿈을 꾸어서 뾰족한 실험 방법이 나온 것은 아니지만 꿈에서조차 실험을 생각하는 선생님의 열정이 와 닿는 대목이 아닐 수 없다.

선생님은 늘 과학 잡지나 기사를 주면서 새로운 내용을 찾아보라고 하셨다. 선생님이 관심을 가지는 영역은 화학에만 그치지 않았다. 또 대외적으로 관여하는 일도 많았다. 과총, 대한화학회, 과학기술한림원, 과학문화재단, 과학문화진흥회 등 여기저기 회의에 참석하고 화학회지에 글도 쓰셔야 했다.

늘 애지중지 가지고 다니는 가방은 생각보다 무거웠는데, 그 안에는 읽고 계시는 논문과 교정 중인 논문 원고, 주문해서 받은 책들이 들어 있었다. 책은 주로 아마존에서 과학 철학, 화학 산업에 대한 책과 유명한 과학자들에 대한 책을 주문하시는데, 책이 도착하고 10여 일이 지나면 책 이야기를 들려주셨다. 오늘은 어디까지 읽었는데 아주 재미있다고, 몇 달 전에는 이렌 퀴리에 대한 이야기를 읽고 독후감을 이야기하시더니 이제는 러더퍼드에 대해 이야기하신다. 과학에 대한 열정과 사랑이 식을 줄 모르는 용광로 같다.

보통사람들은 잘 모르는 분야가 나오면 얼버무리며 모른 채 지나치려고 하지만 선생님은 호기심에 눈빛을 번뜩이며 새로운 이론과 해석에 대해 적극적으로 토론하고 공부하여 새로운 해석을 내놓으신다. 아직 연구에 대한 선생님의 열정은 현재진행형이다. 비록 몸은 많이 노쇠하셨지만 연구에 대한 열정만은 여느 젊은이보다 더 뜨겁다. ☀ 권영완 _ 고려대학교 융합대학원 연구교수

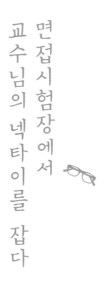

면접시험장에서
교수님의 넥타이를 잡다

1986년 겨울 고려대학교 화학과 대학원생을 뽑는 면접시험장. 떨리고 긴장감이 도는 면접시간에 갑자기 한 여학생이 어느 교수님의 넥타이를 잡는 진풍경이 벌어졌다. 도대체 무슨 사연이 있었을까?

넥타이를 잡고 연구실에 입성하다

그녀에게는 대학 졸업 후 1년간의 공백 기간이 있었다. 실력으로 당당히 취업하리라는 각오를 하고 연구소를 중심으로 이곳저곳을 두드리다 간신히 한 염료회사에 들어갔다. 하지만 직장생활에 제대로 적응하지 못한 그녀는 자신의 현실문제들을 정면돌파하지 못하고 더 배우고 싶다는 욕심으로 포장하여 대학원에 진학하기로 마음먹게 되었다.

그때는 마침 소수 특권층에서 급하게 만든 석사장교 제도라는 것이 있었는데, 일부에서는 여학생의 대학원 진학이 남자 앞길을 막는 일이라는 말까지 버젓이 나돌 정도로 취업 전선에서뿐만 아니라 학교에서도 여성의 진출을 대놓고 비난하던 시절이었다. 시절이 그럼에도 불구하고 그녀가 대학원 진학을 돌파구로 선택한 것은 그만큼 절실함이 컸기 때문이리라. 사실 그녀가 조금만 더 현명했더라면 대학원 진학이 그 문제의 열쇠가 아니라는 사실을 알았겠지만 당시에는 소심한 그녀가 생각해낼 수 있는 최선의 선택이었다.

이렇게 결정한 대학원 진학이었지만 연구실 선택에서는 한 치의 망설임도 없었다. 미시세계와 거시세계의 연결고리를 세우는 데 지쳐버려 전공을 바꿔야 하는 게 아닌지 심각하게 고민하던 그녀에게 진정일 교수님의 유기화학 강의는 사막 여행에서 만난 오아시스요, 길고 어두운 터널 속에 비쳐드는 한 줄기 밝은 빛이었다. 교수님은 생활 속 현상들을 과학적인 원리로 알기 쉽게 풀어서 강의를 하셨는데, 그 내용이 어찌나 흥미 있고 재미있는지 강의를 듣다보면 수업 시간이 너무 짧다는 생각이 들 정도였다. 교수님은 화학뿐만 아니라 물리와 생물 등 과학 전반을 넘나들며 생활 속에서 만나는 현상들을 쉽게 풀어내셨다.

그 후 그녀는 교수님을 존경하는 것을 넘어 열성적인 팬이 되고 말았다. 교수님의 강의는 죄다 수강하고 강의 내용은 하나도 놓치지 않으려고 처음으로 부교재라는 것을 사서 보기도 했다. 지금도《동아일보》에 연재되는 교수님의 칼럼을 읽으면 그때 들었던 강의를 다시 듣는 것 같다.

예를 들면 왜 식은 밥은 맛이 없는지, 파마 약은 무엇이고 중화제는 무

과학자는 이렇게 태어난다

엇인지, 다림질할 때 물은 왜 뿌리는지, 테플론이나 나일론 등이 어떻게 시장에 나왔는지 등 아직도 생생하게 기억날 만큼 뛰어난 강의를 하셨다.

교수님의 강의를 들을 수 있었던 것을 커다란 축복으로 여기는 그녀가 진정일 교수님 연구실에 들어가겠다고 마음먹은 것은 어찌 보면 너무나 당연한 일이었다. 하지만 여학생은 받을 수 없다는 말씀에 다급해진 마음으로 일어서시는 교수님의 소매를 잡으려던 것이 그만 넥타이를 잡게 되고 만 것이다. 한 손으로는 감히(?) 교수님의 넥타이를 잡고 연구실 입성 의지를 확고히 하고, 한편으로는 동기들의 한결같은(?) 의리에 힘입어 실험실 선배들의 여학생 입성 반대의지를 설복시키는 물밑 작업을 성공시킴으로써 후배 여학생과 함께 나란히 연구실에 들어가 그렇게 존경하는 진정일 교수님의 연구실 일원으로 사사하게 되었다.

일상의 모든 것은 대학원에서 배웠다

이공대 후문이 다 보여 전망은 좋았지만 데모만 있으면 제일 먼저 최루가스가 들어오는 모퉁이 실험실에서 더 큰 실험실로 확장하여 이사하게 됐을 때 제자들이 좀더 좋은 환경에서 실험하게 되었다고 기뻐하시던 교수님의 모습이 생각난다. 물론 우리들은 교수님의 연구실과 우리의 실험실이 분리된다는 사실에 더 흥분했지만. 하지만 나는 연구실에 어렵게 들어간 것에 비해 연구결과는 정작 기대에 못 미쳐 여러모로 교수님께 실망을 드리기도 했다.

학부 시절 교수님과의 만남은 일방적이고 원거리적인 것이었지만 대학원에서의 교수님의 가르침은 직접적이고 상호 교류하는 것이었다. 학부 시절에는 훌륭한 강의를 하는 교수님으로만 알았지만 대학원에 들어와서는 교수님이 학계와 산업계에서 인정받고 있고 골고루 영향력을 발휘하고 계시는 더욱 본받을 만한 분이라는 것을 알게 되었다. 연구에 있어서도 제자가 잘못된 실험을 하면 언제나 문제점을 정확하게 집어주며 더욱 분발하도록 지도하셨다.

참 많은 시간이 흘렀다. 나에게도 취업, 결혼, 출산, 육아 등의 평범한 일상들이 차례대로 이어졌다. 어찌 보면 어렵게 배운 지식을 헛되게 만든 것 같지만 교수님의 훌륭했던 강의 덕분에 지금도 아이가 배우는 내용을 잘 이해하지 못하면 내 설명이 부족하다고 생각하여 다시 설명해주고, 학교 공부에 흥미를 못 붙이는 것 같으면 몰아붙이기보다 다른 문제가 있는지 고려하게 된다. 일상에서의 사소한 문제들에 대한 대처법들을 모두 그 시절 경험에서 얻었다.

첫아이 돌이 지나서 찾아뵈었을 때나, 첫아이 초등학교 입학하던 해 대전 동학사에서 있었던 고고회 모임 때 온 가족이 인사드렸을 때나 언제나 따뜻하고 자상하게 말씀해주시던 교수님. 지금도 학회장에서 날카로운 질문으로 발표자를 긴장하게 만드는 학자로서의 교수님을 생각하면 여전히 교수님께 배울 것이 너무나 많다고 생각한다. 이번 스승의 날에는 평생의 스승으로 남아주신 교수님께 멋진 넥타이를 사들고 꼭 찾아뵈어야겠다고 다짐해본다. ☀ 김란희 _ 한남대학교 화학과 강사

내
인
생
의
불
확
실
성
원
리

1982년 11월, 대학 입학 면접시험장에서 진정일 교수님을 처음 뵈었다. 그때 교수님은 면접관으로서 몇 가지 통상적인 질문들을 던졌고, 나는 솔직한 대답을 했다.

"왜 화학과를 지원했는가?"

"물리학을 하고 싶은데 솔직히 점수가 안 됩니다. 하지만 화학도 좋아 합니다."

"화학에서 관심 있는 내용은 무엇인가?"

"핵화학을 하고 싶습니다."

당돌하게도 나는 마지막에 교수님에게 질문을 했다.

"작년에 모 기업에서 화학과 출신을 뽑았는데요. 서울대, 연세대, 서강 대 출신만 뽑고 고려대 출신은 안 뽑았다고 들었습니다. 맞습니까?"

교수님은 껄껄 웃으며 말씀하셨다.

"자네가 들어와 보면 알 거야."

그렇게 짧은 면접이 끝났고 들어와 보면 알 거라는 교수님의 말씀에 '아, 합격은 하겠구나'라고 생각하며 집으로 돌아갔다.

네 머리는 액세서리냐?

그 후 1년이 지나서야 교수님을 다시 뵐 수 있었다. 일반화학을 강의하시던 김시중 교수님이 발목을 다치셔서 교과서 뒷부분의 핵화학, 유기화학, 고분자화학 부분을 특강 형식으로 김강진 교수님과 진정일 교수님이 강의를 하셨다. 나는 그때 진 교수님에 대해 아주 강한 인상을 갖게 되었다. 강의 도중 뒤에서 떠드는 학생이 있었는데 교수님이 갑자기 강의하시다 말고 버럭 소리를 지르셨다.

"내 강의 안 들으려면 나가! 난 내 그림자 놓고도 강의할 수 있어!"

일순간 강의실은 얼어붙었고 그 이후로 학생들은 숨소리도 내지 못한 채 두 시간 동안 앉아 있어야 했다. 자신의 그림자를 놓고도 강의할 수 있다는 교수님의 말씀은 나에게 큰 충격으로 다가왔다. 그 후 선생님의 표현을 약간 바꿔서 나는 이렇게 말하곤 한다. "나는 앞에 거울을 놓고도 이야기할 수 있어"라고.

다음해에 유기화학을 배우면서 진 교수님을 또다시 만났다. 하지만 나는 유기화학을 무척이나 싫어했다. 외워야 할 것이 너무 많고 복잡해서 머리 나쁜 사람이 하는 공부는 아니라고 생각했다. 학력고사를 준비

할 때 국어, 영어, 수학을 열심히 해놓고 마지막 시험 보기 며칠 전에 암기과목을 파고들었는데, 유기화학은 그런 암기과목과 같은 존재였다. 당연한 결과겠지만 3학기 내내 유기화학의 학점은 C+ 아니면 C였다. 하지만 교수님은 나에게 A학점을 주셨는데, 괜찮은 질문으로 교수님께 특별한 인상을 남겼기 때문이다. 나는 학기 초마다 유기화학을 정복하겠다는 새로운 마음으로 공부해서 늘 교수님께 질문을 했는데, 그것들이 교수님이 생각하기에 꽤 괜찮았나 보다. 강의 때마다 교수님은 출석부로 사용하는 수첩을 들고 무작위로 학생들을 찍어서 지난 시간에 배운 내용을 물으셨다. 나는 그 물음에 제대로 대답한 적이 한 번도 없어서 매번 혼이 났다. 교수님은 "머리는 액세서리로 달고 다니냐?"라며 혼을 내셨다.

첫 학기 중간고사 때의 일이다. 1번 문제는 이론을 설명하는 것이었는데, 나는 그 문제의 답을 8절 답안지 앞뒤로 빽빽하게 적고서 시험지를 냈다. 한 문제만 푼 것이다. 20점짜리 문제였는데 시험을 채점한 민 선배가 19점을 주어 내 중간고사 성적은 19점이 되었다. 그런 다음 일주일 후에 학교를 나갔더니 민 선배가 나를 찾아 이공대를 뒤지고 다니느라고 난리가 났단다. 민 선배가 나를 보자마자 한 말은 "야, 너 답안지 몇 장 썼어?"였다.

"한 장이요."

"정말 한 장만 쓴 거 맞아?"

"네. 1번만 풀었는데요."

그제야 선배는 가슴을 쓸어내리며 돌아갔다. 나중에 들은 이야기로는 교수님이 내 답안지를 확인하면서 1번 답을 이렇게 쓸 정도면 분명히 다른 문제도 풀었을 거라며, 다른 답안지는 잊어버렸을 것이니 찾아오라고, 시험 감독을 똑바로 못했다고 민 선배에게 무척이나 역정을 냈다는 것이다.

100%의 인생

석사과정을 밟을 당시 교수님은 아주 무서운 분이셨다. 교정을 거닐다가도 멀리서 교수님 모습이 보이면 조용히 다른 길로 돌아갈 정도였다. 허나 회사의 지원을 받아 박사과정을 공부하기 위해 다시 교수님을 찾았을 때는 그렇게 무섭던 예전의 모습을 찾아볼 수가 없었다. 물론 내가 나이가 들어서 다시 입학을 했기에 그렇게 느껴진 것일 수도 있지만 분명히 그것이 전부는 아니었다. 아마도 대학원 학생들이 교수님 아들뻘이 되니 제자들이 아들 같아 부모 같은 마음이 자연스럽게 배어 나와서 그런 것이 아닐까 한다. 그런 교수님의 모습을 뵈니 왠지 모를 서글픔이 느껴졌다. 늘어난 얼굴의 주름살과 성성한 백발을 보면서 나도 언젠가는 그렇게 변해갈 것이라는 생각에 안타까움이 더욱 컸던 것 같다.

어느덧 나도 교수님을 처음 만났을 즈음의 교수님과 비슷한 나이가 되었다. 감히 당시의 교수님과 지금의 나를 비교해 보면 교수님은 나보다 훨씬 젊으셨다. 연구에 대한 열정도, 건강도, 모든 것이 지금의 나보다 당시의 교수님이 훨씬 젊었다. 그렇다면 20여 년 뒤의 나는 지금의 교수님보다 훨씬 늙은 노인이 되어 있을 거라는 결론이 나오니, 벌써부터 걱정이 된다. 지금의 내 모습을 과거에는 상상도 하지 못했다. 어릴 때의 나는 노래를 하거나 어디 처박혀서라도 시를 쓰고 싶었고, 여행을 하고, 많은 사람들을 사랑하는 자유로운 인생을 살고 싶었지만, 원하던 대로 된 것은 하나도 없다. 아침이면 어김없이 출근해야 하는 직장을 다니고 있고(먹고 살려면 어쩔 수 없다), 주변 사람들의 눈치도 봐야 하고(이건 정말 내가 못하는 것 중의 하나다), 마음에도 없는 좋은 이야기도 해줘야 하고(이것도 좀 안 된다), 노래방에서는 굳이 긴 번호를 찾아가면서 남의 노래나 부르고(이건 노력한다), 애들도 셋이나 돼서 조용히 텔레비전도 볼 수 없다(그래도 좋다).

앞으로 내 인생에는 또 얼마나 상상도 못한 일들이 펼쳐질까? 하이젠베르크의 불확정성 원리는 내 인생에 늘 적용되어왔지만 그래도 지금의 나는 행복하다. 하지만 내가 지켜본 교수님의 인생은 불확실성이 전혀 없는, 확률 100%의 인생을 살아오셨고 앞으로도 그렇게 사실 것 같다. 그런 면에서 본다면 오히려 내가 교수님보다 더 과학적인 삶을 살아온 것이 아닐까? 궤변이라도 한 번쯤은 그렇게 믿어보고 싶다. ☀ 김세경 _ 개인사업가

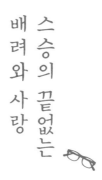

스승의 끝없는 배려와 사랑

1981년 가을, 석사과정 지도교수인 이수민 교수님께서 "졸업하면 뭘 할 거니?"라고 물으셨다. 머리를 긁적이며 "글쎄요"라고 얼버무리며 연구실을 나왔는데, 다음날 교수님이 다시 불러서 이렇게 말씀하셨다.

"고려대학교 진정일 교수님을 찾아뵙고 인사 올려라. 추천서를 잘 써 줄 테니, 고려대학교에서 박사과정을 공부해라."

우여곡절 끝에 모든 화학도들이 꿈에 그리던 진정일 교수님의 연구실에서 박사과정을 밟게 되었다. 교수님과의 인연이 시작되었다.

열악한 실험실에서 살아남기
학기 초에 내가 받은 연구주제는 시프염기(Schiff-base) 메소젠 액정에 대한 것이었다. 당시 액정이라는 말을 처음 들은 나는 정용석 박사의 도움으로 액정에 대해 알게 되었고 나름대로 파악한 합성 구조식을 교수님께 말씀드렸다. 교수님은 일단 합성해보라고 하셨고, 아는 것이 없는 나는 무엇을 어떻게 시작해야 좋을지 알 수가 없었다. 또다시 정용석 박사의 도움으로 화합물을 합성하고 이들의 물성 조사도 할 수 있게 되었다.

방학이 끝나갈 무렵, 말단기의 치환기를 바꾼 화합물 세 개를 합성했다. 수소 치환기는 액정이 아니었고, 에톡시 치환기는 양방성 액정이었고, 브롬 치환기를 갖는 화합물은 단방성이었다. 교수님께 연구결과를 보고했더니 그것밖에 못 했느냐고 서운해 하시며 다른 치환기들도 합성해 보라고 하셨다. 사실 게으름도 피웠지만 실험실 여건상 실험에만 매진하긴 힘든 상황이었다.

우리 실험실은 15평 정도밖에 되지 않았는데, 매일 10여 명 정도가 실험을 하느라 부대껴서 항상 북새통 같았다. 건조기도 두 대뿐이었는데, 시약 말리랴 초자 말리랴 서로서로 눈치를 보면서 실험을 하는 형국이었다. 나중에는 둥근 바닥 플라스크나 냉각관 같은 것이 많아서 쓸데없는 신경전을 벌이지 않아도 되었지만 당시에는 서로가 눈치를 봐야 했다.

교수님은 연구비와 연구실 운영을 전적으로 우리에게 맡기셨다. 우리는 그 돈을 아끼려고 한 번 사용한 아세톤 등의 용매를 버리지 않고 두었다가 재증류하여 다시 사용하곤 했다.

기구와 시약은 항상 부족해서 교양화학실, 한남대학, 한국과학기술원 등에서 무던히도 얻어다 썼다. 현재 조선대학에 계시는 김준섭 박사는 학교 앞에 있는 약국에서 얻은 빈 약병을 잘 씻어서 밤새 말린 후 실험

시료를 담는 용기로 사용했다. 그의 서랍에는 박카스, 쌍화탕 등 종류별로 빈 병이 준비되어 있어서 시료 용기가 없을 때는 그에게 부탁하여 해결했다.

사정이 이렇다 보니 교수님도 확보한 연구비를 당신을 위해 사용하지 않으셨다. 대부분을 시약과 실험기구를 구입하는 데 할애하셨고, 가끔 경희대 앞 파전 집과 안암동 로터리 고깃집에서 회식자리를 마련해주기도 하셨다.

한번은 회식이 끝나고 교수님이 연구실에 들러야 한다고 해서 함께 택시를 탄 적이 있다. 교수님은 약주가 꽤 과하셨는데도 "나는 집에 가서 꼭 논문 한 편 이상을 읽어야 자는데, 오늘은 가방을 놓고 왔어. 화학회관에 들렀다 오느라 논문을 못 가지고 왔거든"이라고 하면서 기필코 연구실에 가서 논문을 가지고 댁으로 가셨다. 정말 대단한 열정이 아닐 수 없다.

회식한 다음날 하루 정도 쉴 법도 하건만 교수님은 쉬지도 않으셨다. 훗날 왜 그러셨냐고 여쭤보니 이렇게 말씀하셨다.

"나도 힘든 건 알지. 그래도 한 번 쉬면 또 쉬고 싶고, 또 쉬면 일이 안 돼."

그때까지도 나는 교수님이 천재적인 두뇌를 가지고 있다고 생각했다. 교수님의 논문은 화학, 물리, 생물, 전자, 광학 전 분야가 융합된 부분이 많았기에 그 모든 것을 다 이해하려면 천재가 아니고선 불가능하다고 생각한 것이다. 허나 그때서야 깨달았다. 교수님은 천재적인 두뇌를 가

과학자는 이렇게 태어난다

지고 있지만 그 이면에는 과학을 향한 불타는 집념과 반드시 이루고 말겠다는 고집까지 갖추고 계셨다. 그 세 가지가 오늘날 교수님을 고분자화학계의 거목으로 만든 것이다.

끝없는 배려와 사랑

박사과정의 졸업 학점은 36학점이지만 나는 48학점을 취득해야 했다. 수강신청을 할 때마다 교수님께서 수강신청 카드를 보시며 이 과목을 수강하라, 저 과목을 수강하라고 말씀하시니 신청과목이 늘어날 수밖에 없었다. 그때는 그런 교수님의 욕심이 원망스러웠지만 지금은 배울 수 있을 때 마음껏 배우게 해주신 배려에 고마움을 느낀다.

교수님은 외국에 나갔다 오시면 좋은 원서를 많이 사오셨다. 당시에 원서는 가격도 비쌌고 한국에서 찾기 힘든 책들도 많았던 터라 교수님은 누구나 원서를 볼 수 있도록 책상 위에 두고 다니셨다. 새로운 책이 오면 늘 복사를 했다. 책을 복사할 때 책등을 힘주어 누르지 않으면 가운데 부분이 희미하게 나오기 때문에 꾹꾹 눌러 복사를 하다 보니 책장들이 떨어져 나가기 일쑤였다. 교수님은 그 사실을 아시는지 모르시는지 별다른 말씀을 하지 않았고, 덕분에 우리는 귀한 책을 마음대로 볼 수 있었다. 지금 같으면 저작권 보호법 때문에 우리는 대학원을 다니지도 못했을 것이다. 그때 복사했던 책 20여 권은 지금도 내 책장에 꽂혀 있다.

박사학위를 받은 후 교수님은 삼성전자 소재부품연구소로 가라고 하시며, 삼성전자연구소에서 박사학위 과장급으로 고려대 출신은 내가 처음이니 열심히 하라고 하셨다. 네 시간의 면접 끝에 합격 통보를 받았고 삼성전자에서 6개월을 근무한 후 삼성종합기술원으로 발령을 받아 정밀화학 팀장으로 근무를 했다.

종합기술원이 어느 정도 안정을 찾은 후 호서대학으로 옮겼다. 신임교수 최종 면접을 보던 때였다. 학교에서는 지도교수가 직접 와서 신임교수의 보증을 서야 한다고 했다. 삼성전자에 들어가서 열심히 하라며 격려해주신 선생님의 뜻을 거역한 마당에 어떻게 말씀을 드려야 할지 무척 고민이 되었다. 그래도 학교로 옮기고 싶은 마음이 너무 커서 마음을 다져먹고 부탁을 드렸더니 흔쾌히 호서대학까지 오셔서 보증을 서주셨다. 덕분에 나는 교수로서 새 인생을 시작하게 되었고 지금도 열심히 제자들을 가르치고 있다.

제자의 일을 부모처럼 손수 챙겨주시던 스승님. 그 깊은 은혜에 보답하는 길은 스승에게서 받았던 사랑과 은혜를 나의 제자들에게 그대로 베푸는 것이리라. 오늘도 내 마음속 깊이 새겨진 은혜의 돛을 올리고 드넓게 펼쳐진 과학의 바다로, 인생의 바다로 항해를 시작한다. 🔅 박주훈 _ 호서대학교 자연과학대학 학장

과학자는 이렇게 태어난다

가장 오랫동안 공부한 불량제자

처음 접한 고분자의 세계

1973년은 우리나라의 공업화가 한창 진행되던 때라 입사서류만 내면 취직이 되는 시절이었다. 삼성, 코오롱, 태평양화학 중에서 고민하다가 고향에서 가까운 대구와 구미에 공장이 있는 코오롱에 입사하기로 결정했다.

취직을 하고 보니 그동안 한 번도 들어본 적이 없는 고분자를 다루는 회사였다. 플라스틱이라는 말은 들어봤어도 고분자라는 말은 처음 들어본 것이다. 게다가 배치된 부서는 연구소의 전신인 기술개발부였다. 대학에 다닐 때도 그렇게 공부에 적을 두지 않았기에 좀 어리둥절했으나 인턴 과정을 마치면 생산부서나 사업부서로 이동될 것이라고 생각했고 그렇게 되길 바랐다.

기술개발부 사무실에 출근을 하니 현재 성균관대학 교수인 박연흠 씨와 선배 한 사람이 근무하고 있었다. 내 업무는 신제품을 개발하는 것이었는데, 무엇을 어떻게 하라는 구체적인 지시는 없었다. 당시 우리나라에 연구소라고는 KIST 하나밖에 없었고, 1978년에야 코오롱이 한국 최초의 연구소 간판을 달았다. 사정이 이렇다 보니 내가 해야 할 '연구'가 무엇인지, 그것을 위해서 뭘 어떻게 준비해야 하는지 잘 알고 지도해 줄 사람이 없었다.

그러던 어느 날, 생산부장이 일본특허 한 장을 주면서 카본블랙(Carbon-black)을 방사과정(Spinning process)에서 투입하여 흑색 섬유를 개발해보라고 했다. 당시에 나는 연구는 고사하고 일본어뿐만 아니라 문헌을 조사하는 방법, 용어조차 모르고 있는 상태였는데 덜컥 연구개발부터 맡기니 기가 찰 노릇이었다. 솔직히 회사가 원망스러웠다.

하지만 같이 입사한 섬유공학과 출신 동기들과 2년 뒤부터 입사하기 시작한 KAIST 출신 석사들은 섬유와 고분자를 제법 공부하고 온 사람들이어서 결국 나만 문제가 있는 셈이었다. 그래서 사업부로 가서 비지니스를 하고 싶다고 회사에 요청하였지만 번번이 거절당했다.

급기야 나는 직장을 옮기는 것도 생각하게 되었다. 하지만 첫 직장에서 뭔가 흔적이라도 남기고 싶다는 생각이 들었고, 그러던 차에 흡수성 섬유를 개발하기 위해 한국원자력연구소에 파견을 나가게 되었다. 그곳의 최재호 박사님, 이종광 박사님도 고분자나 섬유에 대해 문외한이었다. 그때 최 박사님께서 진 교수님을 초청해서 세미나를 열게 되었고, 거

과학자는 이렇게 태어난다

기에서 고분자가 무엇인지 알게 되었다.

진 교수님의 강의는 무척 인상 깊어서 내가 만약 고분자를 공부하게 된다면 선생님께 배워야겠다는 생각을 하게 되었다. 이때 선생님은 KAIST의 조의환 박사님, 최삼권 박사님 등과 함께 한국의 몇 안 되는 고분자 과학자로서 한국의 고분자 학문 분야를 개척하고 계셨다.

10년 동안 공부한 제자

그 후 나는 선생님의 특별한 배려와 최 박사님의 강권에 못 이겨 고려대 석사과정에 입학을 하게 되었다. 그러나 마음 한구석에는 애가 셋이나 딸린 내가 석·박사과정을 하는 것보다는 직업을 바꾸는 게 낫겠다는 생각이 여전하였다. 석사과정 코스워크(Course Work)를 모두 마치고 파견기간도 끝나 석사논문 연구는 공장에서 계속 하기로 하고 구미의 코오롱 기술연구소로 내려왔다.

하지만 논문 연구는 이런저런 이유로 계속 미뤄졌다. 그러던 중 국내 연구원들의 자질 향상을 위해 기업 연구원들을 선진국에 파견해서 교육시키는 정부 프로그램에 선발되어 미국에 연수를 가게 되었다. 연수처 선택은 스스로 해야 했는데, 어디 가서 무엇을 공부해야 할지 전혀 방법을 몰랐던 나는 고심 끝에 선생님께 부탁을 드렸고, 선생님의 추천으로 미국 매사추세츠대학 고분자 전공 선생님의 연구 파트너였던 렌츠 교수의 연구실에서 연수를 하게 되었다.

미국에 가서야 렌츠 교수의 연구실 과제를 포함한 실질적인 연구를 모두 선생님께서 지도하신다는 사실을 알았다. 렌츠 교수가 유명해진 것도 선생님을 만난 덕분이었을 게다. 물론 내 연구과제와 연구 지도도 선생님께서 해주셨다. 미국 연수 기간 중에 여러 가지 느낀 바가 있어 공부를 마저 끝내야겠다고 결심하고 선생님께 다시 공부를 할 수 있게 해달라고 부탁을 드렸더니 흔쾌히 허락해주셨다.

한국에 돌아와 복학을 한 뒤에야 선생님께서 나 때문에 많은 고생을 하신 것을 알았다. 휴학기간이 너무 길고 아무런 조치도 하지 않아서 제적 처리가 된 제자를 위해 선생님은 백방으로 노력하시다 심지어 시말서까지 쓰셨단다. 나중에야 그 사실을 안 나는 송구스런 마음에 제대로 인사도 드리지 못했지만 대신 열심히 공부해서 더 이상의 심려를 끼쳐드리지 말자며 각오를 다졌다.

결국 석사과정에 입학하는 형태가 되어 모든 학점을 다시 이수하고 박사과정을 마치니 그 세월이 10년이나 걸렸다. 선생님 밑에서 가장 오랫동안 공부한 불량제자가 되고 말았다. 10년 동안 한결같은 지도와 격려를 주신 선생님께 그저 감사한 마음뿐이다.

처음 대학원에 들어갔을 때 선생님이 하신 말씀이 생각난다.

"나이도 많고 직장에 다니면서 공부하기 힘들 줄 알지만 내 제자가 된 이상 내가 기대하는 수준은 지켜야 할 거야. 학점도 남보다 앞서야 하고 연구논문도 국내외 한 편 이상이어야 해. 논문은 합성에서 한 편, 가공에서 한 편, 성분배합에서 한 편 이상 써야 한다."

선생님의 말씀은 그 이후 내 생활의 지침이 되었다. 나는 선생님께 누가 되지 않는 제자가 되기 위해 열심히 공부했고 그 노력들은 직장 생활에 많은 도움이 되었다. 나름대로의 소신과 자신감을 가지고 코오롱 중앙기술원 원장이라는 직무를 해낼 수 있었던 것도 오로지 선생님의 가르침 덕분이었다. ☀ 박호진 _ 코오롱 R&D 상임고문

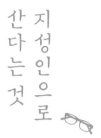

지성인으로 산다는 것

대학원을 가기 위해 상경하던 날, 아버지는 잔소리를 시작하셨다.

"옛날에는 스승의 그림자도 안 밟는다고 했다. 무조건 예, 예 하면서 선생님을 공경하고 따라야 한다….."

아버지의 잔소리는 20분 이상 계속되었다. 어릴 때부터 귀에 못이 박히도록 들었던 말이라서 그런지 학창시절에는 정말 선생님의 그림자도 밟지 않으려고 노력했다.

동기들과 선생님 방에 처음으로 인사 갔던 날, 선생님께 잘 보이고 싶었지만 너무 떨려서 선생님이 무슨 말씀을 하셨는지 기억조차 나지 않는다. 기억나는 건 선생님에게서는 보통사람과는 다른 비범함이 느껴졌다는 것이 전부이다.

그 이후 선생님과 독대할 수 있는 시간은 그다지 많지 않았다. 그 때문에 서운한 감정도 들었지만 문제가 풀리지 않을 때마다 던지시는 한마디는 정말 중요한 내용으로, 문제 해결의 실마리가 되었다.

미국으로 유학 온 후 2년 동안 선생님께 안부 전화도 드리지 못하다가 결혼식 주례를 부탁드리기 위해 전화를 하게 됐다. 그동안 연락 한 통 없다가 주례를 부탁드리는 것이 너무나 죄송스러웠는데 선생님은 흔쾌히 승낙해주셨다. 제자를 생각하는 스승의 마음은 제자의 옹졸한 마음과는 비교도 되지 않았다.

한국에 가서 아내와 함께 선생님께 인사를 드린 후 비자 문제를 정리하고 볼일을 보고 하다 보니 결혼식 날이 되었다. 정신없는 와중에도 선생님이 축의금을 내시는 것을 보고 죄송하고 감사한 마음에 몸 둘 바를 몰랐다. 드디어 결혼식이 시작되고 선생님의 주례사가 시작되었다.

평생 잊지 못할 주례사

그날 정신이 없어서 다른 건 어떻게 지나갔는지 기억도 나지 않지만 선생님의 주례사 내용은 지금도 잊히지 않는다. 주례사는 거의 한 시간 동안 계속되었지만 결코 지루하지 않았다. 오히려 그날이야말로 선생님의 가르침을 가장 오랫동안 들을 수 있는 날이라며 행복하게 듣고 또 들었다. 그렇게 오랫동안 1 대 1로(사실은 1 대 2지만) 선생님의 말씀을 들은 적이 없었기에 더욱 열심히 들었다.

효도, 사랑, 그리고 지성인. 선생님이 강조한 효도와 사랑은 어떤 주례사에도 들어가는 말이고, 결혼생활에서 가장 기본이 되는 덕목이지만 또한 지키기 어려운 것이 부모에 대한 효도와 가족간의 사랑이다. 그래서 선생님이 가장 먼저 말씀 하시지 않았나 싶다. 하지만 '지성인으로 살아야 한다'는 메시지는 어떤 주례사에서도 들어보지 못했다.

지성인으로 산다는 것. 지성인(知性人)의 사전적 의미는 지식과 지능을 갖춘 사람이지만 참다운 지성인으로 불리는 사람은 몇이나 될까? 겉으로 드러나는 지식과 지능은 전문 분야에서 자기 일을 열심히 하는 사람이라면 누구나 가지고 있지만 참다운 지식과 지능을 갖추고 살아가는 사람은 몇이나 될까? 아마 자신을 평생토록 갈고 닦아야 이룰 수 있지 않을까 싶다.

석사과정을 마친 지도 한참이 지났다. 그 시절은 화학자로서 첫 발걸음을 내딛을 수 있게 해준 귀중한 시간이었다. 물론 배움에는 시련이 따르기에 대학원 생활도 시련의 연속이었지만 모르는 것을 알게 되었을 때의 즐거움은 가슴을 벅차게 할 정도로 나를 흥분시켰다.

실험 준비, 실험, 선생님 앞에서 떨며 했던 연구 발표 등 그 시절의 경험은 유학생활의 귀중한 밑천이 되었고 직장생활에서도 든든한 버팀목이 되어주었다. 지금 나는 지성인으로 살아가기 위한 준비를 하고 있다. 교과서적인 지식을 갖추고 거들먹거리는 사람이 아닌, 타인과 인류사회를 위한 과학을 하는 참다운 지성인이 되기 위해 오늘도 나를 갈고 닦는다. ※ 배우성 _ 다우케미칼 폴리우레탄 R&D 연구원

과학자는 이렇게 태어난다

천리 밖을 내다보는 스승의 눈

1980년에 진정일 교수님을 처음으로 뵈었으니 벌써 37년이 흘렀다. 그 오랜 시간 동안 교수님과 얽힌 인연과 사연을 어찌 다 풀어놓을까마는 천리 밖을 내다보는 교수님의 예지력에 대해서는 이야기를 하고 싶다.

교수님은 앉아서도 천리 밖을 내다보는 예리한 눈을 가지셨는데, 학생들이 무슨 실험을 하는지, 무엇을 합성하고 있는지, 그것이 어느 정도 성공할 것인지 모두 알고 계셨기에 제자들은 실험실에서 한시도 긴장의 끈을 놓을 수 없었다. 교수님의 그 예리함은 선견지명으로 빛나 실험실을 떠난 제자들의 앞길을 챙겨주고 보살펴주셨다.

나는 교수님의 선견지명 덕분에 지금의 자리까지 왔지만 내 제자들에게는 그런 능력을 발휘하지 못하고 있으니 역시 스승의 그림자를 쫓아가는 것은 너무도 어려움을 새삼 느낀다. 선생님과 얽힌 재미있는 이야기를 통해 잠시 그 시절로 돌아가려 한다.

에피소드 하나. 내 담배 못 봤니?

지금은 담배를 피우시지 않지만 내가 대학원에서 공부할 당시에 교수님은 담배를 많이 피셨다. 어느 날부터인가 파이프 담배를 피우셨는데, 교수님이 퇴근한 후에는 내 담배를 절반 정도 빼내 교수님의 파이프 담배를 채워서 피우기도 했다. 그 향이 어찌나 향긋했는지 지금도 잊히지 않는다. 물론 아침에 출근해서 담배 주머니를 만지작거리며 나를 바라보던 교수님의 그 눈길도 잊을 수 없다.

에피소드 둘. 통닭이 무슨 죄이기에!

나는 나이가 좀 든 상태에서 박사과정을 시작했던 터라 교수님과 단 둘이 술을 마실 기회가 많았다. 어느 날 종로에서 술을 마신 후 교수님은 실험실 학생들이 밤늦게 실험하느라 출출할 테니 통닭이나 몇 마리 사다주자고 하셨다. 통닭을 사서 택시를 타고 실험실로 갔는데, 공교롭게도 그날따라 학생들이 한 명도 없었다. 교수님은 이놈들이 실험은 팽개치고 집에 갔다며 통닭들을 바닥에 내동댕이치고는 실험실을 나가셨다. 다음날 아침에 등교한 학생들은 바닥에서 나뒹굴고 있는 통닭들을 보고 얼마나 기겁을 했을까?

에피소드 셋. 이미자가 영어도 가르치냐?

또 한번은 이런 일도 있었다. 석사과정의 한 학생이 이어폰을 꽂고 이미자의 노래를 듣고 있었는데, 그 소리가 너무 커서 옆에 있는 우리도 들을 수 있었다. 그때 갑자기 교수님이 들어오셔서 그 친구에게 "너 지금 뭐 하니?"라고 묻자 이 친구가 깜짝 놀라서 "영어 공부하고 있습니다"라고 둘러댔다. 그러자 교수님이 "야, 요즘은 이미자가 영어도 가르치냐?"라고 하는데, 그 말에 모두들 자지러지고 말았다.

연구를 계속하는 게 좋겠어

1984년, 구 한국과학기술대학(과기대)에 임용되어 근무하게 되었다. 당시 과기대는 건설 공사가 한창이었고, 교수들은 개교 준비에 여념이 없었다. 모든 교수들이 전국 유명 고등학교에 파견되어 신입생 유치를 위한 홍보 활동을 하는 한편, 강의실과 실험실을 준비하느라 연구는 꿈도 꾸지 못할 정도로 바쁘게 지냈다.

그 와중에 1987년에서 1988년까지 미국 매사추세츠대학에서 연구할 수 있게 되었는데, 진 교수님이 로버트 렌츠 교수님께 부탁하여 박사과정 후 연수 겸 방문 교수로 연구할 기회가 주어졌다. 그곳에서 전도성 고분자에 대한 연구를 마치고 귀국한 후에는 주로 강의만 하고 지냈다. 대학원생이 없어서 연구할 여건이 되지 못했기 때문이다.

1988년 봄으로 기억된다. 어느 날 진 교수님이 이런 말씀을 하셨다.

"앞으로 과기대와 홍릉의 과학원이 통합될 계획인 것 같다. 만일 통합

되면 과기대 교수들은 많은 어려움을 겪게 될 거야. 그러니 석사과정 학생 한두 명을 맡아 지도해서 연구를 재개하는 것이 좋겠다."

그 당시 과학원 교수들은 대학원 중심의 한국 최고 연구중심 대학으로 많은 논문과 연구 업적이 있었고, 과기대 교수들은 대부분 신참들로 개교 이래 연구다운 연구를 전혀 못하고 강의만 하고 있었으니 논문이나 연구 실적이 많지 않던 때였다. 따라서 두 대학이 통합되면 과기대 교수들은 승진이나 재계약 면에서 상당한 어려움이 따를 게 당연했다.

교수님의 말씀에 따라 매주 한 번 고려대에서 학생들을 지도하면서 전도성 고분자에 대한 연구를 다시 시작했고 여러 편의 논문도 발표하게 되었다. 그 덕분에 두 학교가 통합된 1990년 이후에는 별다른 문제없이 승진할 수 있었고, 처음으로 석사과정 학생들을 받아 본격적인 연구를 수행하게 되었다. 이 모든 것이 제자를 생각하는 교수님의 애틋함과 선견지명 덕분인데, 나는 제자들에게 그 절반도 못하는 것 같아 늘 미안한 마음뿐이다. ☀ 심흥구_ 한국과학기술한림원 종신회원, KAIST 명예교수

과학자는 이렇게 태어난다

엄하고 무서운, 그러나 아버지 같은

1998년 2월, 석사과정을 마치고 유학을 준비하던 중 IMF가 터졌다. 당장 유학을 포기하고 직장 생활을 시작하게 되었지만 박사과정에 대한 미련을 떨칠 수가 없었다.

그러던 중 회사에서 박사과정을 지원해준다고 하여 2001년부터 박사과정 준비를 시작했다. 인터넷을 통해 여러 실험실을 알아보고 몇몇 교수님을 직접 만나기도 했지만 연구실을 결정하는 것이 쉽지만은 않았다. 그때 선후배들을 통해 진정일 교수님을 알게 되었다.

무서움 뒤에 감춰진 자상함

진정일 선생님에게서 박사과정을 밟는다고 하자 주위의 많은 분들이 다시 한번 고려해보라고 했다. 선생님이 너무 엄해서 박사과정을 하기가 힘들 거라고, 너무 고생할 거라는 것이었다. 그때마다 나는 자신 있게 말했다.

"그 정도는 각오가 돼 있어. 단지 너무 오랫동안 공부를 안 해서 그게 더 걱정이야."

하지만 곧 주변 사람들의 걱정이 사실이라는 것을 알게 되었다. 세상에 태어나서 그렇게 무서운 분은 처음이었다. 나중에는 이렇게 힘든 연구실에서 견딜 수 있다면 앞으로 어떤 어려움이 있더라도 견딜 수 있을 것이라고 생각하며 이를 악물고 실험실 생활을 해나갔다.

실험실 생활을 시작하자마자 그룹 미팅을 영어로 진행한다는 이야기를 들었다. 나는 '설마! 중간에 한국말도 좀 하겠지'라는 생각으로 미팅에 참석했는데 아니, 이럴 수가! 다들 영어를 어떻게나 잘하는지 정신을 차릴 수가 없었다. 선생님이 영어로 설명을 하면 나를 제외한 다른 사람들은 모두 이해하며 듣는 것 같았다.

그룹 미팅을 마치고 나오는 길에 눈앞이 캄캄해졌다. 과연 내가 이겨낼 수 있을까? 미팅을 영어로 진행하는 것도 부담스러웠지만 발표 내용을 전혀 이해할 수 없었기에 두려움은 커져만 갔다.

정말로 정신없이 한 학기를 보냈다. 시간이 흐를수록 적응하기는커녕 선생님에 대한 두려움과 어려움은 점점 더 커져만 갔다. 그러던 중 선생님과 함께 루마니아에서 열리는 학회에 참석하게 되었다.

선생님은 비행기에서부터 나를 챙겨주며 염려해주셨고 루마니아에 머무는 동안에도 자상하고 따뜻하게 대해주셨다. 그동안 실험실에서는

과학자는 이렇게 태어난다

절대 볼 수 없었던 아버지와 같은 인자한 모습이었다. 그제야 나는 무서움 뒤에 감춰진 선생님의 자상한 모습을 볼 수 있었다. 그리고 왜 실험실에서만 무서운 모습을 보여주시는지 알게 되었고, 더욱 열심히 해서 선생님께 인정받고 싶다는 생각을 하게 되었다.

존재만으로도 힘이 되는 사람들

학회 참석 이후 내 태도는 분명히 달라져 있었다. 연구에 최선을 다했고 성과도 조금씩 보이기 시작했다. 헌데 먹구름이 몰려오고 있을 줄이야! 아버지의 사업 실패로 아버지는 신용불량자 신세가 되셨고, 집에는 연일 카드 연체금 독촉장이 날아왔다. 하루하루가 숨이 막힐 정도로 견딜 수 없었던 나는 결국 박사과정을 중단하기로 결심했다. 선생님은 격려와 용기를 주시며 잠시 쉬면서 재충전을 한 후 다시 돌아오라고 말씀하셨다. 순간 눈물이 핑 돌았지만 꾹 참은 채 선생님께 감사의 인사를 한 후 연구실 문을 나섰다.

시간이 흘러 어느 정도 집안 문제가 해결이 되자 선생님을 비롯한 선후배들의 따뜻한 환대를 받으며 다시 실험실에 나가게 되었다. 처음부터 다시 시작해야 하는 상황이었다. 내 개인적인 사정으로 인해 연구 진행이 늦어져 고개를 들 수가 없었다.

하지만 선생님은 격려를 아끼지 않았고 박사과정을 무사히 마칠 수 있도록 최선의 배려를 해주셨다. 아마 선생님의 배려가 없었다면 난 중도에 그만 두고 다시 회사로 돌아갔을 것이다.

그렇게 힘들게 박사과정을 마쳤건만 졸업식을 일주일 앞두고 아버지가 돌아가셨다. 아버지가 병상에 계실 때 함께 졸업 사진을 찍긴 했지만 사진 속의 아버지는 죽음을 얼마 남겨두지 않았던 터라 너무나 야윈 모습이었다. 처음에는 집안을 힘들게 한 아버지가 그렇게 원망스러웠지만 막상 졸업식장에 서자 아버지의 빈자리가 너무나 크게 느껴졌다. 아버지는 그 존재만으로도 내게 힘이 됐다는 것을 그제야 깨달았다.

아버지처럼 존재만으로도 내게 힘이 되어준 선생님. 대한민국 과학계에 다시 나올까 말까 할 정도로 많은 업적을 남기신 선생님은 2007년 교직을 떠나셨다. 여전히 왕성한 활동을 하고 계시는 선생님의 앞길이 더욱 빛나리라 믿으며 못난 제자는 그동안 고생하셨노라고 멀리서 큰절을 올린다. ☀ 정성훈 _ 영남대학교 LEDIT 융합산업화연구센터 총괄국장

과학자는 이렇게 태어난다

실험은 계속되어야 한다

석사과정 중에 들게 된 진정일 선생님의 고분자 강의는 그동안 공부와
는 그다지 친하지 않았던 나를 변화시킬 만큼 놀라웠다. 선생님은 오랜
세월 동안 쌓아온 지식과 경험을 확신에 찬 어투로 당당하게 말씀하셨
는데, 그 모습에서 진정한 학자의 모습이 느껴졌다. 나는 선생님의 모습
위에 내 미래의 모습을 오버랩하며 선생님처럼 되고자 열심히 노력했
고, 세월이 지난 지금도 그렇게 살아가고 있는 중이다.

대학원을 졸업하고 대전의 한 연구소에서 근무하다가 다시 선생님 밑
에서 박사과정을 밟게 되었다. 다시 시작하는 실험실 생활이 힘들긴 했
지만 재미있는 일들도 기억에 많이 남는다. 연구주제에 관련된 실험을
하기 위해 선배가 있던 안양의 연구소를 오가기도 했고, 강원도에 1박 2

일 MT를 갔다가 새벽에 때 아닌 등산을 하고 차 안에서 쪼그려 자기도 했고, 강사라는 이유만으로 학생 식당에서 신입생들에게 여러 번 밥을 사주다가 도저히 감당이 안 되어 점심시간이면 안암 로터리로 도망을 가기도 했다.

고수님 세종문화상 수상

무엇보다 가장 기억에 남는 일은 선생님의 세종문화상 수상을 위해 잠시 실험을 중단하고 서류작업을 했다. 당시 서류작업에는 두 가지 문제가 있었는데, 문서화할 서류가 많다는 것과 그에 반해 내 타자 실력이 형편없다는 것이었다. 타자 속도는 시간이 해결해줄 일이었지만 선생님이 해외에 발표한 논문들의 인용도(횟수)를 조사하는 일은 학교 내부에서는 처리하지 못할 일이었다.

당시에는 윈도우 3.1이라는 운영체제 아래 인터넷은 초기 포털사이트만이 전부여서 방대한 양의 조사는 어려웠다. 전화번호부 및 지인들 그리고 천리안의 내부 카테고리를 열심히 뒤진 끝에 한 자료조사 업체를 찾을 수 있었다. 전화를 걸어 인용도를 조사할 수 있는 방법을 물어보니 고가의 소프트웨어를 구입해야만 가능하다는 것이 아닌가! 물어물어 그 업체를 찾아간 나는 지금 학생이고 이런저런 이유 때문에 조사가 필요하니 도움을 달라고 생떼 같은 부탁을 했다. 다행히 업체에서는 6월 한낮에 땀을 뻘뻘 흘리며 찾아간 내가 안쓰러웠는지(?) 도와주겠다고 했고, 나는 1.5리터들이 음료수 대여섯 병으로 고마움을 표시했다. 그렇게

과학자는 이렇게 태어난다

선생님의 해외 발표 논문별 인용 횟수 및 인용자의 논문 등 기대 이상의 자료를 인용한 서류작업을 무사히 마치게 되었다.

시상식이 끝난 후 가진 회식 자리에서 선생님은 그동안 자료 준비하느라 고생했다며 2주 동안 쉬면서 연구하라고 말씀하셨다. 그 말씀에 너무나 편안하게 술을 마셨고 다음날 편안한 마음으로 실험실에 나갔는데 선생님은 날 보자마자 "그래, 실험은 어디까지 되었냐? 하라고 했던 측정은 다 했냐?"라는 청천벽력 같은 질문을 하시는 게 아닌가! 아니, 어젯밤에는 2주 동안 편히 쉬라고 하셨으면서….

당시 선생님의 말씀은 곧 법이었는데, 특히 연구에 관련된 지시사항이나 일정 등은 법 그 이상의 의미였다. 벼락을 맞은 나는 진땀을 흘리며 "AA까지는 했고, BB 조성은 ○○장비 때문에 좀 미루어졌습니다"라는 변명 아닌 변명을 했다. 여느 때 같으면 불호령이 떨어졌을 상황이었지만 선생님은 전날의 수상 때문이었는지 아니면 회식 자리에서 내게 하신 말씀이 기억났는지 "그래? 그럼 서둘러야지! 다음에 ○○까지 하려면 시간이 없어! 서둘러서 해봐"라며 실험실을 나가셨다.

안도의 한숨을 내쉬며 고개를 돌려보니 나와 함께 덩달아 긴장했던 실험실 식구들의 환한 얼굴이 보였다. 그러나 그것도 잠시뿐. 실험실 최고참 선배가 정색을 하고 "너 똑바로 안 할래? 좀 빨리해. 옛날 같으면 얼차려야 얼차려!" 하고 잔소리를 한다. 나는 "어이구, 똑같아! 똑같아!"라는 푸념 아닌 푸념을 하며 다시 실험대로 돌진했다.

이루지 못한 복학과 선생님의 퇴임

2004년 1월에 군 대체 근무를 마쳤지만 개인적인 사정으로 복학할 기회를 놓쳤다. 그런데 선생님이 2007년 정년퇴임을 하셨다. 돌아갈 실험실이 없다는 사실에 기분이 우울해지고, 왜 진작 복학하지 않았나 하는 아쉬움만 가득했다. 이제 실험실에서 선생님의 직접적인 지도는 받지 못하겠지만 마음속으로 보내주시는 성원과 격려를 등에 업고 연구를 계속할 것이다. 처음 뵌 그때처럼 열정적으로 강의하던 선생님의 모습을 계속 뵙게 되길 바라고 또 바란다. ☀ 정학기 _ 코오롱 중앙기술원 미래기술연구그룹 개발담당

과학자는 이렇게 태어난다

"자네 이름은?"

"변회섭입니다. 금년에 본교 화학과를 졸업했습니다."

"자네는?"

"박유미입니다. 부산대 화학과를 졸업했습니다."

"두 사람이 이렇게 내 연구실에서 석사 연구를 하고 싶다니 한편으로 고맙기도 하고 한편으로는 아무것도 없는 내 연구실에서 무엇을 할 수 있을지 걱정이 앞서는군. 자네들이 열심히 하겠다면 우리 합심해서 노력해 보기로 하지. 구체적인 연구내용은 차차 설명해주겠네."

나의 첫 제자

첫 제자인 변 군과 박 군은 새로 시작하는 연구팀이 된지라 여러 가지 어려움을 겪어야 했다. 손수 화학 분석을 해야 했고, 기기 있는 곳을 찾아가 스펙트럼을 얻어야 했다. 연구비가 전혀 없이 시작하였으나 과학기술부가 지원하는 연구비를 수혜 받은 후부터는 가끔 우리끼리 저녁을 먹을 수도 있었다. 주로 학교 근처의 십구공탄 염통구이 집에서 소주를 마시며 이야기꽃을 피웠는데, 그 음식점은 삼대째 운영되고 있으며 해장국집으로 유명해졌다.

변 군은 이지적인 반면 박 군은 감성적이라 두 사람이 서로 상반된 성격을 가지고 있었다. 변 군은 광운전자대학을 다니다가 와서 그런지 기기 다루는 솜씨가 능숙했다. 소주 실력은 변 군이 앞서는 듯했지만 일단 취기가 오른 후에는 박 군의 말솜씨나 대화 내용이 훨씬 재미있었다. 평소에 조용하던 변 군은 취기가 오르면 논조가 고집스러웠고, 박 군은 '개똥철학' 이야기를 많이 했다.

이들과 함께 내 연구실에 발을 디딘 뜻밖의 학생으로는 조선대 조교수로 있으면서 교육대학원 석사과정에 입학한 조병욱(전 조선대 부총장)이 있었다. 조선대 화학공학과에서 이미 석사학위를 취득했으나 내 이름을 듣고 다시 공부하고자 교육대학원을 거쳐 내 연구실로 온 것이다. 조병욱에게는 N-비닐프탈이미딘과 말레산 무수물 간의 자유라디칼 공중합에 관한 실험연구를 논문 주제로 주었다. 그는 학교에서 학생들을 가르치기에도 바쁠 텐데 정말 열심히 연구를 수행했다. 이미 대학에 재직하고 있고 나이도 있어서 시간이 흘러도 말을 놓을 수가 없었다. 지금은 가장 가까운 사이가 되어 서로 여러 가지 이야기를 주고받으며 가까이 지내고 있다.

나의 연구생활은 이 세 사람과 함께 출발했다고 할 수 있다. 변 박사 (뉴욕시립대학 광화학 분야에서 박사학위)의 뉴욕 롱아일랜드 아파트에 들렀을 때 연구 이야기를 계속하는 그를 보면서 '정말 하나도 바뀌지 않았군' 하며 내심 흐뭇함을 느꼈다. 박 박사(부산대학에서 물리화학 박사학위)는 동아대에서 학생처장을 역임하는 등 바삐 지내는 중에도 가끔 혼령에 관한 책을 보내주곤 해 '역시 옛 버릇을 아직도 버리지 못하고 있군' 하고 생각했다. 두 사람 모두 요즈음은 어찌 지내는지 궁금할 따름이다. 고생하며 열심히 일하던 그들이 내 곁을 떠난 지 30여 년도 더 지났으니 이제는 검은 머리에 흰머리가 섞여 희끗희끗한 모습일 게다.

박 박사에 관해서는 잊지 못할 이야기가 하나 있다. 그날도 아침 7시 즈음에 실험실로 들어갔는데 이상한 냄새가 코끝을 자극했다. '이게 무슨 냄새지? 어제 학생들이 사용하던 시약 냄샌가? 무엇을 사용했지?' 당시에는 실험실 배기시설이 열악하여 실험실에 독성 기체가 찰 것을 항상 걱정하던 때였다. 냄새의 진원지를 찾아가다가 건조 오븐 앞에서 발길을 멈췄다. 닦은 용기를 건조시키는 오븐에서 왜 냄새가 나는 걸까? 조심스레 오븐의 문을 여니 제대로 빨지 않은 냄새나는 양말이 들어 있는 게 아닌가. 나는 금세 박 군의 짓임을 알아차렸다. 혼자 자취하며 살던 박 군 아니면 이런 짓을 할 사람이 없었기 때문이다.

그 오븐은 아직도 실험실에서 사용하고 있다. 우리나라 화학계의 원로이신 김태봉 교수님이 쓰시던 오븐으로 아마도 나이가 50여 년은 넘었다고 믿었다. 내가 사용하려고 손을 댔을 때는 부분 부분이 새빨갛게 녹이 슬어 있어서 변 군과 박 군이 사포로 녹을 제거해 전기 접촉을 부활시켜 사용할 수 있게 만들었다. 이후 연구실 학생들에게 이 오븐을 만든 곳이 도쿄의 동양여지주식회사(東洋濾紙株式會社 理化學部)라는 것을 보여주고 역사 얘기를 들려주니 모두들 그 세월에도 불구하고 여전히 제대로 작동되는 것을 알고 놀라워했다. 온도 컨트롤 장치까지 되어 있는 것을 보면 일본의 실험장비 제조술이 이미 얼마나 앞섰는가를 짐작할 수 있었다.

이번에는 변 박사와 관련된 일화 한 가지. 아마도 1977년 초였을 게다. 변 박사의 석사과정이 끝날 즈음에 김기용 양(연세대학교 화학과 김장환 교수의 질녀, 미국 미시간대학에서 유기화학 박사학위)이 석사과정에 입학했는데, 변 박사가 김기용 양을 학교 근처 다방으로 데리고 갔다. 입학을 축하해주려고 그러는 것이라고 생각하고 "그래, 변 군이 대학원에 대한 재미있는 이야기를 많이 해주던, 기용아?"라고 물으니 "아니요, 교수님. 변 선배가 자기 석사논문 연구내용을 자세히 설명해주던데요. 저는 아무것도 몰라서 당황했어요"라고 대답한다.

당시에는 학부에 고분자화학 강의가 개설되어 있지 않았기 때문에 고분자화학에 대한 기초가 전혀 없는 신입생인 김기용 양이 변 군의 설명을 이해했을 리 없는데 왜 자신의 논문연구내용을 설명해주었을까. 지극히 변 군다운 행동이었다.

나의 첫 박사과정 학생

한 학기가 지나 첫 박사과정 지망생인 이수민 군(현 한남대학 교수, 당시 대전대학 전임 실험실장)이 대전에서 올라왔다. 당시 김태린 교수 연구실에서 석사학위를 마치고 조교로 있던 김진희 양이 자기 모교 선배인 이수민 군에게 나를 소개한 모양이었다. 나와 나이 차이가 세 살밖에 나지 않아 난감했지만 후에 한남대 전임 위치는 문제없겠다는 생각에 받아들이기로 마음먹었다. 그래도 나이가 있는 터라 쉽게 말을 놓지 못했는데, 그것이 못마땅했는지 "선생님은 언제쯤 제게 말을 놓으실 겁니까?"라고 불평을 터트리기도 했다.

이수민 군은 어찌나 열심히 연구에 임했던지 입술이 항시 터져 있었고 실험실에서 쓰러지기도 했다. 지금이야 그리 관심의 대상이 되는 이야깃거리가 안 되지만 박사학위 논문 내용이 미국의 《저널 오브 매크로몰큘라 사이언스 케미스트리(Journal of Macromolecular Science-Chemistry)》에 연거푸 두 편이나 게재되는 성과를 올리기도 했다. 국내에서 행한 연구가 국제 학술지에 게재되는 일이 그리 흔치 않았던 30여 년 전 일이라는 것을 생각하면 지금도 입가에 회심의 미소가 돈다.

항시 온화하면서도 단호하고 부드러운 화술로 후배들을 압도하던 이수민 교수는 열심히 연구에 임한 결과 3년 6개월 만에 박사학위를 취득했다. 후에 시력을 잃어 학문적으로 대성할 재목을 잃은 내 아픈 가슴을 그 누가 알아주랴. 하지만 그는 장애를 극복하고 학장 노릇까지 훌륭히 해내어 지금도 여러모로 나를 가르치고 있다. 부인인 김군자 선생의 내

조는 항상 우리 부부를 감동시킨다.

이 교수는 대학 친구인 심홍구(KAIST 교수), 후배인 이광섭(한남대 교수), 박주훈(호서대 교수)을 추천해 모두 내 지도 아래 석사(이광섭), 박사(심홍구, 박주훈) 학위를 받게 하기도 했다. 심홍구 박사는 KAIST 화학과에서 유일한 국내 학위 소지자로 우수한 연구를 수행하고 있는 나의 자랑이고, 이광섭 박사는 독일의 프라이부르크대학에서 박사학위를 취득하고 국내에서 유기광 재료 연구계를 이끌고 있는 재원이며, 박주훈 박사는 기초과학연구소장, 학생처장, 학장 등 중책을 맡아 호서대학 발전에 크게 기여하고 있다.

박주훈 박사가 호서대에 신임교수로 갈 때의 일이 생각난다. 박 박사가 삼성전자에서 호서대로 옮길 때 지도교수도 면담하겠다는 호서대 총장의 요구에 따라 천안까지 가서 면담에 응했는데, 그때 나에게 주신 총장의 말은 잔잔한 감동을 주었다.

"우리처럼 얼마 되지 않은 대학에서는 교수님의 지도를 받은 제자가 우리 대학에 온 후에도 학자로 성장할 수 있도록 지원을 계속하겠다는 것을 약속받고 그 의지를 확인하고자 진 교수님을 뵙자고 했습니다. 이처럼 와주셔서 대단히 감사합니다."

호서대 총장을 만나기 한두 달 전에 호서대 대학원장의 방문을 받은 적이 있었다.

"교수님 제자인 박주훈 박사가 우리 대학에 지망을 해서 박 박사에 관해 말씀 좀 듣고자 진 교수님을 직접 찾아뵈었습니다."

신임교수 채용을 특이하게 한다고 생각했지만 그 의도는 쉽게 알 수 있었다. 자식들이 부모를 닮듯이 제자들도 은연중에 스승을 닮는다는 것을 이 대학에서는 감지하고 있었던 모양이다. 한껏 치장한 이력서만 의존하여 채용하기보다는 훨씬 믿음직스런 방법으로 교수를 초빙한다는 생각에 고개가 끄덕여졌다. 총장실을 나오는데 비서가 종이를 한 장 주며 "지도교수님께 백지 위임의 의미로 백지를 드리니 뜻하시는 대로 박 박사를 추천 보증하는 글을 써주세요"라고 한다. 나는 의자에 앉아 추천서를 써 내려갔다. 그때 어쩔 줄 몰라 하던 박 박사의 표정이 떠오른다.

나의 마지막 제자들

정년을 한 학기 남겨둔 2006년 12월 초, 이춘영, 김원택, 이승훈 군이 심사위원들 앞에서 석사학위 논문을 발표했다. 내가 지도한 마지막 석사과정 학생들이다. 이춘영 군은 디아세틸렌 화합물의 화학적 증착중합, 김원택 군은 이축네마틱 액정의 합성 및 액정 특성, 이승훈 군은 광가교성 발광성 고분자에 관한 연구를 수행하였다.

이춘영 군은 느린 듯하면서 과묵한 편으로 가끔 참견을 해주면 혼자서 묵묵히 연구를 수행했고, 지금은 더 깊은 연구를 위해 미국으로 건너갔다. 김원택 군은 내 메일을 체크해주고 잔심부름을 도맡아한 싹싹하고 바지런한 젊은이로, 지금은 한 기업체에서 일하고 있다. 이승훈 군은 학부 4학년 여름방학에 내 연구실에서 생활한 경험이 있는데, 매우 철저하고 모든 것이 합리적이어야 하는 그에게 고분자 합성이 그리 쉬워 보이지 않았으나 다행히 일을 잘 마무리했다.

세 사람 모두 성격이 제각각이었다. 아니, 사실 모든 제자들은 아주 독특하였고 개성과 능력 면에서 각기 다른 점을 가졌다. 이 세 명의 제자만 보아도 각각 다른 길을 가고 있으니, 같은 연구실에서 같이 공부한 모든 제자들이 오늘날 각자 다른 길을 가고 있는 건 당연한 결과다.

나의 마지막 박사과정 제자는 도의두, 김규남, 유영준 세 학생으로, 2007년 8월에 동시에 박사학위를 취득했다. 묘하게도 셋은 내가 가르쳐서 박사학위를 받는 28, 29, 30번째 학생이다. 계획한 일도 아닌데 꼭 30명을 박사로 배출하게 되었다. 우리나라 현실에서는 정년 때까지 20여 명의 박사를 배출해도 다행인데, 30명이나 박사로 배출하니 뿌듯한 마음을 주체하기 힘들다. 30명의 박사들은 모두 한결같이 우리나라 곳곳에서 국가 발전의 큰 동량 노릇을 하고 있다. 소수는 미국에서 영주하고도 있다.

도의두 군은 셋 중에서 가장 오랫동안 박사과정을 밟았다. 훤칠한 키에 하얀 피부로 외모처럼 마음씨도 부드럽다. 그는 오랫동안 타향에서 혼자 생활했고 여유롭지 못한 가정 형편을 이겨내며 연구하기 힘든 주제와 씨름했다. 방장으로 연구실 전체를 돌보아야 하는 중책을 맡고 있다 보니 자연스레 나에게 이런저런 잔소리를 들어야만 했다.

좀 심하게 나무라면 아침에 늦게 나타나고 밤늦게까지 실험실에 머무르기 일쑤였는데, 아침에 찾을 때 보이지 않아 나를 종종 짜증나게 만들기도 했다. 2006년 12월에 박사학위 디펜스를 할 수 있었으나 "아닙니다. 더 많이 연구한 후 교수님 정년하실 때나 교수님과 함께 고려대를 떠나겠습니다"라며 내 마지막 뒷바라지를 책임지겠다는 의지를 보였을 때 '그 녀석, 참 신통하네'라고 속으로 중얼거렸다.

조용한 김규남 군은 유기고분자 합성에 남다른 능력을 지니고 있으나 물리나 물리화학 이야기만 나오면 겁을 낸다. 영어 때문에 고생을 꽤 하였으나 서서히 극복해냈다. 마음이 여려 따로 불러 연구 진행사항과 진척 정도를 검토하려고 하면 몹시 긴장할 뿐 아니라 약간만 거친 말투로 이야기해도 눈시울을 붉히곤 했다. 한참 연구에 진척이 필요한 때에 발목이 골절되어 목발을 짚고 다니고 있어 본인은 말할 나위 없고 내 마음도 아프게 했다. 다행히도 나와 함께 연구의 결실을 맺었다.

막내인 유영준 군은 여러모로 나를 놀라게 했다. 우선 내 지도를 받고 싶다고 찾아왔을 때 '레슬링 선수였을까 아니면 역도 선수였을까? 정말 공부를 하겠다는 말인가?'라고 생각하게 만들 만큼 우람한 체구와 조폭 (?) 스타일의 몸놀림이 나를 매우 놀라게 했다. 지방대학 출신으로 여러 면에서 기초 지식이 부족했으나 그 부족함을 공부와 연구를 향한 집념과 노력으로 잘 극복했다.

때때로 되지도 않는 멋을 부리고 오면 "이놈이 건방지게 멋을 부리려 하네. 학문의 기초가 든든치 못한데 윗부분만 멋지게 치장해 보았자 그리 오래 가지 못하는 법이야. 정 모르겠으면 중학교 책부터 공부해 올라와!"라고 버럭 소리를 지르기도 했다. 가끔 입고 오는 퓨마 상표의 빨간색 점퍼에 빨간색 가죽운동화까지 눈에 들어올 때면 "야. 너 참 색깔에 대한 감각이 이상할 정도로 특이하구나!"라며 못마땅한 눈총을 보내기도 했다. 허나 유 군은 연구실 생활을 하면서 20여 킬로그램이나 빠졌고 연구도 많이 진척되어 학위 취득에는 문제가 없을 뿐더러 이스라엘의 테크니온연구소에서 박사후 연구과정도 밟았다. 또 어른에 대해 예의바르고, 공동체를 위해 몸을 아끼지 않고 충성하고, 열성을 다해 공부하는 것을 보면 '기특한 놈'이라는 생각이 들었다.

후배 교수들 몇 명을 인솔하여 중국 길림대학에서 공동 심포지엄을 마치고 귀국하는 길에 이런저런 상념에 젖어 있다가 문득 마지막 제자들이 될 세 명의 박사과정생이 생각났다.

"의두, 규남, 영준이 내 연구실로 와. 사진이나 한 장 찍자. 누구 하나 더 데리고 와. 그래야 사진 찍어달라고 부탁하지."

항상 그렇듯 공휴일에도 실험실에 나온 세 학생과 함께 사진을 찍었다. 항상 마지막이 가장 중요한 법, 이들과 찍은 사진 한 장은 나에게 영원히 잊지 못할 기억이 될 것이다. 세 사람의 건투를 빈다.

DNA의 자기적 특성을 연구하는 제자들

'끝'이라고 말할 때 빼놓을 수 없는 제자가 두 명 더 있다. 2006년 2월에 박사학위를 취득한 권영완 박사와 물리학과에서 박사학위를 받은 이창훈 박사다. 권 박사는 박사후 연구원으로, 이 박사는 연구교수로 DNA의 자기적 특성에 대한 연구를 진행하고 있다.

권 박사는 액정에 관한 연구로 석사학위를 취득한 후 국내 최대의

LCD 생산회사 연구소에서 5~6년 연구개발 생활을 하다가 박사과정을 밟기 위해 학교로 돌아와 나이가 지긋하다. 뒤늦게 박사과정에 들어왔을 때 나이가 많아 앞으로 진로를 어떻게 열어주어야 할지 걱정이 되어 받기가 주저되기도 했다. 경력과 연구 배경을 보아 몇 군데서 접근도 해온 모양이지만 그 모든 것을 뿌리친 채 연구에 열중하고 있는, 그는 우리 그룹에서 DNA의 재료과학적 측면에 대한 연구를 개시한 장본인이다.

석사과정 때도 그랬고 박사과정 때도 그랬지만 '빨리빨리'를 재촉하는 나와는 맞지 않게 느린 면이 있다. 하지만 꾸준하고 꼼꼼하게 일을 진행하고 철저한 문헌조사를 통해 내게 큰 도움을 주고 있는 제자다. 사회 경험도 풍부해 연구 외의 여러 가지 일, 특히 과학문화진흥회 업무를 많이 도와주고 있다.

또한 어린 대학원생들과 노교수인 나 사이에서 징검다리 노릇도 해왔다. 종교적 이유로 술을 한잔도 하지 않아 내 술동무 노릇은 평생 못해줄 위인이지만 술자리가 있을 때마다 밤 12시까지 내 옆자리를 지켜주는 속 깊은 제자다.

연구나 일처리 면에서 조금 더 속도감 있게 하길 바라고 재촉도 해보지만 별로 효과가 없는 것을 보면 차라리 내가 권 박사의 일처리 방식에 적응하는 것이 더 나을 것 같다는 생각이 든다.

이창훈 박사는 연구와 강사 생활을 병행한 물리학도다. 그는 우리 연구실에서 제공한 전도성 고분자로 석·박사학위를 받은 까닭에 연구실과는 인연이 깊다. 권 박사가 DNA 관련 연구를 진행하고 있을 때 다른 곳에서 DNA 관련 연구를 하고 있다는 것을 알고 내 곁으로 데리고 왔다.

이 박사는 정말 열심히 DNA의 자기적 특성이라는 새로운 분야를 개척하고 있는데, 요즘 보기 드물게 학문에만 관심을 가지고 있음에도 불구하고 초반에는 제대로 된 자리를 잡지 못해 나를 안타깝게 했다.

언제쯤이면 이 나라에 물리 · 화학 · 생물학도와 학문적 대화가 통할 정도의 학식을 가진 이 박사 같은 과학도가 쑥쑥 뻗어갈 수 있는 풍토가 생길까. 우수 과학기술 인력이 부족한 현실과 이 박사같이 준실업 상태에 놓여 있는 젊은 과학도를 쉽게 만날 수 있는 모순이 하루속히 해결되길 바랄 뿐이다.

이창훈 박사, 권영완 박사, 도의두 군의 DNA 연구가 과학의 새로운 분야를 여는 계기가 되길 바란다. 여기에는 고려대 화학과에 합류해 함께 고분자 그룹을 이끌어준 최동훈 교수의 기여가 컸다.

고려대의 생활을 마무리함에 있어 최 교수가 베풀어준 도움과 협력은 나에게 잊지 못할 따뜻함을 느끼게 해주었다. 최 교수의 대성을 빈다.

☀ 진정일 _ 고려대학교 융합대학원 석좌교수

선생님과
돌솥비빔밥

즐겁지만은 않았던 인연

진정일 선생님을 처음 뵙게 된 것은 4학년 2학기 학부 고분자화학 수업을 통해서였다. 개강 첫날은 과목 소개 및 한 학기 일정, 예를 들면 시험이나 과제에 대해 간략히 설명하고 일찍 끝나는 것이 보통이다. 하지만 선생님은 예상대로 두 시간이나 되는 연강을 꽉 채우셨고, 대뜸 "너는 머리가 그게 뭐니?" 하시면서 검은 안경 너머로 나를 바라보셨다. 나는 당시 유행이었던 앞머리 부분 염색을 하고 있었다. 지금은 상상하기 힘들겠지만 그때 우리 학교 분위기에서 남학생이 머리를 염색하는 일은 미친 짓으로 여겨졌다.

선생님의 명성(?)은 동기들이나 선배들을 통해 익히 알고 있었지만, 첫 대면에서 막상 그런 상황에 처하고 보니 여간 난감한 일이 아니었다.

가까스로 기어들어가는 목소리로 다음 시간까지 머리색을 정상(?)으로 만들고 오겠다고 대답을 드리고 난 후에야 선생님께서는 강의실을 나가셨다. 나중에 말씀하시기를 나를 공부와는 아주 거리가 먼 학생으로 보셨다고 한다. 더구나 1학기 고분자화학 수업을 듣지도 않고서 '건방지게도' 2학기 수업을 듣겠다고 강의실에 나왔으니, 염색한 머리를 뻔뻔하게 들고 자리에 앉아 있는 내가 영 마뜩지 않아 보였을 테다.

사실 나는 고분자화학에는 큰 흥미가 없었다. 그럼에도 뒤늦게 이 수업을 신청했던 이유는 평소 가깝게 지내던 후배 고 최성호 박사(94학번)의 적극적인 권유 때문이었다. 최성호 박사는 나에게 틈틈이 한 학기 동안 고분자 연구실에서 생활하면서 있었던 일과 연구에 관해 상세히 얘기해주었고, 들을수록 그 실험실에 대한 관심이 생겼다. 실험실 선후배 사이의 끈끈한 정과 더불어 고분자 연구실의 주된 연구가 첨단 디스플레이에 응용되는 액정과 OLED라는 점은 나에게 커다란 매력으로 다가왔다. 그래서 1학기 고분자화학 강의를 듣지 않았음에도 용감하게 2학기 수업을 들으러 갔다. 물론 한 학기 내내 수업을 따라가기가 무척 힘들었다.

진정일 선생님께서는 강의 교재의 내용뿐만 아니라 실생활에서 응용되고 있는 고분자들까지도 광범위하게 설명해 주셨기 때문에 처음 듣는 나로서는 생소하기 이를 데 없었다. 매시간 나오는 새로운 화학물질들의 이름(IUPAC 명명법과 더불어 Common Name)들은 항상 외워도 다음 시간에는 기억이 나지 않았다. 더구나 시험범위는 항상 누적. 졸업 마지막 학기에 내게 닥친 시련은 다행히 동기들의 도움으로 어렵사리 하지만 무사히 극복할 수 있었다. 이후 기쁘게도 선생님께서 나를 고분자 연구실의 일원으로 받아주셨고 나의 석사과정 생활은 시작됐다.

고분자화학 연구실의 2차 생활

고분자 연구실에서의 생활은 항상 일찍 시작되고 늦게 끝났다. 실험실 전원은 늦어도 9시부터 일을 시작했다. 따라서 신입생들은 9시 전까지 청소와 기본적인 실험실 준비를 미리 마쳐야 했다. 신입생들은 수업도 듣고 조교 활동도 해야 하므로 아침이나 낮 시간에 집중해서 실험하기란 어려웠기 때문에 밤늦게까지 남아서 실험하는 일이 당연했다. 물론 특별한 일이 없는 한 모든 박사과정 선배들도 항상 밤 10시 넘어서까지 연구를 계속했다. 실험의 열기가 한창 무르익어 갈 즈음이면 고분자 연구실에선 이상한 기운이 흐르곤 했다. 그 기운은 11시가 되면 극에 달하는데, 마치 갑자기 뒤가 서늘해지는 느낌이랄까! 선배 중 누군가가 다가와 어깨를 주무르면서 속삭이곤 했다. "자, 우리 한잔 해야지~!"

고분자 연구실 일원이라면 그 누구도 피해갈 수 없는 은밀한 압박이자 달콤한 유혹. 그렇게 시작되는 고분자 연구실의 제2막은 새벽 4시가 되어도 끝날 줄 몰랐다. 하루 동안 쌓였던 스트레스를 풀거나 선후배 사이의 격식을 넘어 형제 같은 우애를 나누며 서로의 고민과 즐거움을 함께 했다. 이렇게 말하면 남들은 우리가 매일 술만 마셨다고 오해할 수도 있겠다. 그러나 술자리는 우리에게 긴장된 하루를 풀어주며 실험에 관한 다양한 의견을 자유롭게 나눌 수 있었던 또 다른 토론의 장이었다. 다음날이 걱정이었지만 한창 젊은 20대였으니 당장은 밤새며 술 마시는 일이 두렵지 않았다.

아침이 되면 어김없이 바쁜 실험실의 일상이 다시 시작되곤 했다. 전날의 숙취가 다 가시지도 않은 상태에서 아침 실험을 하자면 밀려드는 졸음과 울렁대는 속을 내리 눌러야 하는 이중고를 겪었지만, 결코 선생님 눈에 띄어서는 안 되었다. 그 이유는 선생님은 가끔 실험실에 오셔서 그날의 점심 동료를 차출하시곤 했기 때문이다.

그날 밤도 고분자 연구실의 제2막은 더없이 흥에 겨웠다. 박사과정 형들과 주거니 받거니 하면서 쌓였던 실험의 고민들을 토로하기에 여념이 없었고 시간은 어느덧 새벽으로 흘렀다. 다음 날 아침 쏟아지는 졸음을 간신히 참으며 실험 테이블에 앉아 있었지만 실험이 잘 될 턱이 없었다. 더구나 그날은 왠지 모르게 실험실에 오래 남아 있으면 안 될 것만 같았다. 때마침 실험실 문이 열리며 나를 향해 다가오시는 선생님의 모습이 보였다. 아! 왜 슬픈 예감은 틀린 적이 없나. 어느 유행가 가사만이 내 머리 속을 맴돌 뿐이었다. 그래, 오늘은 내 차례였다.

선생님과의 점심식사

"영석아 오늘은 나랑 점심 먹으러 가자."

"네에, 선생님."

선생님의 부드러운 말씀에 순한 양처럼 고개를 숙이며 속으로 나는 눈물을 흘렸다. 주위에 있던 박사 형들은 저마다 안도의 한숨과 동정 어린 시선을 내게 보내며 무언의 화이팅을 외쳐주었다. 그날 선생님과 함께 도착한 곳은 학교 앞 돌솥비빔밥으로 유명한 식당이었다. 가뜩이나 더부룩한 속에 돌솥비빔밥이라니…. 나는 도살장에 끌려가는 소의 심정으로 선생님과 마주 앉아 내 앞에 놓인 비빔밥을 힘겹게 비볐다. 그러나 그날은 단순히 내가 운이 나빠서 선생님과의 점심식사에 당첨이 되지 않았고 선생님께서 일부러 나를 부르셨다.

평소에 석사과정 학생들이 선생님께 일대일로 지도를 받는 경우가 많지 않았지만, 선생님께서는 학생들이 실험에서 어려움을 겪고 있을 때면 불러 다독여주시곤 하셨다. 그즈음 나는 진행하던 실험이 난관에 부딪혀 해결방향을 찾지 못하고 있었다. 나의 고민을 어찌 아셨는지 선생님께서는 부드러운 목소리로 내 고민을 물으셨다. 선생님과의 자리가 쉽지는 않았지만 나는 용기를 내어 당시 하던 실험에 대한 고민을 여쭈었고, 선생님께서는 진지하게 상의해주셨다. 예상외로 선생님과의 점심 독대는 자연스럽게 실험에 관한 토론의 자리가 되어 이후 문제의 실마리를 푸는 데 큰 도움이 되었다.

평소의 선생님께서는 무척 엄격하고 무심하신 듯 보이지만, 항상 우리들을 세심하게 살피면서 실험의 큰 줄기를 제시해주셨다. 돌이켜 보면 그런 선생님의 가르침이 연구자로서의 길을 가는 데 나에게 큰 버팀목이 되고 있다. 또한 20대 청춘을 고민하며 불태웠던 고분자화학 연구실 시절은 내 인생에 있어서 화학 연구의 진정한 즐거움을 일깨워준 시간이었다. 그 시절의 열정은 오늘도 나를 실험실에서 깨어 있도록 하는 등불이 되고 있다.

　덧붙임: 그날 오후, 부담스럽기만 했던 돌솥비빔밥을 먹고 돌아왔지만 신기하게도 속 울렁증은 말끔히 가라앉았다. 국물 없는 퍽퍽한 비빔밥이 해장에 도움이 되었다는 것이 의외였다. 실제로 내 미국 친구들은 과음 후에는 꼭 두꺼운 햄버거를 음료수 없이 억지로 밀어 넣어야 제대로 해장이 된다고 말하기도 했다. 아마도 그날 선생님의 메뉴 선택은 내 불편한 속을 배려하신 선생님의 따뜻한 사랑이셨나 보다. ☀ 박영석 _ 울산과학기술대학교 자연과학대학 화학과 교수

과학자는 이렇게 태어난다

연구는 숲을
보는 것이다

호랑이 선생님

대학원 생활을 시작할 때부터 선생님에게는 항상 쉽게 접근할 수 없는 카리스마가 있었다. 이런 카리스마가 때로는 나로 하여금 선생님을 한없이 우러러 보게 만들었지만, 또 다른 한편으로는 무섭고 대하기 어려운 분이라는 인상으로 남아 선생님을 대할 때면 항상 긴장부터 하게 되었다. 한번은 이런 일도 있었다. 선생님이 연구실로 하신 전화를 직접 받게 되었다. 나 자신도 모르게 제 자리에서 벌떡 일어나 정자세로 전화를 받았고, 전화를 끊을 때는 아무도 없는 전화기에 대고 "네 알겠습니다. 안녕히 들어가십쇼." 하면서 허리를 굽혀 실제로 인사까지 했다. 그렇게 긴 통화도 아니었는데 너무 긴장한 나머지 나도 모르는 새 등줄기에 땀이 뚝뚝 떨어지고 있었다.

가장 힘들었던 점심식사

지난 석사시절을 돌이켜 보면 나는 선생님을 대할 때마다 긴장했고, 그 중 가장 긴장했던 순간은 선생님과 단둘이 했던 점심식사가 아니었을까. 선생님께서는 가끔씩 실험연구실로 직접 찾아오셔서 학생 한 명을 불러 단둘이 하는 점심식사 시간을 즐기곤 하셨다. 그때마다 특별히 누구라고 정해져 있지 않았기 때문에, 점심시간 전후로 멀리서 선생님 목소리라도 들리면 혹시라도 나를 찾으실까봐 잽싸게 도망가기 바빴다. 가능하다면 이 점심식사를 피하고 싶었지만, 그래도 언제나처럼 나의 차례가 다가오곤 했다. 결국 석사과정의 3학기가 시작될 무렵 선생님과 점심식사를 하게 되었고, 선생님께서는 어김없이 실험 얘기를 꺼내셨다. '이 실험 해봤니? 저 실험은 어떻게 되었니? 이건 왜 안 되는 것 같니?' 등등 수많은 질문을 하셨고, 선생님의 계속되는 질문공세에 밥은 어떻게 먹었는지도 모르게 점심시간이 흘러갔다. 식사 도중 분위기가 어색해지면 선생님의 기분을 맞춰드리겠다고 다음 그룹 미팅을 위해 준비해둔 자료까지 다 말씀드렸고, 그때서야 선생님께서 웃음을 지으셨다. 그렇게 하여 나 역시 조금 편한 마음으로 점심식사를 마무리할 수 있었다.

　석사과정의 마지막 학기가 시작될 때까지도 나의 연구는 너무 지지부진해서 연구의 방향을 찾지 못하고 있었다. 어느 날 복도에서 누군가 날 찾는 목소리가 들렸다. 돌아보니 선생님이셨다. 함께 점심식사를 해도 더 이상 말씀드릴 실험내용이 없었기 때문에 연구실을 벗어나고 싶었다. 그래서 작은 연구실에서 큰 연구실로 가려고 하던 차에 뒤에서 "철홍아, 너 어디 가니?"라고 선생님께서 부르신 것이었다. 급한 마음에 "신발 갈아 신고 나가려고요" 하며 어쩔 수 없이 선생님의 뒤를 따라 식당으로 향했다. 가는 도중 내내 선생님이 여쭤보실 실험내용에 대한 생각에 머릿속이 점점 복잡해졌다. 식당에 도착하니 선생님은 그날따라 아무 말씀도 없이 조용하게 식사만 하셨다. 너무나도 조용해서 속으로 난 '이건 아마도 내가 태풍의 눈에 있어서 그럴거야'라고 생각하며 긴장을 늦추지 않았다.

'연구는 숲을 보는 것이며 나무를 보면 안 된다'

식사가 거의 마무리될 때쯤 선생님께서는 "철홍아 너의 대학원 생활에서 뭐가 젤 아쉬울 것 같니?"라고 물으셨다. 실험에 관한 내용을 물어보시겠지 싶었는데 전혀 예상치도 못했던 질문에 당황한 나는 '무슨 말씀이신지…'라고 선생님께 되물었다. 선생님께서는 다시 "대학원 생활에서 뭐가 젤 아쉬웠고, 지금 상태에서 만약 졸업을 하게 되면 또 뭐가 젤 아쉬울 것 같냐"고 물으셨다. 한 번도 생각한 적 없던 질문이었기에 내가 망설이자 선생님께서는 '석사과정 학생을 졸업시키면서 가장 아쉬운 점은 학생들이 시작할 때와 졸업할 때의 모습이 너무 다르다는 것'이라고 말씀하셨다. 또한 선생님께서는 발전적인 모습의 다른 점도 있지만, 후퇴한 모습의 다른 점을 볼 때면 너무나도 가슴이 아프다고 하셨다. 그리고 '연구는 숲을 보는 것이며 나무를 보면 안 된다'는 말씀을 하시면서 연구가 안 풀릴 때는 조금 뒤로 물러나서 전체적으로 다시 정리해보라고 하셨다.

그날 점심 이후부터 나는 그 동안의 대학원 생활을 돌이켜 보았다. 과연 당시의 내 모습은 발전적인 다른 점일까 아니면 후퇴한 다른 점이었을까. 의욕적으로 시작했던 대학원 생활과 달리 당시에 나는 너무나도 지쳐 있었다. 연구의 막힌 부분을 해결하기보다 이건 안 된다고 자포자기하고 있었다. 너무나도 지쳐 있는 상태로 졸업을 하면 내 대학원 생활뿐만 아니라 선생님의 기억에도 아쉬움으로 남으리라고 생각했다. 다행히 그때부터 졸업까지 한 학기가 더 남아 있던 터라, 선생님의 조언을 따라 나무가 아닌 숲을 보기 위해 그동안 수행해왔던 연구를 다시 정리하여 남은 시간 동안에는 연구를 잘 마무리 할 수 있었다.

추억의 점심시간

항상 어렵고 긴장했던 점심이었는데 그리고 그렇게 무섭게만 느껴지던 선생님이었는데, 그 날 이후부터 선생님의 다른 면을 보게 되었습니다. 그 덕분에 지금은 선생님의 뒤를 이어 학생들을 가르치고 있습니다. 선생님의 가르침을 항상 명심하고 살겠습니다. 선생님 감사드립니다. 사랑합니다. 건강하십시오. ☀ 천철홍 _ 고려대학교 화학과 교수

과학자는 이렇게 태어난다

구슬이 서 말이라도
꿰어야 보배

나는 현재 전도성 고분자를 이용한 유기태양전지를 연구하고 있다. 이러한 연구를 하게 된 동기와 삶에 가장 많은 영향을 주신 분은 바로 나의 스승 진정일 선생님이시다.

학문하는 이유

시골에서 태어났던 나는 어려서부터 학교에서 모범생 축에 속했다. 공부도 어느 정도 하니 선생님들께 칭찬도 종종 받았고, 부모님도 좋아하셨다. 그렇지만 특별한 인생의 목적 없이 뭐든 잘하면 좋겠다는 막연한 생각으로 학교를 다녔다. 고등학교 시절에는 수학문제 풀이가 재미있어서 이과를 선택했다. 하지만 대학의 전공을 선택하려고 보니 수학과 물리는 왠지 천재들의 전공분야처럼 보였고, 생물학은 암기를 잘 하는 사람들의 분야로만 보였다. 그래서 나는 화학을 선택했고, 집안 형편상 학점을 잘 받아 장학금을 타야 했기 때문에 공부만 무작정 했다. 사람을 좋아해서 많은 시간을 선후배들과 어울려 다니기도 했다. 그러던 중 내 삶에서 무엇인가 하고 싶다는 갈증을 느꼈는데, 바로 4학년 1학기 진정일 선생님이 강의한 고분자화학 수업시간이었다.

고분자란 무엇인가를 소개하는 수업시간이었다. 선생님께서 구슬과 실을 보여주며 하셨던 아주 평범한 한마디 "구슬이 서말이라도 꿰어야 보배다"가 이상하게도 내 마음속 깊이 와 닿았다. 이 속담은 아무리 좋은 재료가 있어도 만들어놓아야 가치가 있다는 실천을 강조한다. 재치가 넘치는 선생님께서는 이 말을 따오셔서 "고분자란 모노머(단위체)들을 실로 길게 엮어 만들어진 물질이다"라고 가르쳐주셨다. 이후 이어지는 수업들에서는 단위체 크기의 분자들과 매우 다른 고분자만의 특성과 그 실생활에서의 활용 예를 배웠다. 고분자학은 단순히 단위체들의 모임이 아닌 새로운 고분자라는 물질을 창조하는 한 차원 높은 단계의 학문이라고 느꼈다. 그때부터 나는 내 지식과 땀이 단순한 학문 발전으로 끝나지 않고 많은 사람이 널리 활용하는 실용적인 물건을 만들고 싶다는 꿈을 가지게 되었다. 이는 '실용화에 가깝고 연구하는 즐거움도 맛볼 수 있는 전도성 고분자를 지금까지 전공하는 계기였다.

한편으로 고분자 수업을 들으면서 배움의 태도에 많은 변화가 일어났다. 화학을 물리화학, 유기화학, 분석화학, 무기화학 등으로 쪼개놓고 학점만 잘 따면 그만이지 했던 나의 잘못된 사고를 뉘우치고, 실생활을 변화시킬 정도의 고분자를 만들기 위해서는 화학에 대한 전반적이고 제대로 된 이해가 필요하다는 생각을 하게 되었다.

진정한 과학자의 길이란

석사과정 학생으로 고분자연구실에 들어가서 경험했던 여러 가지 연구와 추억들은 지금도 머릿속에 가득하다. 당시 실험지도는 박사과정 선배들이 담당했고, 연구실 운영은 소위 방장 형이 했다. 석사 시절 연구는 박사과정 형들에게서 배운 것이 많다. 선배들은 선생님과 연구진전 상황을 논의했으며, 선생님은 전체적인 지도를 철저히 하셨다. 선생님께서는 감히 따라갈 수 없는 여러 모습과 폭넓은 시야를 보여주셨다. 실험과 결과 해석은 스스로의 노력으로 어느 정도 극복이 가능하다. 그러나 미래에 어떠한 연구를 해야 하는지에 대한 방향성 제시는 아무나 할 수 없다. 석사과정 학생으로 있을 당시 연구실의 주요 연구분야는 액정이었다. 선생님은 더불어 새로운 미래의 연구과제를 준비하고 계셨다. 현재 각광받고 있는 유기태양전지 연구를 이미 시작하셨으며, 고분자에 처음으로 전이금속의 전자 스핀을 이용한 메모리 연구를 시작하셨다. 항상 성공적인 연구가 아니었더라도, 새로운 분야에 대한 선생님의 선구자적인 도전정신을 엿보고 배우는 시간이었다.

또한 선생님께서는 연구 외에 다방면으로 관심을 두고 계셨다. 무엇보다 후학과 미래과학도 양성에 큰 관심을 두셨다. 어느 날 선생님께서 함께 길을 나서자고 부르셨다. 연구실의 막내였던 내가 선생님을 따라간 곳은 바로 한성과학고였다. 선생님께서는 학생들에게 어려운 과학, 고분자 과학 얘기를 누구나 이해하기 쉬운 말들로 풀어내셨다. 또한 EBS TV 방송에서도 여러 차에 걸쳐 일반인들에게 과학에 대한 흥미를 불러일으키고 이해를 증진시키려는 일련의 강연을 하셨다. 선생님은 과학의 대중화와 우수 청소년을 과학 분야로 유치하려 부단히 노력하고 계셨다. 이후로도 나는 국내뿐만 아니라 외국 특히 후진국에 과학교육 원조를 강조하고 해외공동연구 추진 프로그램을 준비하셨던 선생님의 모습을 많이 보았다. 이제껏 교수님은 늘 연구에 몰두하고 학생들에게 지식을 전하는 분이라고만 생각했는데, 실제 가까이에서 뵈니 선생님은 선생님 또는 교수님이란 호칭보다 훨씬 높은 이름이 어울리는 분이셨다.

노벨상을 타야 할 텐데…

선생님이 연구실에 들어오시면 놀고 있다고 혼날까봐 우리 학생들은 바짝 긴장하며 실험실 초자를 급히 손에 잡고 연구에 집중하기 시작한다. 그러고 있다 보면 선생님이 종종 던지시는 말씀이 있다. "○○야, 노벨상 탈 연구하냐?" 반쯤은 농담으로 하시는 말씀이겠지만, 여러 번 들었던 그 말이 지금도 내 뇌리에 남아 지칠 때마다 나를 다시 일으켜 세운다. 선생님과의 인연으로 과학에 대한 의미를 찾았고, 선생님의 적극적인 권유로 집안 형편을 뒤로한 채 유학을 끝내고 한국으로 돌아왔다. 그만큼 선생님은 내 삶의 방향을 이끌어준 분이다. 내가 만나본 그 어떤 누구보다 커다란 선생님을 따라갈 엄두가 나질 않는다. 그렇지만 선생님 덕분에 노벨상까지는 아니더라도 내가 현재 하는 연구분야에서 이룰 큰 결실들을 계속해서 꿈꾼다. ☀ 김봉수 _ 이화여자대학교 사범대학 과학교육과 교수대학에서 43년 동안 강단에 섰고, 가르친 학부생도 3000~4000명은 넘을 것 같고, 거의 매일 생활을 같이 했던 석 박사과정 학생은 150여 명에 이른다. 이쯤 되면 스승과 제자 관계에 대해 할 말도 많고 숨겨진 이야기도 많으련만 특별히 글로 풀어낼 만한 이야기는 없다. 단지 나이가 들어갈수록 스승은 제자를 무조건 사랑해야 한다는 점을 터득했다고나 할까? 배움을 얻으려고 내게 온 제자들에게 올바르게 가르치고자 말과 행동을 조심스레 하고, 가르치는 내용과 일치하는 삶을 영위하고자 의식적으로 노력할 필요가 없는 상태여야 참스승임을 자처할 수 있을 게다. 불가에서 말하는 청정한 삼업(三業)을 이루어야 한다는 뜻이다.

3

진리를 향한 열정

"강의실에서 배운 대로라면 웬만한 반응이나 합성은 쉽게 될 것 같지만 연구를 해보면 그렇지 않다는 걸 알게 되지. 교과서의 반응식은 실험과정을 자세히 말해주고 있지 않거든."

교수들은 그때나 지금이나 실험실습을 충실히 하는 것이 화학도들의 미래를 위해 중요하다고 한결같이 강조하지만 이를 곧이곧대로 받아들이는 학생은 그다지 많지 않다. 따라서 학부에서 배웠어야 할 실험 조작의 기본과 제한적이지만 학부 때 행한 합성 등의 실험 관찰을 통해 화학반응을 좇는 능력이 만들어져야 하지만 현실은 그렇지 않다. 나의 경우도 예외는 아니었다.

비슷한 실망을 여러 번 경험하다 보면 과학적 성숙과 함께 여러 가지 중요한 요령을 터득하게 되고 '나에게 좌절은 없다'는 강한 신념과 '끊임없는 노력만이 성공의 지름길'이라는 '신념'을 얻게 된다. 그때 맛본 그 짠맛은 나에게 영원불멸의 스승이 되었고, 나는 스승의 가르침에 따라 실패를 이겨낼 줄 아는 힘을 가지게 되었다.

실패를 이기는 힘

'참 이상하네. 어떻게 된 게 녹질 않지? 이건 육면체 결정이잖아….'

순간 느끼는 바가 있어 작은 결정 하나를 집어 혓바닥에 대어보았다. 허허. 혹시나 생각했더니 역시나 짠맛이 느껴진다. 생성물을 분리 정제하기 위해 수많은 방법을 동원한 끝에 얻은 결실이 소금이라니! 눈앞이 깜깜해지면서 절망감이 밀려오고, 그것은 이내 분노로 바뀌고 있었다. 비교적 간단한 유기화합물을 합성하기 위해 노력을 기울여 얻은 결과가 겨우 소금덩어리라는 사실이 도무지 믿기지 않았다.

열악한 실험실 환경

1960년대에는 독재에 대한 항거와 뒤따른 군부의 집권으로 사회가 혼란스러웠다. 과학자의 영광을 추구하기로 한 내가 과학자적 소양을 키우기엔 여러모로 부족한 상황이었다. 이런 와중에도 엄격함과 철저함으로 강의와 실험실습을 통해 우리에게 화학의 기초를 전달하려고 전력을 다한 스승들은 그 시대에 이미 우리나라 과학의 미래를 씨 뿌리고 있던 영원한 사표였다. 그때 학부 2학년부터 교재가 최신 미국 교과서였다는 것은 지금 생각해도 경이로울 따름이다. 물론 그 교재들을 구입한다는 것이 경제적으로 쉬운 일은 아니었다. 비록 일본의 마루젠(丸善)출판사 등에서 아시아권 학생들을 위해 출판한 저가의 교재들이었다고 하더라도 말이다.

1960년대 중반의 열악한 연구실 상황은 젊은 과학도들에게 노력의 달콤한 결실 대신 과학에 대한 회의를 안겨주기 일쑤였다. 과학을 재미로 한다는 여러 선배와 스승들의 이야기가 농담으로밖에 들리지 않았다. 우리나라 최고 대학이라고 하는 모교의 상황도 열악하기는 마찬가지여서 실험실에서 비커, 플라스크 등 기초 초자 이외의 실험기구는 찾아보기 힘들었다. 그것도 모두 연질 유리로 만들어진 것들이라 조그만 충격에도 깨지기 일쑤였다. 소위 기기 분석에 사용되는 가장 기본적인 적외선 및 자외선-가시광선 분광분석기도 없었고, 자동저울이 아닌 두 접시 화학저울을 사용했을 정도였다.

연구 끝에 얻은 소금 결정

일련의 카르보닐 화합물과 아미녹시아세트산 간의 반응을 통해 얻어질 아미노 화합물들의 특성으로부터 출발한 카르보닐 화합물들의 화학

구조를 쉽게 알아내려는 의도로 수행하던 석사학위 논문 연구는 전혀 진도가 나가지 않고 있었다. 수없이 반복하고 반응조건을 바꾸어봤으나 예상되던 고체 화합물은 얻어지지 않았다. 라면을 먹으며 밤늦게까지 연구에 전념했지만 번번이 실패라는 쓴맛만 볼 뿐이었다. 끈질긴 반복, 재검토, 합성조건 개선 끝에 아찔한 성공감을 맛보게 할 환희가 완전히 사라진 절망의 순간이었다. 반응을 마치고 반응액을 농축시킨 후 pH를 조절해 실험실 냉장고 한귀퉁이에 조심스레 올려놓았다. 다음날 아침 실험실에 도착하자마자 냉장고 문을 열고 어젯밤에 넣어둔 둥근 바닥 플라스크를 조심스레 관찰했다.

'아하, 드디어 생성물이 하얀 고체 결정으로 나타나셨군. 그러면 그렇지.'

냉정을 가장한 차분함 밑에는 '이제 드디어 해냈다!'라고 소리치고 싶은 기쁨이 전신을 휘감았다. '이제 저 결정의 화학구조만 확인하면 되는 거야.' 차근차근 미리 짜놓은 유기화합물 구조 확인법을 따라 조심스럽게 한 발자국씩 떼기 시작했다. 그러나 발자국을 뗄 때마다 마음이 점점 무거워졌다.

'교수님께 멋있는 결정을 얻었다고 자랑까지 해놓았는데….'

어찌된 영문인지 결정은 어떤 유기용매에도 용해가 되지 않았다. 급기야 결정 하나를 약숟가락에 얹은 채 알코올램프 불꽃에도 가열해보았지만 용융될 기미가 전혀 보이지 않았다.

'예상되는 녹는점은 비교적 낮은데… 그럼 태워볼까? 유기화합물이

아니고 무기화합물(혹시 염화나트륨)이라면 유기물처럼 쉽게 연소되지 않겠지.'

억장이 무너지는 심정이었으나 어쩔 수 없이 거쳐야 하는 과정이었다. 알코올램프 불꽃에서조차 꼼짝하지 않는 하얀 결정! 이건 무기화합물이 틀림없었다. 그렇다면 어떤 무기화합물이 왜 얻어졌을까? 실험과정의 마지막 부분, 생성물 분리과정을 찬찬히 살펴보았다. 내가 원하던 화합물이 아닌 아마도 염화나트륨, 다시 말해 소금일 것 같다는 결론에 도달했고, 곧 그것이 맞았다는 것을 확인하고 말았다.

영원불멸의 스승

초등학교 시절부터 '실패는 성공의 어머니'라는 말을 들었고 여러 가지 경험을 통해서 그 말이 맞음을 알고 있지만 그 순간만큼은 어떤 위로도 되지 않았다. 강의와 교과서 및 문헌을 통해 얻은 유기화학지식에 비추어 봐도 가장 쉬워 보이는 반응을 성공시키지 못했다는 생각에 의기소침해졌다. 그래서 훗날 대학원 신입생들에게는 내가 겪은 참담함과 초조함을 겪지 말라는 의미에서 이렇게 말하며 용기를 주었다.

"강의실에서 배운 대로라면 웬만한 반응이나 합성은 쉽게 될 것 같지만 연구를 해보면 그렇지 않다는 걸 알게 되지. 교과서의 반응식은 실험과정을 자세히 말해주고 있지 않거든."

교수들은 그때나 지금이나 실험실습을 충실히 하는 것이 화학도들의 미래를 위해 중요하다고 한결같이 강조하지만 이를 곧이곧대로 받아들이는 학생은 그다지 많지 않다. 따라서 학부에서 배웠어야 할 실험 조작의 기본과 제한적이지만 학부 때 행한 합성 등의 실험 관찰을 통해 화학 반응을 좇는 능력이 만들어져야 하지만 현실은 그렇지 않다. 나의 경우도 예외는 아니었다.

비슷한 실망을 여러 번 경험하다 보면 과학적 성숙과 함께 여러 가지 중요한 요령을 터득하게 되고 '나에게 좌절은 없다'는 강한 신념과 '끊임없는 노력만이 성공의 지름길'이라는 '신념'을 얻게 된다. 그때 맛본 그 짠맛은 나에게 영원불멸의 스승이 되었고, 나는 스승의 가르침에 따라 실패를 이겨낼 줄 아는 힘을 가지게 되었다.

성공적인 과학자는 철저한 준비, 남이 흉내 낼 수 없을 정도의 집중력과 지구력, 사고의 유연성, 새로운 지식의 효과적 흡인력 및 응용력에 '나만의 창안(創案)'을 생산해내는 능력이 합쳐져야 비로소 만들어진다. 그러나 무엇보다 중요한 것은 과학을 좋아하고 과학적 발견과 발명의 가치를 중시하는 태도다. 그렇게 남들보다 앞서가고 높이 뛰어가다 보면 가장 진한 결실의 단맛을 보게 된다. ☀ 진정일 _ 고려대학교 융합대학원 석좌교수

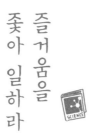

즐거움을
좋아 일하라

나는 과거에 LG전자에서 OLED를 연구했다. OLED는 유기발광 다이오드(Organic light emitting diode)의 줄임말이다. LED 앞에 Organic이라는 말이 붙는 것은 분자가 가장 중요하다는 뜻이다. 실제로 분자를 잘 알고 있어야만 OLED의 원리를 깨우칠 수 있고 즐겁게 연구할 수 있다. 분자구조에 대한 이해 없이 소자를 만들어 연구하는 것은 그야말로 장님이 코끼리 다리를 만지는 꼴이다.

그런데 분자구조를 밝히는 일은 누구나 쉽게 이해하고 얻을 수 있는 기술이 아니다. 먼저 합성과정에서 그놈이 내 몸에 많이 스며들어와야 하고, 이름과 성격은 물론 소자에서의 거동까지 잘 파악해야 한다. 이것저것을 붙여가며 작용기(Functional Group)를 어르고 달래야만 비로소 그 녀석이 내게 약간의 호감을 보이는데, 나는 이 녀석과 친분을 쌓는 절

과학자는 이렇게 태어난다

호의 기회를 석사과정 때 얻었다.

어려워도 원칙에 맞는 길로 가라

대학원에 입학할 당시 가정형편이 좋지 않았다. 자취를 했던 나는 생활비와 수업료를 벌면서 수업을 들으며 입학시험을 준비하느라 제대로 하지 못했다. 당시에는 전형자 중 높은 학점을 받은 사람을 선발하여 몇 등까지는 전공시험을 면제해주는 특별전형제도가 있었다. 나는 다소 불안한 마음으로 특별전형에 원서를 냈다. 그때 학점이 높은 후배가 지원과정에서 실수를 했고 덕분에 나는 꼴찌로 전공시험 면제를 받을 수 있었다.

우여곡절 끝에 진정일 선생님의 연구실에 입성하게 되었고, 선생님은 내가 NLO을 연구하도록 배려해주셨다. 다양한 분야를 배울 수 있는 대단한 연구실에 들어왔다는 생각에 가슴 설레는 나날을 보내던 첫 학기 시절의 어느 날, 사건이 터졌다.

첫 실험이라 관련 논문도 철저히 조사하고 심혈을 기울였건만 TLC 위에 많은 불순물이 나타났다. 그때 승무 선배가 합성은 세팅이 반이고 워크 업(work-up)이 반이라며 분리해보라고 했다. 허나 TLC 높이가 거의 같은 녀석들을 어찌 분리한단 말인가! 앞이 캄캄했다. 이제 막 실험실 생활을 시작한 내게는 너무나 크고 어려운 숙제가 아닐 수 없었다.

결국 재결정과 컬럼 중에서 방법을 선택해야 했다. 컬럼이 너무나 쉽고 간단해 보여서 아무 생각 없이 컬럼관부터 잡았다. 정성을 다해 잘 닦고 말리고 실리카겔을 채우고 두 시간 넘게 고무망치로 관을 두들겨서 기포를 뺐다(이 기술을 익히는 데도 일주일이 걸렸다). 너무도 잘 패킹된 컬럼관이 아름다워 보였다. 최소량의 NMP에 화합물을 녹여 로딩을 한 후 의외로 쉽다고 생각하며 전개 용매를 부은 순간 갑자기 컬럼관에서 난리가 났다. 전개 용매와 NMP가 만나서 모두 고체로 석출된 것이다. 울긋불긋해진 컬럼관이 '생각 좀 해라!'며 나를 비웃는 것 같았다.

'그냥 막 하는 것이 아니구나. 용해도가 나쁜 물질은 컬럼을 걸면 안 되는구나'라는 때늦은 후회만 할 뿐이었다. 성재 선배가 "컬럼만 걸면 실력이 늘지 않아. 어려워도 재결정을 해야 많이 배우지"라며 위로해주었다.

결국 재결정을 하기 위해 실험실에 있는 용매를 모두 써보았다. 아세톤과 물 시스템을 찾고 용매의 양에 관한 느낌을 갖는 데까지 두 달이 넘는 시간이 걸렸지만 그다음 단계부터는 문제가 될 게 없었다.

재결정은 불순물을 간단하게 제거해주고 순도도 높여주었다. 원리를 이해하고 원칙이 맞으면 어려워도 그 길로 가야 한다는 것을 배운 귀중한 경험이었다.

한밤중의 여대 실험실

이렇게 완성된 재료로 소자를 만들어 이화여대 우정원 교수님 실험실에서 측정을 하게 됐다. 완성된 소자에 대한 즐거움과 여대에 간다는 본능적인 설렘이 뒤섞인 마음으로 실험실로 향했다. 실험실은 이대 정문에서 20분 정도를 걸어가면 나오는 약간 높은 언덕 위에 있었다.

두 번째로 실험실에 가서 한송희 씨와 실험을 하게 됐다. 그때가 저녁

8시 무렵이었는데 재료가 형광등 빛에 영향을 받을 수 있어서 불을 꺼야 했다. 대학원생들이 모두 귀가한 상태에서 남자와 단 둘이 있는 것도 불편한데 불까지 끄자고 하니, 꽤나 당황해하던 그녀의 모습이 지금도 생각난다. 결국 불을 끄고 11시까지 실험을 진행했다.

여학생들은 참 친절했다. 혼자 실험하고 있으면 전화로 어려운 일은 없는지 묻기도 하고 간식도 사다주ㅂ었다. 밤을 새워 몰래 실험하다가 수위 아저씨한테 걸려 우정원 교수님까지 난처해졌던 일(당시 남자가 밤을 새우는 것은 금지사항이었다), 아침에 초췌한 모습으로 정문을 나설 때 흘끔거리며 쳐다보던 여학생들의 눈길에 부끄러웠던 일도 지금 생각하면 모두 즐거운 기억이다.

튼튼한 기초공사

"즐거움을 좇아 일하는 사람은 그 누구도 이길 수 없단다. 결과에도 엄청난 차이가 나지."

선생님의 이 말씀은 내게 큰 촉진제가 되었다. 나는 폴링(Poling) 장치도 직접 만들어보고, 하고 싶은 것은 모두 해보았다. 내가 천방지축 날뛸 때마다 선생님은 잔잔한 미소를 지으며 격려해주셨고, 일이 막힐 때는 문제를 푸는 실마리가 될 만한 한마디씩을 던져주셨다. 그렇게 선생님의 감독 덕분에 과학이라는 건물의 기초공사를 튼튼히 할 수 있었다.

회사에서 분자를 설계하고, 합성하고, 소자도 만들고, 측정도 하고, 완성된 재료는 작은 회사에서 양산도 한다. 그렇게 만든 물질은 전자제품에 적용되어 국내는 물론 외국으로 수출도 된다.

지금 사회에서 일하는 방식은 예전의 실험실 때와 다를 것이 하나도 없다. 즐거움을 좇아서 일하는 것도 똑같다. 예전에 선생님이 만들어준 기초공사의 튼튼한 뼈대 위에 열심히 살을 붙여 나가고 있는 중이다. 기초공사가 탄탄하기에 비바람이 불어도, 태풍이 몰아쳐도 뼈대는 흔들리거나 무너지지 않을 것이다. 그리고 이 공사는 연구를 그만두는 날까지 계속 진행될 예정이다. ☀️ 오형윤 _ 머티리얼 사이언스 연구소장

과학자는 이렇게 태어난다

내
인
생
의

견
고
한
디
딤
돌

화학 수업시간에 '고분자'를 만나다

고등학교 졸업반 시절, 수업시간에 단 1분도 여담을 하지 않을 정도로 수업에 충실한 화학 선생님이 갑자기 최초의 합성 고분자 섬유인 나일론의 역사에 대한 이야기를 흥미진진하게 해주셨다. 당시는 고분자라는 용어가 생소했는데, 화학 선생님은 고분자의 개념을 자세히 설명하며 고분자 소재가 앞으로 인류 발전에 크게 기여하는 유망한 분야가 될 것이라고 하셨다.

　나일론은 미국 듀퐁 사의 캐로더스(Wallace H. Carothers)란 과학자에 의해 발명된 고강도 합성섬유로 금속보다 더 높은 인장 강도를 가진다. 듀퐁 사는 나일론으로 스타킹을 만들어 대히트를 쳤다. 당시 스타킹의 재료는 비단과 면이 고작이었는데, 비단으로 만든 스타킹은 가격이 너무 비싸서 부유층의 여성들이나 사용할 수 있었고, 일반 여성들은 한 번 신으면 구멍이 뻥뻥 나는 면으로 만든 값싼 스타킹을 사 신을 수밖에 없는 실정이었다. 이에 듀퐁 사는 나일론으로 스타킹을 만들어 미국 여성들의 마음을 사로잡았고 회사의 이미지도 크게 높일 수 있었다고 한다.

인생의 견고한 디딤돌을 만나다

나는 대학 본고사에서 전자공학과를 지원했지만 뜻하지 않게 낙방의 고배를 마셔야 했다. 후기대학에 시험을 치기로 결심한 후 전공을 고민하다가 화학시간에 들은 고분자 이야기가 생각나 화학 선생님께 진로에 대한 상담을 받았다. 뜻밖에도 선생님은 대전대학(한남대학의 초기 이름)을 추천해주셨다. 그곳에 아주 유능한 고분자 학자인 로버트 괴테 (Robert L. Goette) 박사가 계시고, 화학과에 대학 동기인 박종민 교수님이 계시다는 이유에서였다.

괴테 박사는 나일론을 만든 캐로더스가 재직했던 듀퐁 사에서 선임연구원으로 일하던 장래가 촉망되던 과학자였는데, 안정적인 미래와 풍요로운 삶을 버리고 선교사의 사명을 띠고 한국에 왔다고 한다.

그는 우리나라 최초의 국가 출연 연구소인 한국과학기술연구원 (KIST) 설립에 큰 도움을 주기도 했다. 괴테 박사는 미국에서 가지고 온 갖가지 고분자 소재 표본을 가지고 치밀하고 열성적인 강의를 했는데, 특히 선교사이자 과학자 입장에서 보는 창조과학 강연을 통해 창조질서에 대한 매우 유익한 지식을 심어주기도 했다.

대학 4년의 시간은 쏜살같이 흘러갔고 졸업할 시간이 다가오자 미래에 대한 불안감이 엄습해왔다. 무엇을 할지 고민하던 중에 과 선배를 통해 고려대학 화학과에 젊고 훌륭한 교수님이 계시다는 사실을 듣게 되었고, 그렇게 해서 내 인생의 가장 견고한 디딤돌이 된 스승 진정일 선생님의 연구실에 들어가게 되었다.

선생님은 30대 중반의 나이로 깃털 달린 중절모에 파이프를 물고 콧수염을 기른 영화 속 주인공 같은 모습으로 항상 가죽가방을 들고 다니셨다. 정말이지 그렇게 멋진 외모에도 감탄이 터져 나오는데 고분자 과학에 대한 명쾌한 강의에서 보이는 날카로운 지성미는 또 어떠한지! 그 모습에 때로는 탄복하고 때로는 위축되면서 선생님과 함께 고분자 분야에 대한 꿈을 키워 나갔다.

독일 유학길에 오르다

우리나라는 예나 지금이나 무엇이든 미국을 기준으로 생각하는 경향이 큰데, 학생들도 언어 문제 때문에 유럽보다는 미국 유학을 원한다. 나도 그런 이유에서 미국 유학을 생각하고 있다가 뜻밖의 사건으로 독일어 한마디 못하던 내가 독일 유학길에 오르게 되었다. 대학원을 졸업할 즈음 매력적인 한 여학생을 만났는데, 그녀는 독일 유학준비를 모두 끝내고 출발할 날만을 기다리고 있는 상태였다. 나는 그녀에게 나도 곧 뒤따를 것이니 우리 잘 해보자고 설득을 했고, 그녀는 그렇게 독일로 떠났다.

그녀가 떠난 후 머리가 깨질 듯한 고민에 고민을 거듭했다. 독일어 한

마디 못하고 유학 갈 형편도 되지 않으면서 어쩌자고 큰소리를 친 걸까. 어찌 되었든·독일어라도 배우자 싶어 독일문화원에 등록하여 독일어를 배우기 시작했다.

그러던 어느 날 그녀로부터 독일 기민당에 소속된 아데나워 장학재단에서 매년 모든 학문 분야에 걸쳐 한국 학생 다섯 명을 장학생으로 선발한다는 정보를 얻게 되었다. 문제는 독일어가 능통해야 한다는 것이었다. 겨우 독일어로 인사 몇 마디 하는 실력의 내가 뽑힌다는 것은 불가능해 보였지만 그녀를 생각하며 결국 시험에 응시하게 되었다.

장학생 선발은 구두시험으로 진행되기 때문에 나는 예상문제와 답안을 만들어 달달 외워서 시험장에 들어갔다. 모든 학문 분야를 통틀어 다섯 명만 선발하므로 당연히 경쟁률은 높았다. 두세 시간을 기다린 끝에 내 차례가 왔다. 시험장에는 독일에서 온 시험관 세 명과 아데나워 장학금으로 공부하고 귀국한 한국인 교수 두 명 등 총 다섯 명이 있었다. 독일 시험관의 첫 번째 질문은 "왜 독일에 공부하러 가느냐?"였다. 예상 질문 중의 하나라 속으로 쾌재를 부르며 외운 내용을 답했다.

그러나 몇 개의 질문이 진행된 후에는 예상이 빗나가기 시작했다. 크게 당혹했지만 여기서 머뭇거리면 끝장이라는 생각으로 질문과 상관없이 내가 준비한 예상 답안들을 술술 이야기했다. 그렇게 동문서답 식으로 구술시험을 마치고 나왔다. 당연히 떨어졌다고 생각했는데 이게 웬일인가! 합격 통지서가 날아온 것이다.

나는 바로 그녀의 부모님에게 전화를 걸어 "따님을 사랑하고 아름다운 가정을 이룰 터이니 따님을 저한테 주십시오"라고 인사를 드렸고, 그녀는 얼마 지나지 않아 내 인생의 반려자가 되었다.

나중에 장학생 선발 후일담을 듣고 놀라운 사실을 알게 되었다. 이전까지는 독일어 구사능력을 우선으로 장학생을 선발했지만 이번에 온 독일 시험관들은 어학능력보다는 학업수행능력이 더 중요한 것 아니냐며 학업성취능력에 초점을 맞추었다는 것이다.

또한 전년도에 국내의 심각한 학원 사태로 장학생 선발이 이루어지지 않아 이번에 다섯 명을 추가로 더 선발했다고 한다. 그야말로 세상의 모든 신들이 내 편이 되어 내가 독일로 유학을 갈 수 있는 환경을 만들어준 것이다. 덕분에 나는 항공료, 책값, 옷값, 어학연수비와 박사과정을 마칠 때까지의 모든 경비를 뒷받침 받는 전액 장학생으로 독일에 가게 되었다.

박사학위를 받다

독일에 가기 전에 고분자 분야의 지도교수부터 정해야 했다. 당시 미국 매사추세츠대학의 고분자학과에 안식년으로 가 계신 진정일 교수님께 부랴부랴 도움을 청했고, 교수님은 그곳에서 만난 젊고 유능한 독일 교수를 소개해주셨다. 그분은 바로 고분자과학 분야 최초의 노벨상 수상자 스타우딩거(Hermann Staudinger) 교수의 후임으로 프라이브르크대학에 재직하던 베그너(Gerhard Wegner) 교수였다.

내가 독일에서 학위를 마칠 즈음 베그너 교수는 세계 최고의 연구소 중 하나로 꼽히는 막스플랑크 고분자 연구소의 소장으로 초빙되었는데,

나중에는 막스플랑크 재단의 부총재를 지내기도 했다. 두 교수님은 거의 30여 년의 세월 동안 서로를 존경하며 학문적 우애를 나누는 돈독한 관계를 유지하는 것은 물론, 세계 고분자 학계의 리더로 고분자과학의 발전과 후학을 위한 사표가 되고 있다. 진정일 교수님을 통해 베그너 교수님을 또 하나의 스승으로 모시게 된 것은 나에게 크나큰 행운이었으니, 진 교수님은 내게 또 하나의 큰 디딤돌이 되셨다.

1981년 화창한 봄날, 루프트한자에 몸을 싣고 독일에 도착하였다. 만하임이라는 곳에서 6개월간 어학 코스를 마친 후 프라이부르크대학 실험실에 간 나는 눈이 휘둥그레질 정도로 훌륭한 실험시설에 놀라지 않을 수 없었다. 진공 증류에 필요한 액체 질소와 드라이아이스가 없어서 청계천과 동대문시장의 아이스크림 집을 돌아다니며 드라이아이스를 얻어서 실험을 했던 한국의 대학 실험실과는 차원이 달랐다. 실험실 벽에 설치된 여러 가지 호스를 통해 액체 질소를 비롯한 각종 가스를 마음대로 쓸 수 있는 것은 물론 그 외에도 수많은 고가 장비가 구비되어 있었다. 너무나 좋은 실험 환경에 고무된 나는 속도가 느린 엘리베이터를 타는 대신 계단을 뛰어다니며 실험을 진행했고, 그 결과 외국인으로는 최단 기간인 3년 만에 박사과정을 마쳐서 최종 박사학위 자격시험을 칠 수 있게 되었다.

독일 대학에서는 거의 모든 시험이 구두로 치러지는데 박사학위 자격시험 역시 마찬가지였다. 약 두 시간에 걸쳐 응시자의 연구분야에 대한 시험이 공개로 진행되는데, 이는 응시자가 청중 앞에서 박사로서의 자격을 공인받도록 하는 데 의미가 있다. 두 시간 동안 피를 말리는 질문과 답변이 이어진 뒤 심사위원들이 채점 결과를 집계하여 당락이 결정되는데, 이 순간이야말로 내 생애 가장 긴장된 시간이었다.

얼마의 시간이 흐른 후 심사위원장이 근엄한 목소리로 "귀하가 고분자 분야에서 프라이부르크대학의 박사가 되었음을 선포한다"며 내 이름에 박사 칭호를 붙여 "Herr(Mr.) Dr. Kwang-Sup Lee!"라고 불렀다. 청중들의 박수소리가 들리고 함께 고생한 연구팀이 내게 사각모를 씌워주었다. 나를 독일 땅에 불러들여 함께 밤을 지새우며 고생을 한 아내의 눈에서는 감격의 눈물이 흘러내렸다. 이렇게 독일에서 박사학위를 받고 인생의 한 관문을 통과했다.

칠순이 가까운 연세에 독자인 나를 선뜻 유학 보내주신 아버지와 내가 도약할 수 있도록 견고한 디딤돌이 되어주신 진정일 교수님에 대한 감사의 마음이 넘쳐났다.

박사학위 과정에서 연구한 내용은 전문 학술지에 게재되어 독일 화학회에서 3개월마다 선정하는 최우수 논문으로 뽑혔고, 독일 화학회의 화학의 역대기에 수록되었으며, 지금도 여러 고분자과학 교재에 인용되고 있다.

나 또한 제자들의 디딤돌이 되리라

박사학위를 취득한 후 학문의 폭을 넓히기 위해 독일 최대의 국립 연구기관인 막스플랑크 고분자 연구소에서 2년간 연구생활을 한 후, 대덕 연구단지에 있는 화학 연구소 고분자화학부에 해외 유치과학자로 유치되어 한국에서 연구생활을 시작했다. 5년 후 한남대학교에 고분자학과가 설립되어 교수로 부임하면서 이곳을 국내 최고의 고분자학과로 만들리라고 다짐했다. 이를 위해 훌륭한 교수를 초빙하여 학생들을 열심히 가르치고, 그들이 그것을 발판 삼아 도약할 수 있다면! 진정일 교수님이 내 인생의 디딤돌이 되어준 것처럼, 나 또한 내 제자들의 디딤돌이 되어주리라 결심했다.

선생님을 만난 지도 40여 년이 지났다. 선생님은 예나 지금이나 모습이 크게 변하지 않은 듯하다. 지적인 호기심과 예리함은 세월이 흘러도 여전하고, 학문에 대한 열정으로 새로운 연구분야를 개척하는 모습은 젊은 사람도 흉내내기 힘들 정도이다. 또 육체적 · 정신적으로도 어찌나 건강하신지, 모두가 신기해 마지않는다. 내 인생의 견고한 디딤돌이 되어주신 진정일 선생님, 학문적으로나 인격적으로 부족한 제자를 학문의 길로 인도해주신 그 은혜에 고개 숙여 감사드립니다. ☀ 이광섭 _ 한남대학교 신소재공학과 교수

과학자는 이렇게 태어난다

꿈에서 산신령을 만나다

원래 화학과보다는 물리학과를 지원할 계획이었지만 운명의 장난 같은 사건 때문에 화학과를 갈 수밖에 없었다. 사건의 전말은 이랬다. 1학년 때 외부 강사가 일반물리 실험을 가르쳤는데, 어느 날 실험을 다 끝내고 정리까지 끝냈는데도 오지 않았다(실험이 몇 시간에 걸쳐 진행되기 때문에 중간에 강사가 자리를 비우는 일이 종종 있었다). 그래서 우리 조를 설득하여 가버렸는데 나중에 사건의 주동자로 지목되어 F학점을 받게 되었고, 물리학 관련 과목이 낙제점이라서 물리학과에 지원할 수 없게 되었다.

화학에 흥미가 없었던 나는 화학과 전공수업을 거의 듣지 않아 계속해서 F학점을 받았다. 군대를 제대하고는 이제부터 열심히 하겠다고 생각했다. 화학에 대한 기초가 부족했지만 열심히 했고, 졸업할 때가 되자 대학원에 진학하여 더 공부하고 싶다는 생각을 하게 되었다.

졸업생 사은회에서 진로에 대해 한마디씩 하는 시간이 있었다. 내 차례가 되자 나는 "아무래도 이번에 대학원에 떨어질 것 같은데 다음에는 도전하여 꼭 합격하겠습니다"라며 여러 교수님들 앞에서 선언을 했다. 그리고 한 번의 실패 후 진정일 교수님의 배려와 격려로 고분자화학 연구실에 들어갈 수 있었다.

술에 취해 추락하다

연구실에 들어간 첫날부터 정말 열심히 실험했다. 당시 이공대 본관 2층에서 다른 두 동기와 숙식을 하면서 지냈는데, 술은 우리의 든든한 동반자였다. 매일 저녁 실험실에 반응을 걸어두고 술 한잔하고 와서 반응이 어떻게 되어가는지 살피고, 또 중간에 일어나서 살피고…. 하루에도 같은 반응을 세 번 정도 반복해서 실험할 정도로 정말 열심히 했다.

어느 날 학교 앞 술집에서 술을 마신 후 상당히 취한 상태로 학교에 들어왔다. 실험실로 들어가기 위해 평소처럼 이공대 건물 뒤쪽으로 살금살금 다가갔다. 그때는 이공대 건물의 1, 2층 창문 바깥쪽에 철창이 설치되어 있었다.

친구와 함께 술을 먹고 들어가는 날에는 1층과 2층 사이의 비막이턱(?)까지는 같이 올라가고 2층에서 내가 먼저 철창을 잡아당겨 날렵하게 3층으로 올라간 후 친구를 끌어올려 실험실로 들어갔다. 그날도 마찬가지로 술이 좀 취한 상태에서 1층까지 올라간 후 3층으로 올라가기 위해 철창을 잡고 몸을 날렸는데, 아뿔싸! 철창이 내 체중을 이기지 못하고

쑥 빠져버리는 게 아닌가! 매일 철창을 잡고 내 체중을 실었으니 철창이라고 그 튼튼함을 유지할 수 있었겠는가. 바닥으로 떨어지는 순간 눈앞이 캄캄했지만 평소에 운동을 많이 했던 터라 땅에 떨어지는 것과 동시에 옆으로 몸을 굴렸다.

무언가 떨어지는 소리에 잠에서 깬 수위아저씨가 나타나자 후다닥 몸을 숨겼다. 놀란 가슴을 진정하고 다친 데는 없는지 살펴보니 다행히 양쪽 팔이 약간 까졌을 뿐이었다. 오히려 내 뒤를 따라오던 친구가 내가 떨어지는 것을 보고 놀라서 1층 아래로 뛰어내리는 바람에 발을 삐게 되었다. 우리는 부상당한 몸을 이끌고 밧줄을 타고 숙소로 돌아가 잠을 청했다.

다음날 여기저기서 수군거리는 소리가 들리더니 며칠 후 이공대 건물의 방범철창이 모두 사라졌다. 바깥쪽을 향하던 방범철창을 전부 창문 안쪽으로 설치한 것이다. 철창이 안쪽으로 설치된 연유를 아는 이는 아마도 그 친구와 나뿐이지 않을까?

결혼은 유죄

입학하자마자 액정화합물 상용성 관련 실험을 진행하여 2개월 만에 연구결과를 내고 외국의 학술저널에 실리게 되었다. 24시간 실험에 매달려 노력하기도 했고 운도 따라주었다. 이런 결과에 고무되어 실험에 더 매진해야 마땅한 일이었지만 혼기가 꽉 찬 아들을 걱정하시는 부모님의 성화에 못 이겨 입학 1년 후 서둘러 결혼을 하게 됐다.

그 이후 내 생활은 완전히 달라졌다. 결혼 전에야 매일 학교에서 먹고

자면서 실험에만 매달렸지만 이제는 그럴 필요가 없었다. 당연히 지난 1년 동안 진행했던 만큼의 실험속도는 나오지 않았다. 이런 상황이다 보니 선생님께서 실망하는 것은 당연했다. 하지만 어쩔 수 없지 않은가! 새색시를 혼자 자게 내버려둘 순 없었으니 말이다.

꿈에서 산신령을 만나다

선생님께서 두 번째 준 연구과제를 받고 첫 실험을 해보니 원하던 결과가 바로 나왔다. 뭔가 금방 될 듯한 분위기였다. 다만 분자량이 수만 정도는 되어야 하는데 1만을 약간 넘을 뿐이었다. 허나 다른 것은 다 좋았다. 아, 이렇게 기쁠 수가! 이제 분자량만 늘리면 실험은 끝이 나겠구나.

하지만 아무리 반복해서 실험하고 이런저런 방법을 동원해봐도 분자량은 그 이상 늘어나지 않았다. 그 방법으로는 최대량이었던 것이다. 몇 달 동안 씨름을 했지만 별다른 진전이 없었다. 하루하루가 고통의 연속이었고 졸업은 제대로 할 수 있을까 걱정이 되기 시작했다.

당시 우리에게는 '꿈에서 산신령을 만나면 졸업한다'는 미신이 있었다. 절박한 마음에 밤마다 잠들기 전에 산신령이 나타나길 기도하며 잠이 들곤 했다.

그러던 어느 날 정말로 꿈에 산신령이 나타났다. 물론 진짜 산신령이 아니라 그동안 한 번도 생각하지 못했던 새로운 아이디어가 떠오른 것이다. 잠자리를 박차고 일어나 옷을 걸쳐 입고 집에서 뛰쳐나와 실험실로 뛰었다. 실험실에 도착하자마자 떠오른 아이디어대로 실험해보니 분자량이 원했던 정도가 나오는 게 아닌가! 아, 됐다 됐어!

그렇게 산신령 덕분에 석사학위 논문을 무사히 완성하고 졸업하게 되었다. 너무나 간절히 원했기에 하늘도 내 소원을 들어준 듯하다. 그 시절로 다시 돌아간다면 산신령님이 또 나타날까? ☀ 이기영 _ 한국타이어 대전공장 공장장

화학은 내 운명

어려웠던 학창시절

새로움에 대한 호기심으로 가득했던 유년시절, 당시 여섯 살이었던 나는 마을 이장의 동의서를 받아 또래보다 두 살이나 많은 아이들과 함께 초등학교에 입학하였다. 아직 어려서 안 된다는 부모님에게 생떼를 써서 이뤄낸 성과였다. 그렇게 시골에서 중학교까지 마친 후 부모님께 대도시에 있는 인문계 고등학교에 가고 싶다는 뜻을 밝혔지만 집안형편이 어려워 안 된다는 답이 돌아왔다. 결국 나는 고등학교 진학을 포기하고 부모님의 농사일을 돕기 시작했다.

한창 감수성이 예민한 사춘기에 또래 아이들과 어울리지 못하고 어른도 힘들어하는 농사일을 1년 동안 하면서 학교가 얼마나 소중한 곳인지를 뼈저리게 느끼게 되었다. 그래서 무슨 일이 있어도 꼭 고등학교에 들어가야겠다고 결심하였고, 그 다음해에 고등학교에 입학할 수 있었다. 어려운 형편 때문에 대학진학은 꿈도 꿀 수 없었지만 이미 학교의 소중함을 경험한 터라 비교적 집에서 가깝고 등록금도 일반 사립대학의 절반에도 훨씬 미치지 못할 정도로 저렴한 지방 국립대에 들어가게 되었다. 화학만큼은 자신이 있었기에 화학과에 진학했지만 생각보다 배우는 내용이 별로 없다는 생각에 대학생활은 늘 만족스럽지 못했다. 이러한 불만은 자연스럽게 이곳을 떠나 새로운 대학원에 진학하여 좀 더 폭넓게 화학을 계속 공부해야겠다는 생각으로 이어지게 되었다. 내 형편에 서울로 유학 간다는 것은 너무나 사치스러운 결정이었지만 무언가 새로운 돌파구가 필요했기에 고려대학교 화학과 석사과정에 진학하게 되었다. 그리고 그곳에서 운명처럼 진정일 교수님을 만나게 되었다.

나를 매혹시킨 화학의 세계

처음에는 합성화학을 하고 싶었으나 당시 관련 교수님들이 연구년 등으로 인해 자리를 비운 터라 열정적으로 새로운 액정 화합물 개발에 힘을 쏟고 계시던 진정일 교수님을 지도교수로 선택하였다. 교수님은 개척자적인 자세로 새로운 분야를 연구하고 계셨는데, 그 모습을 보면서 나도 특정 분야에서 세계를 이끌어가는 사람으로 성장하고 싶다는 포부를 갖게 되었다. 그때 교수님을 만나지 않았다면 나는 화학은 물론이고 연구나 학문과는 인연을 맺지 않았을 것이다.

그 당시 한창 유행이던 크라운 에테르 화합물을 고분자 물질에 적용

시켜 양이온 사슬을 합성하고 이들의 용액 내에서의 형태 거동을 연구하였다. 보이지 않는 분자들의 거동이 합성하기 전에 예상했던 그대로 맞아 들어가는 결과를 보면서 눈에 보이지 않는 미지의 세상을 내 마음대로 만들어갈 수 있다는 즐거움에 흠뻑 빠지게 되었다. 점성도를 측정하느라 몇날 며칠을 아침부터 밤늦게까지 반복적으로 초시계를 눌러댔으니 지치지 않을 수 없었으나, 한편으로는 새로운 결과가 나올 때마다 교수님의 자상한 설명 덕분에 내가 직접 만든 긴 분자들의 새로운 거동에 대해 하나씩 깊이 있게 이해하게 되었고, 이러한 과정을 통해 겪어보지 않고는 얻기 힘든 자신감을 가질 수 있었다. 무엇보다도 이런 연구를 통해 내가 앞으로 살아가면서 잘할 수 있는 일이 무엇인지를 분명히 깨닫게 되었고, 지금도 화학 연구실에서 빠져 나가고 싶은 생각이 조금도 없으니 화학은 어쩔 수 없는 내 운명인가보다. 이 과정에서 교수님께 화학보다 더 중요한 학자로서의 자세와 학문에 대한 열정을 물려받을 수 있었다.

2년 동안 정말 많은 것을 배웠다는 충만함을 안고 졸업했다. 나도 화학 분야에서 중요한 기여를 할 수 있겠다는 용기가 생겨 화학 연구소에 들어가 5년간 특례보충역으로 근무하게 되었다. 이 기간 중에 뭔가 새로운 연구를 하고 싶다는 열망에 사로잡혀 당시 고분자화학 분야에서 훌륭한 박사과정 프로그램을 자랑하던 케이스 웨스턴 리저브 대학의 박사과정에 연구조교(RA)로 장학금을 받고 입학하게 되었다. 고분자화학 분야에서 왕성한 연구활동을 하시던 퍼첵(Percec) 교수님을 지도교수로

과학자는 이렇게 태어난다

하여 그 당시 막 시작된 양이온 리빙 중합에 대한 연구를 시작하였다. 수행 연구가 계획대로 잘 진행되어 3년 만에 졸업을 했고, 일리노이대학에서 박사후 과정을 밟을 수 있었다.

독창적인 연구 성과

공부를 마친 후 왕성한 의욕을 가지고 귀국하여 유학 전에 근무했던 화학 연구소에 복직했다. 그 당시 전도성 고분자 연구를 수행하였는데, 정부에서 연구비를 받다보니 나만의 독창성이 끼어들 여지가 없었다. 결국 대학으로의 이직을 심각하게 고민하게 되었고, 1년 후 연세대 화학과 교수 공채에 지원하게 되었다. 여러 가지 외부 환경적인 여건으로 쉽지 않은 과정을 거쳐 교수로 채용되었는데, 부임 후 들어보니 화학과 교수님들이 나를 최종적으로 선택하기까지 어려운 점이 많이 있었다고 한다. 나태해질 때마다 그때를 회상하며 나에게 학자로서의 포부를 마음껏 펼칠 수 있는 기회를 준 연세대학교 화학과에 학문적으로 많은 기여를 해야 한다고 마음을 다잡았다.

1994년 3월에 부임했던 당시 연구여건은 연구소보다 열악했다. 다행히 진정일 교수님을 비롯하여 화학계의 여러 교수님들이 음으로 양으로 도와주셔서 과학재단의 연구비를 확보할 수 있었고, 거창하지는 않아도 독자적으로 연구를 진행할 수 있게 되었다.

뜻이 있는 곳에 길이 있으리라는 굳건한 믿음으로 도움이 필요하다면 전국 어디라도 가서 도움을 청할 정도의 열정으로 부임 초반부를 보냈다. 하지만 그 당시에는 이런 상황에서 나 혼자만의 힘으로 남들이 알아줄 만큼 독창적인 논문을 제대로 낼 수 있을까 하는 걱정이 앞서기도 했다. 무엇보다 그동안 가르침을 주셨던 지도교수님들의 연구내용과는 달라야 한다는 강박관념 때문에 더 그랬던 것 같다.

여러 가지 시행착오를 거친 끝에 자기조립분자들을 독창적으로 개발하여 유기나노물질이란 새로운 화학의 세계를 정립할 수 있었고, 당시 국내 화학계에서는 드물게 세계 최고 잡지인 《JACS》에 연구결과를 연속적으로 게재하면서 엄청난 성취감을 맛보게 되었다.

2002년에는 교수로 승진함과 동시에 우리나라 이공계 교수들의 선망의 대상이 되는, 과학기술부에서 주관하는 창의연구단에 선정되어 나의 연구는 새롭게 도약하게 되었다.

지금도 분자 조립체에 대한 연구를 하면서 세계 최고의 화학잡지에 독창적인 연구결과를 연속적으로 발표하여 후학들에게 꿈을 심어주고 있고, 그 덕분에 세계적인 이목을 받게 되어 이제는 세계 어디에 가서도 특정한 분야를 새롭게 열어가는 과학자로서 당당할 수 있게 되었다.

늘 어려운 환경으로 인해 움츠릴 수밖에 없었던 구석지고 작은 대학원 연구실 생활이었지만, 한편으로는 화학에 대한 열정을 통해 세상을 이끌어갈 수 있다는 자신감을 키워갈 수 있었고, 그 자신감이 바탕이 되어 커다란 꿈을 소중하게 만들어갈 수 있었던 안암동 시절이 주마등처럼 스쳐간다. 새로움에 마음을 여는 일이 무엇보다도 중요하다고 믿었기에 지금까지 즐겁게 미지의 세계를 개척할 수 있었다.

무엇보다도 나 자신이 진정으로 원하는 길을 걸어갈 수 있도록, 내 깊은 곳에 운명처럼 숨어 있던 당당한 화학자로서의 원대한 꿈을 이룰 수 있도록 다양한 자극으로 일깨워준 인생의 스승님 진정일 교수님께 진심으로 감사드린다. ☀ 이명수 _ 길림대학교 교수

처음 걷는 길은 누구나 외롭다

복학 후에 듣게 된 진정일 교수님의 고분자 수업은 나를 고분자화학 실험실로 이끌 만큼 매력적이었다. 특히 다른 전공필수 과목과는 달리 이미 배운 유기화학지식을 바탕으로 새로운 물질을 합성하고 그 성질을 예측하여 어떻게 실생활에 응용할지를 배우는 내용이라 흥미로웠다. 그래서 대학원에 진학할 때 아무런 망설임 없이 고분자화학 실험실을 선택했다. 그때 액정 분야의 세계적 석학이신 진정일 교수님 밑에서 액정 분야의 최고 전문가가 되겠다고 결심했다.

발광의 밤에 외치다 "빛났다!"
자의 반 타의 반으로 내게 던져진 연구주제는 '유기발광 고분자'였다. 지금은 교수님의 선견지명에 감사할 따름이지만 당시에는 연구실에서도

과학자는 이렇게 태어난다

아직 시작단계였던 터라 정말 우리가 해도 빛이 나올까 의구심이 들었고 겁이 났다.

한 번도 유기화학 실험을 제대로 해본 적이 없는 나에게는 간단한 유기합성 하나도 큰 도전이었다. 그래서 벤젠 고리(정확히는 자일렌)에서 시작하여 발광장치까지 만드는 일이 불가능하겠지만 느껴졌다. 지금 생각해보면 별것도 아니지만 당시에는 단위체 합성이 내 인생의 전부이고 끝이 안 보이는 터널처럼 느껴졌다. 그렇게 부족한 나에게 선생님은 많은 가르침을 주셨다. 합성에만 몰두하여 보지 못했던 부분을 짚어주고, 가끔은 따끔한 훈계로 채찍질하기도 하셨다. 덕분에 석사과정 3학기 무렵에 원하는 단위체를 아주 적게나마 합성할 수 있었다.

다음 과제는 발광소자를 어떻게 만드느냐 하는 것이었다. 처음 걷는 길은 누구나 외롭고 힘든 법, 나는 일종의 모험을 한 셈이다. 청계천 상가를 오가며 각종 기자재를 구입하고 작은 소자를 만드는 일에 몰두했다. 그 당시에는 귀했던 인듐틴옥사이드가 코팅된 유리를 자른 후 강산을 이용하여 셀로판테이프를 잘라서 만든 마스크로 발광소자의 모양을 에칭했다. 그런 다음 고분자 필름을 코팅하니 손끝에서 초라한 발광장치가 태어났다.

'우리가 해도 빛이 나올 수 있을까?' 이런 의문을 가지고 실험하길 여러 번, 대부분의 발광소자실험은 실패로 돌아갔다. 전압을 가하면 연결 부분에서 과부하로 인한 쇼트가 나서 빛을 내기 전에 발광 고분자 필름이 타는 것이 문제였다. 실패가 거듭되자 속이 새까맣게 타들어갔다.

그러던 중 정성재 박사가 아주 좋은 아이디어를 냈다. 발광 고분자와 알루미늄 연결 부위를 다른 고분자로 차단하여 산소의 접근을 막으면 좋겠다는 것이었다. 당장 화장품 가게로 달려가 투명 매니큐어를 사왔다.

며칠에 걸쳐 유기발광장치를 만든 후 다시 한번 발광실험을 시도했다. 전류를 맞추고 조금씩 전압을 높여가던 중 무엇인가 번쩍하는 것 같았다. 강심장이 아닌 나는 몇 번이나 전압을 올렸다 내렸다 하면서 빛의 강약이 조절되는 것을 확인하고 나서야 나도 모르게 "빛났다!"고 소리쳤다. 그 소리가 얼마나 컸던지 불이 난 줄 알고 다른 실험실 사람들이 뛰어올 정도였다. 지금까지 살면서 그 순간처럼 기뻐서 소리친 날은 없었다. 그날 밤은 내 인생에서 정말로 잊지 못할 발광의 밤이었다.

외로운 길을 밝혀주는 희망의 나침반

발광의 밤을 맞이한 지도 어느덧 20년이 다 되었다. 시작할 때는 끝없는 터널을 통과하는 듯한 암담함이 앞섰지만 터널에서 발견한 작은 빛 덕분에 나는 큰 용기를 얻게 되었고 그것은 지금도 내 앞길을 밝히고 있다. 미국으로 유학을 온 후에도 그날 밤과 같은 전율을 몇 번이나 경험했다. 물론 그날 밤과 비교하면 아주 차분하고 조용한 전율이지만.

한 번도 가지 않은 길을 걷기란 외롭고 힘들다. 특히 누구도 걷지 않은 길을 처음 간다면 더욱 그렇다. 하지만 스승에게서 받은 희망의 나침반이 있었기에 길을 잃지 않고 여기까지 올 수 있었다. 지금은 이곳 미국에서 나의 제자들에게 내가 받은 희망의 나침반보다 더 큰 나침반을 주기 위해 열심히 노력하고 있다. 스승이 주신 희망의 나침반이 진리의 등불이 되어 다시 한번 발광 아닌 발광이 되어 다음 세대의 앞길을 밝힐 것이라 확신하면서 말이다. ☀ 이승욱 _ UC 버클리 생명공학과 교수

실험에도 '운'이 따라야 한다

인생에서 운이 차지하는 비중이 어느 정도인가에 대한 철학적 사고는 별로 하지 않고 살아온 편이지만 나는 확실히 운이 따라주는 사람이라고 생각한다. 특히 대학원 시절에는 실험을 해도 운이 따라주어서 운 덕에 무사히 졸업할 수 있지 않았나 하는 의심도 해보게 된다. 운이 좋았던 젊은 시절, 내게 어떤 일이 일어났던 걸까?

성공한 절반의 확률

정상적이라면 석사과정은 4학기 만에 끝난다. 선생님도 당신의 제자들은 절대 5학기를 시키지 않겠다고 말씀하셨는데, 다른 교수님에게 석사과정을 밟은 선배들 중에는 가끔 5학기 만에 졸업하는 경우도 있었다.

　석사 2학기를 마친 1996년 여름, 나는 선생님의 제자들 중 최초로 5

학기를 해야 할지도 모른다는 불안에 휩싸이기 시작했다. 그도 그럴 것이 동기나 선배들의 이야기를 들어보면 석사 2학기 초에는 대부분 논문 주제를 잡고 본격적인 실험을 시작하는데 나는 그때까지 주제조차 잡지 못하고 있었기 때문이다.

그러던 어느 날 선생님께서 내게 주제를 주셨다. 전기를 통하게 할 수 있는 고분자 물질의 분자구조와 전기를 통하게 하는 성질의 상관관계를 살펴보는 과제였다. 지금 생각해도 굉장한 주제인데, 내 실력이 부족하여 그것을 모두 실험으로 증명해 보이지 못함이 안타까울 뿐이다.

선생님이 생각하는 목표에 도달하는 방법에는 두 가지가 있었다. 방법 A는 5단계이고, 방법 B는 4단계였다. 칠판에 합성그림을 그려보니 왠지 방법 A로 해야 할 것 같았다. 그래서 선생님께 허락을 받고 방법 A의 1단계 예비실험을 시작했다.

소량의 용매 정제도 없이 시작했는데 운 좋게도 실험은 성공했다. 이에 고무된 나는 모든 용매를 정제하고 양을 늘려 정성 들여 본 실험을 시작했지만 이상하게 원하는 화합물이 나오지 않았다.

예비실험과 비교해서 무엇이 달라졌던 것일까? 용매 정제가 문제가 된다고 생각하고 용매를 정제하지 않고 다시 실험을 했지만 결과는 마찬가지였다. 그 이후 무려 40번 이상을 다양한 조건으로 실험한 결과 좋은 수율로 합성에 성공할 수 있었다.

그때의 경험으로 지금도 꼭 예비실험을 한 후 본 실험에 들어가는 것이 습관이 되었다. 만약 예비실험에서 운 좋게 성공하지 못했다면 방법

B로 바꾸어서 실험을 했을지도 모른다. 하지만 방법 B는 마지막 4단계가 불가능하다는 것을 4년 뒤 후배가 증명했다. 이래저래 운이 좋았던 셈이다.

청계천에서 발견한 흑연

박사과정 중에 석사과정 후배의 실험을 도와준 적이 있다. 그 후배의 연구주제는 흑연 필름을 만드는 것으로, 우리 실험실에서 처음으로 시도하는 내용이었다.

흑연 필름을 만들려면 전구 필름을 질소 혹은 아르곤 가스로 가득 채운 상태로 1200~2000도 오븐에서 열처리해야 한다. 이때 필름이 형태를 유지하도록 전구 필름 양쪽에서 지지하는 판이 필요한데, 흑연으로 만든 것을 사용해야 했다. 문제는 흑연을 구하기가 어렵다는 것. 지인들에게 부탁하였으나 한결같이 못 구했다는 대답만 들렸다. 요즈음이라면 인터넷을 통해 쉽게 구할 수 있었겠지만 1991년 당시는 인터넷이 보급되기 전이었기에 연구는 곧바로 한계에 부딪히고 말았다.

흑연을 구하지 못한 후배는 매우 낙담해 있었다. 그때 내 머릿속에 '청계천이라면…?'이라는 생각이 들었다. 지금은 철거된 청계고가 양쪽 상점을 샅샅이 뒤져서 필요한 부품을 모으면 탱크도 만들 수 있다는 우스갯소리가 있을 정도로, 청계천에서는 잡다한 많은 부품을 취급하고 있었기에 흑연을 구할 수 있는 가능성이 컸다. 나와 후배는 청계 5가에서 1가 방향으로 걸어가면서 청계 상가를 뒤지기 시작했다.

과학자는 이렇게 태어난다

하지만 세 시간 정도 돌아다녀도 흑연을 취급하는 가게를 발견할 수 없었고 그런 곳은 본 적도 없다는 절망적인 소리만 들려왔다. 흑연을 취급하는 가게가 있다는 것이 확실하기만 하면 며칠이 걸리더라도 샅샅이 뒤지겠지만 정말로 그런 곳이 없다면 시간을 들여 할 필요가 없는 일이었다.

우리는 다음 버스 정류장까지만 조사해보고 학교로 돌아가자고 합의하고, 또다시 청계 2가 버스 정류장 쪽으로 걷기 시작했다. 바로 그때 거짓말처럼 흑연을 취급하는 가게가 눈에 들어왔다. 지금도 '성일카본'이라는 가게 이름이 기억날 정도로 그때의 기쁨은 이루 말할 수가 없었다. 그 가게에는 온통 흑연밖에 없었다. 우리 주위에서 흑연이 그렇게 많이 사용되는 것을 처음 알게 되었다.

우리가 비록 세 시간 동안 청계 상가를 돌아다녔지만 청계천에 있는 전체 상가의 5%도 살펴보지 못했다고 생각한다. 5% 정도를 살펴보고 원하는 것을 얻을 수 있었으니 정말이지 운이 너무 좋다고밖에 달리 설명할 말이 없다.

아무것도 하지 않는데 저절로 운이 따라오지 않는다는 사실은 누구나 알고 있다. 간절히 바라는 마음으로 열심히 노력하고 또 노력하면 그때 비로소 운이 따라오지 않을까? 특히 화학 실험실에서의 운이란 그것을 간절히 바라는 사람의 눈에만 발견되고 주어지는 행운이라고 감히 말하며 글을 맺는다. ☀ 이영훈 _ 한화 상무

당신을 닮고 싶습니다

선생님의 꿈에 등장하다

35년 전 매사추세츠대학에 있을 때의 일이다. 마침 렌츠 교수님이 독일에서 안식년을 보내고 계셨기에 방문 연구차 오신 진정일 선생님이 교수님 그룹의 연구를 총괄하고 계셨다.

어느 일요일 저녁, 선생님은 식사나 함께하자며 나를 집으로 부르셨다. 그때는 선생님이 너무 어렵게 느껴져 그 앞에만 가면 안절부절 어쩔 줄을 몰랐다. 뜻밖에도 선생님은 꿈 이야기를 하셨는데, 내가 화를 내며 당신께 이것저것 불만을 쏟아놓으며 항의하더라는 것이다. 물론 실제로 있을 수도 없는 일이었지만 그 당시의 내 심리상태가 선생님의 꿈에서 너무나 잘 표현되어 속으로는 놀랐었다. 선생님은 껄껄 웃으면서 술을 권하시며 그렇게 많이 힘드냐고, 여러 가지 격려의 말씀을 해주셨던 것

과학자는 이렇게 태어난다

이 지금도 기억난다.

지금은 엠허스트에 가도 단풍색이 그렇게 고와 보이지 않지만 당시에는 링컨 애비뉴의 아름드리나무들이 쏟아내는 단풍색이 실로 장관이었다. 하지만 나는 그 광경에 한눈팔 새도 없이 괴스만연구소(Goessmann lab)의 허름한 지하에서 열분석에 매달려야 했다.

지금이야 성능 좋은 기기가 지천에 널렸지만 그때만 해도 대학 전체에서 하나밖에 없던 열 분석기를 쓰기 위해서는 동료들이 쓰지 않는 밤 시간이나 그들이 자리를 비운 주말을 이용해야 했다. 덕분에 주중은 물론이고 주말에도 거의 실험실에서 밤을 새우는 일이 많았다. 그렇게 며칠 동안 밤을 새워 얻은 자료를 가지고 가면 선생님은 "무슨 데이터가 이래? 다시 해봐, 합성은 제대로 된 거야?"라고 꾸지람만 하셨다. 정신없이 매달려서 얻은 결과를 인정받지 못했을 때의 상실감은 말로 표현하기도 힘들 정도였다. 선생님 꿈에 나타난 내 모습은 그 당시 답답하던 내 상태가 잘 표현되어 나타난 것이라 볼 수 있다.

당시에 크리스(현재 코넬대학 교수)와 월터란 친구도 선생님께 박사학위 논문을 지도받고 있었는데, 그들의 상황도 나와 별반 다르지 않았다. 대학원생들 사이에서는 연구에 대해서 매우 철저하고 매서운 선생님의 성정이 이미 알려질 대로 알려져 있었다.

주말도 없이 이어지는 실험일정의 강도가 점점 더해지자 여기저기에서 볼멘소리가 터져 나오기 시작했고 실험실 분위기도 날카로워졌다. 특히 간간한 크리스는 숨을 씩씩대며 선생님과 한판 붙기라도 할 태세

였지만 선생님은 오히려 "그렇게 해가지고 무슨 연구냐?"라며 타박만 주셨다.

실험실의 불만 어린 분위기를 아시는지 모르시는지 급기야 선생님은 주말에도 나와서 학생들의 실험을 챙기기 시작했고, 그 때문에 실험실 분위기는 더욱 험악해졌다.

현재 코넬대학 교수인 크리스는 고분자 재료 분야의 선두주자로 국제 사회에서도 그 명성이 대단하다. 최근 학회 모임에서 만나 옛날이야기를 꺼냈더니 "힘들었지만 정말 많은 것을 선생님께 배울 수 있었다. 오늘의 나를 있게 해주신 분!"이라며 선생님께 진심으로 감사한다고 했다. 그 시절을 함께한 친구들 모두 그렇게 생각하지 않을까?

해박함, 카리스마, 자상함 그리고 열정

나는 선생님과 사모님에게 운전을 배웠다. 일찍이 아내가 미국 가기 전에 운전을 배워두라고 했지만 바쁘다는 핑계로 미루고 미루다가 결국은 선생님 내외분을 고생시키고 말았다. 지금 생각하면 은근히 겁이 많으셨던 선생님이 사모님과 번갈아 가며 조수석에 앉아 내 운전연습을 도왔으니 고맙고 죄송스런 마음뿐이다. 덕분에 면허는 쉽게 딸 수 있었다.

그후 나는 염치 불구하고 도움이 필요할 때마다 선생님께 의논을 드렸다. 특히 대학에서 보직을 맡아 중요한 결정을 내려야 할 때마다 선생님의 선견지명이 얼마나 큰 도움이 되었는지 일일이 열거할 수도 없을 정도다.

선생님을 닮고 싶은 부분은 한두 가지가 아니다. 기초과학의 모든 부문을 넘나들며 각 부분을 접목시키는 해박한 지식, 빠른 판단력으로 명석한 결론을 내리는 합리적 카리스마, 어떤 사람과도 눈높이를 맞추고 편안하게 대화하는 인간적인 면모까지 모두 닮고 싶다. 지금도 선생님은 제자들이 낳은 아이들의 이름까지 일일이 불러주는 자상함을 보여주신다.

선생님은 40여 년 전에 처음으로 액정 고분자를 국내에 소개하고 이 분야에 커다란 획을 그으셨다. 전도성 고분자, 분자 전자재료를 거쳐 최근에는 DNA를 이용한 나노재료 및 이의 자기 특성을 연구하여 세계 각국의 많은 학회로부터 플레너리 또는 키노트 연사로 초빙되어 쉴 틈이 없으시다. 국내외 과학계에서 많은 상을 수상하신 것은 물론 국제학회에서 거침없이 하이킥을 날리는 모습을 뵈면 감동을 넘어선 자부심마저 느껴진다.

아직도 우리에겐 젊은 시절의 카랑카랑한 모습으로만 기억되는 선생님이 정년하시던 때도 지난 일이 되었다니 그저 감회가 새로울 뿐이다. 하지만 지금도 선생님은 젊은이들 못지않은 열정으로 학문에 임하시며 그야말로 나이는 숫자에 불과할 뿐이라는 것을 몸소 보여주고 계신다.

이런 분께 많은 가르침을 받고 있는 나는 정말 복이 많은 사람이다. 오래전에 열반하신 송광사의 방장 구산스님과 더불어 진정일 선생님은 내 삶의 정신적 지표를 점지해주신 선지식으로 자리잡고 있다. ✺ 조병욱 _전 조선대학교 부총장

실험은 자리에 앉아서 하는 게 아니야

진정일 교수님을 처음 뵌 것은 대학 3학년 때였다. 평소 우리 과에 콧수염을 기른 교수님이 계시다는 소문을 듣고 늘 뵙고 싶다고 생각했는데, 어느 날 내 눈앞에 콧수염을 기른 분이 지나가는 것이 아닌가! 황급히 달려가 인사를 드렸는데 그분이 진정일 교수님이셨다.

그 후 대학원 입학 상담을 하기 위해 교수님 연구실을 방문하게 되었는데, 그것이 벌써 35년 전의 일이다. 참으로 긴 세월 동안 교수님의 끈끈한 사제의 정을 누려왔다.

실험은 자리에 앉아서 하는 게 아니야

1984년에 박사과정에 들어가면서 새로운 인생이 시작되었다. 교수님은 상대적으로 어린 나이에 박사과정에 진학한 내가 경험이 부족하고 미덥지 못하다고 여기셨는지 내내 긴장을 늦출 수 없도록 채찍질을 하셨다. 가끔은 내가 기간 내에 학위를 못 받을 것처럼 으름장을 놓기도 하셨다.

원래 유학을 계획했던 내가 교수님 밑에서 박사과정을 밟게 된 이유는 교수님께 지도를 받으면 웬만한 외국 대학에서 학위를 받는 것보다 나을 것 같다는 나 자신의 확신 때문이었다(실제로 나는 박사과정 중에 국내에서는 최초로 《매크로몰큘스(Macromolecules)》지에 논문을 게재할 수 있었다). 그래서 해외로 유학을 왔다는 생각으로 실험도, 논문도, 학과공부에도 최선을 다하겠다고 다짐했다. 이는 연구도 잘하고 학점도 잘 받아 교수님께 인정받고 싶다는 유아적 열망이기도 했다.

박사과정 첫 학기 어느 날 환류실험장치를 걸어놓고 틈틈이 책상에 앉아서 학과공부를 하고 있었다. 그때 교수님이 오셔서 "한 번에 한 가지 실험만 하지 말고 가능하면 동시에 여러 가지 실험을 해야 한다"고 말씀하셨다. 그것은 석사과정 동안 한 번도 지적받지 않은 사항이었다. 나는 이것이 박사과정이구나 생각하며 이미 설치한 환류장치 옆에 새로운 환류장치를 하나 더 설치하고 다시 앉아서 공부를 계속했다.

그런데 교수님이 다시 오셔서는 실험을 더 하라고 요구하시는 게 아닌가! 실험실에 있는 거의 모든 초자를 설치하여 나머지 사람들이 실험할 여지가 없는 상황이 되어서야 교수님은 더 이상 실험을 종용하지 않으셨다. 교수님은 실험실에서는 자리에 앉아 있을 시간이 없을 정도로 여러 가지 일을 바쁘게 진행하라는 무언의 압력을 보내신 신호였다.

여러 개의 실험을 동시에 진행하는 법에 익숙해져가던 어느 날, 몇 가지 장치를 설치하고 잠시 화장실에 다녀왔는데 그동안 교수님이 나를 찾으신 모양이다. 실험실에 들어서자마자 교수님은 "박사 하려는 자가 그렇게 엉덩이가 가벼워서 되겠어?"라고 꾸중을 하셨다. 실로 당황스러웠지만 교수님은 많은 것이 부족했던 나를 진정한 의미의 박사로 만들려고 하셨다. 한 번에 한 가지 일밖에 못하던 나는 그 후로 여러 가지 업무를 동시에 하려고 노력하지만 아직까지도 힘든 숙제이긴 하다.

그후 실험실에서 더 이상 학과공부를 할 수 없었기에 집에 돌아가서 밤늦도록 학과공부를 하곤 했다. 당시 박사과정 학생들은 보편적으로 학점보다는 연구에 더 신경을 썼던 터라 학과공부까지 신경을 쓴 나는 좋은 성적을 받을 수 있었다.

그러나 만약 교수님의 질책이 아니었다면 연구와 학점 어느 것 하나 완벽하게 해낼 수 없었을 것이다. 덕분에 자신의 능력을 향상시키기 위해 사용하는 시간은 그 누구도 마련해주지 않는다는 소중한 가르침을 얻을 수 있었다.

교수가 된 지금에서야 뒤늦게 깨달은 '가르침'이 하나 있다. 그 당시 교수님은 철저한 본보기를 보여주신 후 내게 지적을 하셨다는 사실이다. 교수님은 방학, 공휴일은 물론이고 때론 명절에도 연구실에 나오시곤 하셨지만 그때마다 "내가 바빠서 그러니 너희들끼리 알아서 해라"고 하시며 교수님의 눈치를 볼 법한 우리를 배려해주셨다.

실제로 당시 당신께서는 대학보직 및 학회 임원 등의 업무를 감당하시면서 국내외 학술회의에 꾸준히 참가하셨고, 국제적 유수 학술저널에 연속적으로 논문을 투고하시고 강의에도 충실하셨으며, 명절 때면 재학생들을 모두 댁으로 초대하여 만찬을 베풀기도 하는 등 실로 여러 가지 업무를 동시에 성공적으로 경영하고 계셨다.

교수가 된 후 열심히 연구실에 나오기 위해 노력해보았지만 생각처럼 잘되지 않았으니, 그때의 교수님처럼 당당하게 큰소리칠 입장이 못 되는구나 싶은 생각에 새삼 부끄러워진다.

선입견 없이 받아들여진 실험결과

박사과정에 진학하자마자 석사학위 논문의 연구결과가 미흡했음을 알게 되었다. 그래서 연구결과를 다시 검토하기 시작했다. 당시 논문 과제는 나프탈렌기의 치환 위치를 바꾸어 가면서 반유연성 방향족 폴리에스터를 만들어 액정성을 조사하는 것이었다. 여기에서 비선형 치환 위치를 갖는 2,3-나프탈렌을 주사슬에 포함하고 있는 고분자가 액정상을 나타내는 것처럼 보인다는 납득하기 어려운 결과가 나왔다. 석사과정 때 배운 짧은 지식으로도 액정상은 주로 선형 막대형 분자 모양에 기인하여 형성된다고 알고 있던 터라 그 결과를 쉽게 받아들일 수 없었다.

나는 DSC로 가열했다 냉각하는 실험을 반복했는데 녹음 흡열 후에 더 높은 온도에서 상대적으로 작은 흡열 피크가 하나 더 나타났다. 하지만 합성한 고분자의 분자량이 그리 높지 않아 고분자의 열적 성질이 열적 역사에 따라 너무 크게 변해서 쉽게 결론을 내릴 수 없었다. 즉 다중

녹음 전이 현상을 보였고 DSC 가열 횟수에 따라 그 양상도 크게 달라졌다. 그래서 피셔-존스(Fisher-John's) 녹는점 측정 장치 및 편광 현미경으로 녹는점을 확인했는데, 녹는점은 예상대로 DSC 피크 온도 값과 일치했다. 그러나 편광 현미경상으로 시료를 여러 가지로 조작해보아도 애초에 기대했던 네마틱상의 전형적인 광학조직은 관찰할 수 없었다.

확신이 안 서는 상태에서 교수님께 실험결과를 말씀드렸더니 교수님은 아무 의심 없이 결과를 믿어주시고 오히려 그 사실을 강조하여 논문을 집필하셨다(1991년에 유사한 연구결과를 보고한 일본의 마츠나가 교수보다 무려 7년이나 앞섰지만 우리나라의 연구가 일본보다 임팩트가 낮은가 보다).

새로운 실험결과를 거부감 없이 받아들이는 교수님의 학자적 태도는 이후 내가 동일 분야를 연구하면서 실험결과를 대하는 태도에 전적으로 귀감이 되었다. 이처럼 선입견을 버리고 실험결과를 있는 그대로 받아들일 줄 아는 진정한 과학자에게, 하느님이 태초에 창조한 자연의 원리를 하나라도 제대로 깨달을 수 있는 특권이 주어지는 것은 아닐까?

최이준 _ 금오공과대학교 신소재시스템공학부 교수

접힌 스크린을 펴?

연구실의 3당

처음 연구실 생활은 누구에게나 무척 낯설겠지만, 나 또한 예외는 아니었다. 군대를 갔다 왔다지만 소위 방위(요사이 용어로 공익이 적당할까?)를 다녀온 터라 나에게는 처음 집을 떠난 생활이 석사과정과 함께 1996년에 시작되었다. 그 당시 선생님의 연구테마는 크게 3가지였다. 우리는 그것을 액정당, NLO당, EL당이라 불렀다. 액정당에는 용국 형의 총책임하에 가장 많은 멤버들이 있었고, NLO당은 거의 형윤 형의 독무대였으며, EL당은 나를 포함하여 성재 형과 승욱이까지 총 3명이었다.

OHP가 문제였어

지금 생각해보니 그 당시 모든 일처리의 가장 큰 특징은 PC를 기반으로 하는 디지털과 옛날 아날로그 방식의 공존이었다. 예를 들어 논문은 pdf 파일로 볼 수 있었지만 학교의 인프라가 좋지 않아 어디에 부탁을 해야 했고, scifinder 서비스가 있었지만 학교에는 계정이 없었다. 이러한 일들은 다른 경우에서도 마찬가지였다. 그 때문에 실험실 출근 첫날부터 자주 한 일은 복사집 심부름이었다. 그 당시는 파워 포인트를 이용한 빔 프로젝터보다 소위 OHP(overhead projection)라 불리는 장치를 사용했으며, 발표할 내용을 얇은 투명필름에 복사한 뒤 빛을 비추는 방식이 더 일반적으로 사용되었다.

선생님께서는 당시 그룹 연구토론 미팅 내 발표에서도 OHP 필름을 사용하셨다. 내가 석사과정을 밟는 동안 실험실원 숫자가 열 명 이하로 줄어든 적이 한 번도 없었고, 또 선생님의 잦은 출장과 매주 발표로 힘든 시기였다. 한 학기에 석사는 두 번, 박사는 한 번 정도의 발표를 했었던 것 같다. 선생님의 발표자료 제작 또한 만만치 않은 작업이었다. 주로 용국 형이나 컴퓨터를 잘 다루는 승욱이가 실험실에서 PC 작업을 하면, 나는 그 파일을 들고 복사집에 가서 OHP 필름을 떠왔다. 파워포인트는 그 자리에서 바로 수정이 가능하나 OHP 필름의 수정은 내가 반드시 복사집을 들르지 않고는 불가능했다.

그때 졸업한 선배님이나 박사과정 형들에게 가장 자주 들었던 이야기 중 하나가 선생님이 연세가 드시면서 "예전 같지 (무섭지) 않으시다"라는 것이다. 하지만 이는 군대가 예전 같지 않다는 것과 비슷한 말이지 나에게 선생님은 항상 두려움의 대상이었다. 어느 날 그룹 미팅에서 내가 잔뜩 긴장한 채 발표하고 있을 때, 선생님께서 "기영아, 왼쪽 아래가 잘 안 보인다, 좀 펴봐라"라고 말씀하셨다. OHP 필름의 단점 중 하나는 필름이 쫙 펴지지 않고 모서리 부분이 말려 올라가기 때문에 초점이 맞지 않고 말려 올라간 부분이 흐릿하게 투영되는 것이다. 그럴 때마다 동전으로 필름의 모서리를 고정하곤 했다. 그 순간 나는 선생님의 말씀에 너무 긴장하여 OHP 필름을 고정하지 않고, 투영된 스크린 부분의 흰 천 왼쪽 아래 부위를 펼치려고 하였다. 순간 엄숙한 회의장에서 폭소들이 사방에서 터져 나왔다. 발표장은 순식간에 웃음바다가 되었지만, 이런 바보가 따로 있나⋯ ☀ 권기영 _ 경상대학교 화학과 교수

선
생
님
과
의

행
복
한 인
연

선생님의 문하생이 되다

2000년 여름부터 선생님과의 인연이 시작되었다. 석사과정 동안 선생님은 나에게 한국과학기술연구원에서 바이오 관련 실험을 진행하라고 말씀하셨다. 이곳에서 실험을 했던 2년 동안에는 그룹미팅이 있는 날이나 학과 수업이 있는 날에만 고분자 연구실을 방문하여 선생님을 뵐 수 있었다. 그때마다 선생님은 연구실과 실험실을 분주하게 오가며 선후배들과 실험에 관한 토론을 하셨다. 실험실 분위기는 그야말로 긴장감이 넘치고 있었지만 선생님은 오랜만에 나를 보실 때마다 "왔니?" 하시며 온화한 얼굴로 불러주시곤 하셨다. 하지만 곧바로 "요즘 실험은 어떻게 돼가고 있어?" 질문으로 나를 긴장하게 만드셨다.

다른 연구(나는 바이오 관련 실험을 하고 있었다.)를 하고 있는 나에게 그룹미팅은 고분자를 심도 있게 배울 수 있는 유일한 시간이었다. 반대로 발표를 맡은 당사자에게 선생님과의 미팅은 항상 긴장되는 시간이었다. 선생님께서는 매번 실험결과에 대해 엄청난 양의 질문을 하셨기 때문이다. 미팅이 끝나갈 무렵에는 다른 학생들을 위해 직접 설명을 해주셨다. 선생님께서는 영어의 중요성을 학생들이 깨우치도록 그룹 미팅을 영어로 발표하게 하셨다. 한국어로 발표를 해도 선생님의 엄청난 지적에 당황할 텐데 이걸 영어로 한다니 생각만으로도 가슴이 두근거린다. 그때 발표를 맡은 학생들은 며칠 전부터 밤을 새워가며 준비했었던 기억이 난다. 결과적으로는 영어발표에 능력이 생겨 미국에서의 박사 후 연구원 생활이 조금은 수월했다. 이렇듯 선생님께서는 학생들에게 많은 준비를 하게 하셨다. 그만큼 열정적으로 연구하셨던 선생님의 모습은 지금도 많이 그립고, 현재 내가 나의 인생을 열정적으로 살고 있는지를 반성하게 하는 거울이 되었다.

박사과정의 불행한 시작

한국과학기술원에서의 석사과정을 마치고 선생님의 직접적인 가르침을 받기 위해 고분자 연구실로 돌아와 박사과정을 진학하게 되었다. 박사과정은 석사 때와 전혀 다른 생활이다. 선생님께서는 매우 어려운 실험을 맡겨주시며 항상 후배들의 실험도 같이 토론하면서 이끌어줘야 한다고 말씀하셨다. 선생님의 기대에 부응하기 위해 하루하루 밤을 새워가며 열심히 실험에 몰두했다. 그럼에도 나의 시련은 크게 다가오고 있었다. 한 학기가 채 끝나기도 전에 유기용매에 알레르기 반응이 생기면서 나의 얼굴은 심하게 부어오르고 있었다. 이제 막 박사과정을 시작했고 결혼을 앞둔 나는 인생에서 중대한 선택을 해야만 하는 갈림길에 서게 되었다. 화학이라는 학문을 그만두어야 하는가 아니면 휴학을 하고 쉬다가 몸이 괜찮아지면 다시 시작을 해야 하는가 고민을 하던 차에 선생님은 유기용매를 사용하지 않는 다른 연구실로 가는 길을 추천해주셨다.

새로운 길을 열어주신 선생님

따라서 박사과정은 고체화학을 전공하게 되었다. 연구분야를 바꿔 새롭게 실험하는 일이 당시에는 매우 고되고 힘들었다. 하지만 선생님께서는 뵐 때마다 힘을 내서 실험할 수 있도록 용기와 격려를 보내주셨다.

석사과정을 마친 지 10년이 지났다. 화학자로서의 첫발을 내딛는 시간에 진정일 선생님을 스승으로 모셨다는 자부심과 끝까지 곁에 있지 못했다는 아쉬움이 남는다. 결과적으로는 고분자와 다른 연구를 하게 됐지만 고고회의 일원으로서 선생님의 학문에 대한 열정과 욕심, 그리고 제자들을 사랑하시는 마음만은 가슴 깊숙이 새기며 살고 있다. ☀ 하형욱 _ 개인사업가

과학자는 이렇게 태어난다

지금은 고분자 시대

고교시절부터 고분자에 빠지다

1999~2000년, 내가 고등학교 재학시절 대학교별 입시 설명회 및 현직 교수님들의 강연 등을 보기 위해 부산에서 서울까지 몇 차례 올라온 적이 있었다. 여러 과목의 교수님들을 거쳐 연세 지긋하신 한 교수님이 고분자화학을 설명해주신다고 한다.

지금이 무슨 시대냐고? 당황스러운 질문이다. 그런데 뭐라고 대답해야 되는 거지? 정보화 시대? 세계화 시대? 뭔가 확실한 답은 생각나지 않는다. 그때 교수님께서 스스로 대답하시는구나. 고분자 시대라고. 이건 뭐지?

'고분자'라는 단어가 내 머릿속에 처음으로 의미 있게 들어온 날이었다. 우리가 알고 있듯이 인류의 시대를 나타내는 말은 항상 당시의 인류가 주로 사용한 재료를 담고 있다. 그렇지만 정보화 시대, 세계화 시대, 산업화 시대 등은 잠깐의 흐름을 보여주는 단어일 뿐, 역사적으로 시대를 구분하는 역할을 하지 못한다. 결국 우리 인간은 석기시대, 청동기 시대, 철기시대만을 거친 것뿐이었다. 그런데 20세기 말 고분자 재료의 사용이 철의 사용량을 넘어섰다고 한다. 그렇다면 이제 인류는 '고분자 시대'에 들어선 셈이다.

고분자화학 과목

2004년, 고려대학교 화학과 4학년이 된 나는 '고분자화학'이라는 과목을 수강 신청했다. 굳이 들을 필요가 없는 전공 선택 과목인데 왠지 끌리는 마음에 신청하게 된 수업이었다. 첫 수업 시간이었다. '지금은 무슨 시대일까?' 정년이 3년밖에 남지 않은 교수님이 수업 첫 시간 학생들에게 던져주신 첫 화두였다. 갑자기 머릿속이 멍해진다. 마치 영화에서나 보던 것과 같은 그림이 떠오른다. '나는 화학과에서 고분자화학을 전공할거야!'라고 말했던 고3 때의 내 모습이 나타났다가 사라졌다. '고분자 시대'라고 정답을 이미 알고 있었지만 멍해진 마음에 차마 입 밖으로 꺼내지는 못했다. 대학교 4학년이 되었던 그 해 여름에 학부 인턴 연구원으로 내 첫 고분자연구실 생활이 시작되었다. 더불어 그렇게 시작된 진정일 선생님과의 인연은 나의 많은 부분을 바꾸어놓았다. 관심 있는 연구분야가 새롭게 설정되었다.

커피 화학을 공부하러 독일로 유학을 떠나다

처음으로 내 관심 분야가 새롭게 바뀌게 되었다. 그 누구도 만들지 않은 세상에서 단 하나의 물질을 만들어내고, 그 누구도 가보지 않은 길을 헤쳐 나간다는 자부심은 내가 고분자 연구실에 들어온 이유였다. 진정일 선생님은 이제까지 화학계에서는 신경도 쓰지 않았던 고분자를 현재 바이오 연구와 함께 화학 연구의 두 축으로 세우신 대한민국 고분자 분야의 보배이시다. 그 덕분에 고분자화학 은 이미 커져 있어서 나만이 할 수 있고, 내가 이끌어 나갈 수 있는 분야는 거의 찾을 수 없었다.

그렇지만 선생님의 선구자적 성향이 나에게도 영향을 끼친 것일까? 너무도 많은 사람들이 투신하기에 오히려 나에게는 고분자에 대한 흥미가 떨어져 버렸다. 나는 남들이 가지 않은 새로운 길에 도전하고 싶었기 때문에 석사 이후에 내가 연구하고 싶은 분야를 찾느라 정말 여러 가지 분야를 경험했다. 그제야 관심 분야를 정할 수 있게 되었고, 바리스타 자격증까지 딴 후에 커피성분에 대한 연구를 진행하러 독일로 박사과정 유학을 결정하게 되었다.

감사할 줄 아는 사람

나는 선생님께서 꾸준히 강조하셨던 기업체의 연구경험, 즉 사회가 필요로 하는 내용을 담은 연구는 현대를 살아가는 과학자가 해야 할 일이라는 말씀을 머리에 새기고 있었다. 따라서 석사과정을 마치고 바로 유학을 떠나거나 국내에서 박사과정을 밟은 후 전문연구요원으로 병역의 의무를 다하기보다는 석사 졸업 후 바로 국내 기업 연구소에서 3년여 동안 국방의 의무를 이행하기로 했다. 기업의 분위기, 기업이 요구하는 사항, 기업과 학교와의 차이점 등 기업체에서만 할 수 있는 경험을 쌓자고 당분간의 진로를 결정했다.

2년간의 석사시절 동안 특별히 기억에 남는 부분은 선생님께서 사회에 대해 감사하는 태도를 지니고 계시다는 점이었다. 국내에서 역사가 오래된 기업체 중 하나였던 삼양그룹이 사회 환원의 일환으로 우수 과학기술, 인문과학 연구자들을 장려하기 위해 수당상을 수여하고 있었다. 2006년에 교수님은 수당상의 수상자가 되셨을 때 무려 1억이나 되는 포상금을 그대로 학교에 기부하셨다. '고려대학교 화학과에서 30년간 지내왔기에 얻을 수 있는 연구성과로 받은 상인데, 어찌 개인적으로 쓸 수 있겠냐'는 이유에서였다. 지금의 내가 있기 위해서는 나 혼자만의 노력이 아니라 부모님, 학교, 사회 등 주변 환경의 도움이 있기에 생기는 당연한 감사함을 나는 그제야 깨닫게 되었다. 그래서 나 역시 처음 회사에 들어가면 받은 2개월간의 월급을 한 푼도 쓰지 않고 부모님과 사회에 되돌려주겠다고 마음먹었고, 부모님과 내가 졸업한 초등학교에 적게나마 내가 이만큼 클 수 있었던 것에 감사함을 표현할 수 있었다.

어찌 이 고마움을 갚을까

그러나 내가 그렇게도 많은 영향을 받은 선생님께는 특별히 아무것도 드리지는 못했다. 제자들이 훌륭히 커나가는 것 자체만으로도 만족하는 분임을 알기에, 내가 내 분야에서 열심히 하는 것이 선생님께는 가장 큰 선물이 되리라. 이미 선생님께서는 대한화학회, 한국고분자학회를 거쳐 세계화학회의 다른 이름인 IUPAC 내 고분자 분과, 거기다가 최종적으로 IUPAC 전체 회장까지 역임하셨기에, 화학 분야에서 한 명의 과학자가 받을 수 있는 인정과 업적은 거의 다 이룬 분이다. 이제는 선생님의 역할로서 세계적으로 인정받게 해드릴 때라고 생각한다. 이미 나에게는 150명 가까이 되는 고분자 연구실 선배님, 선생님의 제자들이 있으며, 그분들이 쓰고 있는 논문을 합하면 하루 평균 한 편 이상이다. 그만큼의 훌륭한 제자를 길러내신 선생님이 몇이나 될까?

나도 벌써 30대가 되었지만 여전히 선생님의 가장 어린 제자이기에, 나름의 젊은 패기를 가지고 선생님께서 그동안 이루신 업적에 '진정일 선생님'이라는 타이틀을 더해드리고 싶다. 30년 후에 누군가 선생님을 소개할 때 '이승훈의 지도교수님'이라는 말이 선생님의 많은 업적 중 하나로 기억될 수 있도록 고분자 연구실의 마지막 일원으로서 부끄럽지 않은 삶을 살겠다. ☀ 이승훈 _ 독일 유학 중

"즐거움을 좇아 일하는 사람은 그 누구도 이길 수 없단다. 결과에도 엄청난 차이가 나지."

선생님의 이 말씀은 내게 큰 촉진제가 되었다. 나는 폴링(Poling) 장치도 직접 만들어보고, 하고 싶은 것은 모두 해보았다. 내가 천방지축 날뛸 때마다 선생님은 잔잔한 미소를 지으며 격려해주셨고, 일이 막힐 때는 문제를 푸는 실마리가 될 만한 한 마디씩을 던져주셨다. 그렇게 선생님의 감독 덕분에 과학이라는 건물의 기초공사를 튼튼히 할 수 있었다.

회사에서 분자를 설계하고, 합성하고, 소자도 만들고, 측정도 하고, 완성된 재료는 작은 회사에서 양산도 한다. 그렇게 만든 물질은 전자제품에 적용되어 국내는 물론 외국으로 수출도 된다. 지금 사회에서 일하는 방식은 예전의 실험실 때와 다를 것이 하나도 없다. 즐거움을 좇아서 일하는 것도 똑같다. 예전에 선생님이 만들어준 기초공사의 튼튼한 뼈대 위에 열심히 살을 붙여 나가고 있는 중이다. 기초공사가 탄탄하기에 비바람이 불어도, 태풍이 몰아쳐도 뼈대는 흔들리거나 무너지지 않을 것이다. 그리고 이 공사는 연구를 그만두는 날까지 계속 진행될 예정이다.

4

즐거운 기억

'자, 지난 시간에 배운 이 화합물의 특성이 뭐지? 그리고 왜 그렇지? 그럼, 이 화합물을 어디에 응용할 수 있을까?'

선생님의 질문에 지난 시간의 내용을 기억하느라 쩔쩔 매던 우리는 매번 꾸지람을 들어야 했다.

"너희들 머릿속에는 배운 지식들이 각기 다른 방에 놓여 있어. 그래서 물리화학 A, 유기화학 A를 받아도 그 두 가지 지식이 함께 섞여서 도대체 응용이 되질 않아. 두 가지가 함께 해야 참다운 과학을 할 수 있는데 말이야. 그런 지식들은 그냥 버려지는 지식이야. 섞으라고, 제발! 화학자는 물리도 알고 전자공학도 알아야 해."

고분자화학과
함께한 43년

열악한 대학 실험실

43년 전인 1974년 8월 30일, 나는 8년을 떠나 있던 고국에서 과학자의
꿈을 마음껏 펼치겠다는 희망에 설레는 가슴을 안고 고려대학교 화학과
부교수로 부임했다. 국가에서 유치 과학자로 초청해 귀국 비용까지 혜
택 받았기에 고국의 과학과 교육 선진화를 앞당기는 데 혼신을 다하여
공헌하겠다는 각오로 한껏 들떠 있었다.

첫 학기는 낯선 환경에 적응하는 한편 강의에 쫓겨 다니느라 어떻게
지나갔는지 생각도 나지 않는다. '앞으로 어떤 연구를 수행할까?' 고민
을 했지만 답은 쉽게 나오지 않았다.

당시 한국은 미국과 비교해서 연구여건이 많이 뒤처져 있었다. 미국
에서는 학부 학생들도 유기화학 실험시간에 적외선(IR) 분광기를 자유

롭게 사용하고 있었지만, 당시 우리 학교에는 제대로 돌아가는 적외선 분광기조차 없었다. 또한 모든 실험실 유리(초자) 기구를 충격과 열에 잘 견디는 파이렉스로 만들어 쓰던 미국과 달리 우리나라는 그렇지 못하였다. 도서관에 비치된 학술잡지도 턱없이 모자랐다.

더구나 정부도 교수들에게 연구비 지원을 하지 않았고, 지금처럼 연구비를 지원해주는 재단도 없었다. 연구실이라고 나에게 배당된 공간은 텅 빈 조그만 실험실뿐이었다. 모자라는 것이 너무나 많은 열악한 상황이었다. 대학원 학생이라야 석사과정 10여 명에 박사과정 두어 명 정도였으니 미국식 대학원 교육은 불가능한 상황이었다.

실험실의 열악함을 보여주는 단적인 사건 하나를 살펴보자. 고려대 화학과를 샅샅이 뒤져서 진공 증류 세트를 찾아냈는데, 진공 펌프 오일을 국내에서 구할 수 없다는 사실을 알고선 실망에 빠졌다. 암담했다. 고려대 화학과가 생긴 이래 진공 증류를 한 번도 해본 적이 없다니! 코르크와 고무 스토퍼에 열심히 구멍을 뚫어보았지만 그것으로는 진공 증류를 할 수 없었다.

그러던 중에 행운의 기회가 찾아왔다. 미국에서 만난 적이 있는 한국과학기술연구소(현재 KIST, 한국과학기술원) 한상준 소장을 뵙기 위해 연구소를 방문했는데, 한 소장은 나에게 KIST의 객원 연구원을 겸직하여 화학부의 손연수 박사팀 연구에 부분적으로 참여할 것을 권했다. 당시 KIST의 연구 분위기나 시설은 대학과는 비교할 수 없이 월등하게 좋았고, 연구인력도 단연 한국에서 최고였다. 그리하여 KIST에서 진공 증류 유리기구 한 세트를 얻어 실험을 시작할 수 있게 되었다.

　이듬해 3월 변회섭, 박유미 군이 내 연구실에서 석사과정을 공부하겠다고 찾아왔다. 나보다 3년 전에 부임해 온 최동식 교수가 아마도 내 선전(?)을 해준 모양이었다. 나의 첫 제자들은 참으로 열심히 연구에 임했다. 두 사람은 실리콘유 대신 콩기름을 항온조유로 사용하였고, 한 세트밖에 없던 파이렉스 진공 증류 세트는 서로 돌아가면서 사용했다. 연구에 필요한 비스(β-클로로메틸) 비닐 포스포네이트를 일부 합성하기도 했으나 연구에 필요한 양을 모두 합성하기란 여러모로 어려웠다. 다행히 미국의 스타우퍼 화학사(Stauffer Chemical Co). 동부 연구소에서 함께 일했던 김기수 박사(재미)에게 부탁해 이 화합물을 공급받아 연구를 수행할 수 있었다.

스타우퍼 사와의 인연

스타우퍼와의 인연은 내가 가장 소중히 여기는 추억의 보고라고 할 수 있다. 케네디 대통령이 취임한 후 소련이 세계 최초로 인공위성 스푸트닉 호를 우주궤도로 보내자 미국은 그 충격으로 과학기술에 대한 투자를 획기적으로 늘리기 시작했다. 과학기술자의 수요가 크게 증가해 외국인 박사학위 소지자들의 취업도 비교적 쉬워졌고, 이른바 그린카드도 쉽게 얻을 수 있었다. 하지만 내가 미국에서 박사학위를 받던 1968~1969년의 상황은 나 같은 외국인 유학생에게는 최악이었다. 많은 신출내기 박사학위 소지자들이 취업을 하지 못해 장학금을 받으며 같은 지도교수 밑에서 박사후 연구생(postdoctoral research fellow) 노릇을 하기도 했는데, 공공연히 박사후 학생(postdoctoral student)이라는 말도 사용되었다.

박사학위 심사 일자(1969년 4월 23일)는 다가오고 아내의 배는 불러오고 있는데 오라는 곳이 없어 조바심이 났다. 그러던 중 스타우퍼 사에서 8월 15일부터 근무하라는 낭보가 날아왔다. 뉴욕 시 북쪽 허드슨 강변의 덥스 페리라는 작은 동네에 위치한 스타우퍼 화학사 동부 연구소는 나에게 평생 잊지 못할 실용적인 연구경험을 안겨주었다. 5년 동안 PVC 중합(서스펜션 및 에멀션 중합), 아크릴레이트 중합, 난연제 및 난연화, 황의 가교화 등을 연구하며 즐겁게 보냈다. 비교적 짧은 기간 안에 능력을 인정받아 승진도 하고, 그 사이 아들도 둘이나 생겼으며, 바쁜 중에도 기업경영(Business Management) 통신과정을 수료하여 연구-개발-생산-판매 경로에 대한 것도 많이 배웠다. 실용적인 지식과 응용 연구의 재미에 푹 빠진 5년이었다.

그러던 중 고려대 화학과에 재직 중이던 후배 최동식 교수에게서 귀국 권고를 받게 되었다. 마침 유타대 교수로 있던 김성완 박사도 고려대에 재료공학과가 신설되어 가기로 했다며 함께 귀국하자고 했다. KIST, 국방과학연구소의 한상준, 심문택 소장도 초청 의사를 보내왔다. 서울대 공대에서 인하대 화학과로 옮긴 이익춘 선생님(고교 1학년 때의 담임)께도 접촉이 되어 있었다. 고민에 고민을 거듭한 끝에 한국으로의 귀국 의사를 밝히며 연구소장 지그프리트 알처(Siegfried Altscher) 박사에게

과학자는 이렇게 태어난다

사직서를 제출하였다. 그러나 그는 사표를 되돌려주며 이렇게 말했다.

"정(미국에서는 '정'이라고 불렸다), 네가 한국을 떠나온 지 꽤 오래됐는데 아무리 한국이 많이 성장했다고 해도 귀국 후 다시 적응하는 것이 쉽지 않을 수 있다고 생각하네. 우리 회사는 그간 '정'의 우수한 기여에 감사하고 다시 우리에게 돌아오기를 바라는 뜻에서 최장 3년까지 무보수 휴직을 허락하겠으니 휴직원을 써오게!"

그리고는 다시 돌아오라는 의미의 환송회를 해주었는데, 그 환송회는 지금도 내 기억 속에 생생하게 남을 만큼 감동적이었다. 매년 휴직을 연장하라는 연구소장의 말에 따라 1년 후에 다시 1년을 연장하였고, 2년 후에는 결국 우편으로 사직서를 보내 스타우퍼와의 공식적 인연을 끊었는데 지금 생각해도 그것은 결코 쉽지 않은 결정이었다.

대학원 교육 강화에 역점을 두다

막상 귀국해보니 한국의 정치상황은 여전히 불안했다. 더구나 어찌된 일인지 매월 한 번씩 인근 파출소 형사 내지 파출소장이 집으로 찾아와 이런저런 심문(?)을 하고 돌아갔다. 마지막에는 경찰이 집을 나서며 "교수님, 걱정 마시고 조용히만 계십시오"라는 말을 던지기까지 했다. 지금도 그렇지만 평생 정치운동에는 관여치 않은 내가 그런 수모를 겪어야 한다는 사실이 마뜩지 않았고, 부모님, 여동생, 남동생을 비롯한 우리 여덟 식구의 일상도 순탄치 않아 안팎으로 매우 힘든 나날을 보내야 했다.

하지만 학교생활만큼은 나를 활기차게 만들었다. 선배 교수들의 인간미는 여러모로 나를 감동시켰고, 강의에 남다른 재미도 느꼈다. 학생들의 호응도 나를 크게 고무시켰다. 고려대 화학과를 연구의 메카로 만들겠다는 집념으로 애쓰던 최동식 교수와 함께 대학원 교육 강화에 역점을 두었다.

학생들에게 아침 일찍 연구실에 나와 있을 것을 요구했고 최동식 교수와 아침 7시에 각 연구실을 돌아다니며 출석을 체크했다. 지금 생각해 봐도 너무 지나치지 않았나 싶다. 모든 석·박사과정생이 참여하는 주간 세미나 프로그램도 새로 시작하였고, 대학원생에게 필요한 과목이 있다면 새로 공부해서라도 여러 과목을 가르쳤다. 어느 학기는 학부와 대학원생을 위해 5개 과목을 강의한 때도 있었는데, 정말 말도 안 되는 일이었다.

내 평생의 동반자 고분자화학

나는 평생 실험화학, 특히 유기합성이 수반되는 고분자화학 연구에 관심을 기울여왔다. 아무도 만들어본 적이 없는 새로운 고분자를 합성하고 그 구조를 확인한 후 여러 가지를 조사하여 화학구조-특성 간의 상관관계를 수립하는 일이다.

고려대에 부임한 초기에는 비닐 화합물의 공중합 특성을 연구했으나 그리 오래가진 못했다. 상이동 촉매를 이용한 새로운 중합법에도 관심이 있었지만 1979~1980년에 미국 매사추세츠대학 고분자학과에서 연구년을 지낸 후부터 액정 고분자 연구에 전념하게 되었다. 초기의 액정

과학자는 이렇게 태어난다

관련 연구는 매사추세츠대학의 렌츠(Robert W. Lenz) 교수와 함께 수행했는데, 당시의 연구 업적이 널리 알려져 지금도 많은 이들이 나를 액정 고분자 과학자로 본다. 1986년에는 『액정 중합체』라는 단행본을 대우학술총서로 발간했는데, 이 책은 지금까지도 액정 고분자의 고전으로 읽히고 있다.

연구년을 마치고 귀국한 후에는 장진해, 최이준 교수와 강충석 박사 등이 우수한 연구를 수행하여 미국 화학회 학술지인 《매크로몰큘스》에 논문을 게재하기도 했다. 지금이야 국제 학술지에 논문을 발표하는 것이 새삼스러울 것도 없지만 1980~1990년대에 국내의 연구결과를 국제 학술지에 싣는 것이 그렇게 쉬운 일은 아니었다.

장진해 군의 연구에 대한 열정과 노력은 나에게 큰 힘이 되었다. 그는 후배들의 연구도 돌봐주어 액정 연구가 오랫동안 계속될 수 있게 뒷받침해주었다. 그는 농과대학을 졸업하고 화학과에서 석·박사학위를 받았으며 지금은 금오공대에서 나노 복합재료 연구에 몰두하고 있는데, 근면과 노력이 무엇을 가져다줄 수 있는가를 보여주는 자랑스러운 제자다. 미국, 유럽, 일본 등의 여러 대학 및 학술대회에 초청받아 국내에서 행한 액정 고분자 연구결과를 뽐낼 수 있었던 기분 좋은 기억이 지금도 생생하게 되살아난다.

액정 연구가 진행되는 동안 연구진의 크기와 연구비 수혜액이 커짐에 따라 연구영역도 넓힐 수 있게 되어 1980년대 중반부터 전도성 고분자에 관한 연구를 시작하게 되었다. 함께 연구할 물리학자를 물색하다가

서울대 물리학과에 봉직하게 된 박영우 교수에게 접촉해 뜻을 함께하게 되었다. 10년 후배인 박 교수는 열린 마음으로 연구에 임했고 우리는 여러 편의 논문을 함께 발표했다.

박 교수는 매우 우수한 물리학자로서 대한화학회 및 한국고분자학회에도 자주 참석했고, 미국 펜실베이니아대학 물리학과에서 대표적 전도성 고분자인 폴리아세틸렌 연구로 박사학위를 받았다. 그의 업적으로 지도교수인 앨런 히거(Alan Heeger) 교수가 2000년에 노벨화학상을 받기도 했다. 전도성 고분자인 공액 고분자(polyconjugated polymer)는 전기 전도성뿐만 아니라 비선형 광학 특성 및 발광성 고분자도 포함되어 있어 지금까지도 연구가 계속되고 있다.

한국과학기술원의 심홍구 박사와 한화의 이영훈 박사, 도미 중인 박치균 박사 등이 초기 연구에 크게 공헌했고, 현재 도미 중인 정성재 박사, 프린스턴대학에서 연구 중인 홍영래 박사, KIST의 김경곤 박사, 삼성전자의 이동원 박사, LG필립스 LCD의 차순욱 박사 등이 발광물질 연구에 크게 기여했으며 이들의 논문은 비교적 자주 인용되고 있다.

ISI의 통계에 의하면 내 논문은 지난 30년 동안 3500여 회 인용되었지만, 국내에서 이루어진 연구에 한정한다면 아마도 2000여 회 정도가 될 것이다. 렌츠 교수와 함께 연구한 액정 고분자에 관한 초기(1980~1984) 논문 중 일곱 편이 1000여 번 정도 인용되었으니 이 통계를 보면 왜 나를 액정 고분자의 개척자로 보는지 이해가 된다. 전기발광 물질 및 나노과학 연구 관련 논문에서는 정성재, 차순욱, 김경곤, 이동원 박사의 연구가 비교적 많이 인용되고 있다.

학술지에 실린 논문의 중요도는 다른 연구자들이 얼마나 많이 인용하는가로 평가되며, 비슷한 연구주제에 얼마나 많은 과학자가 참여하는가에 따라 좌우된다. 논문의 인용도가 과학적 지식의 중요성과 항상 비례하지는 않지만 연구의 질을 평가할 척도는 될 수 있기 때문이다. ☀ 진정일 _ 고려대학교 융합대학원 석좌교수

연탄난로의 추억과 선생님의 눈물

진정일 선생님을 처음 뵌 것은 1975년 여름방학 중 대한화학회에서 주관한 일반화학 실험교재 개발준비 워크숍에서였다. 그때 선생님의 발표를 아주 인상 깊게 들었다. 그 후 김태린 교수님 밑에서 석사과정을 공부하던 김진희 선생의 소개로 진 교수님을 다시 뵈었는데, 흔쾌히 지도교수가 되어주시겠다고 하여 다음 해 3월에 박사과정을 시작하게 되었다.

연탄난로의 추억

당시 실험실에는 두 명의 대학원생이 있었는데, 현재 뉴욕에 있는 변회섭 박사와 동아대 교수인 박유미 교수가 그들이다.

　변회섭 박사는 유기합성을 아주 잘했을 뿐만 아니라 전자공학을 전공한 친구라 기계도 잘 다루어서 1970년대의 열악한 우리 실험실을 꾸미는 데 일등공신이었다. 나도 단위체 합성과 원소 분석에서 많은 도움을 받았다. 그는 피아니스트인 부인과 슬하에 남매를 두고 뉴욕에서 행복하게 지내고 있다. 몇 년 전 미국을 방문했을 때 변 박사 집에서 대학원 시절 고생했던 이야기를 나누며 밤을 지새운 적도 있다.

박유미 교수는 화학보다 철학을 좋아하고 늘 엉뚱한 생각과 말을 하던 재미있는 친구였다. 그 친구는 한동안 학교에서 숙식을 해결하며 공부를 했는데, 때로는 선생님 연구실에서 늦잠을 자다가 출근하던 선생님과 마주쳐서 난처해한 적도 있다. 또 언젠가는 제대로 빨지 않은 양말을 드라이 오븐에 넣었다가 태워서 실험실에 고약하고 괴상한 냄새를 피운 적도 있다.

당시 실험실에서는 겨울에 연탄난로를 사용했다. 그때는 연탄난로 과열과 연탄가스 중독으로 인한 사고 소식이 신문 사회면에 심심치 않게 등장하던 시절이었다. 에테르 같은 인화성이 큰 유기용매를 많이 쓰는 실험실에서 연탄난로를 사용했으니, 지금 생각해도 정말 아찔하다.

우리는 가정에서 사용하는 19공탄이 아니라 업소에서 사용하는 32공탄 대형 연탄을 사용했는데, 화재에 대한 걱정보다 어떻게 하면 불씨를 꺼뜨리지 않고 적절한 때에 연탄을 갈 수 있을까를 고민했다. 우리 실험실은 다른 연구실에서 늘 불씨를 얻어갈 정도로 연탄불을 꺼뜨리지 않는 방으로 유명했다. 밤늦게 집에 돌아가기 전에 연탄을 갈아두면 다음날 아침까지 불이 꺼지지 않았다.

그런데 아직 덜 때서 두 장의 연탄이 꼭 붙어 떨어지지 않을 때가 있었다. 이때는 꼭 붙은 두 장의 연탄을 복도로 가지고 가서 분리해야 했는데, 그게 쉽지 않았다. 연탄집게로 하다가 안 되면 칼로 분리하는데 잘못하면 칼이 망가지거나 연탄 두 장 모두 깨지기도 했다. 시커먼 연탄 보관함과 먼지투성이의 연탄재 함이 늘어서 있는 복도의 풍경을 요즈음 대학원생들은 상상이나 할 수 있을까?

선생님의 따뜻한 눈물

당시 진 선생님은 34세로, 배가 약간 나오긴 했지만 동안이라 버스 안내양이 학생으로 착각하여 거스름돈을 내어줄 정도였다. 진지하게 실험과정을 설명하던 선생님의 모습은 지금도 눈에 생생하다. 봇물처럼 쏟아져 나오는 해박한 지식과 독창적인 아이디어, 깊이 있는 선생님의 열정적인 강의는 나를 완전히 사로잡았다. 하지만 나를 진정으로 사로잡은 건 선생님의 강의가 아니라 인간적인 따뜻함이었다.

1982년 5월, 과학재단에서 시행한 해외파견 연수 프로그램에 선정되어 출국을 준비하던 중 엄청난 시련이 찾아왔다. 98%의 시신경이 파괴되어 정상인으로 생활할 수 없는 절망적인 상황을 맞은 것이다. 교수로서, 화학자로서의 내 삶이 무너지는 순간이었다. 그때 절망의 깊은 수렁 속에 있는 나에게 베풀어주신 선생님의 격려와 배려가 아니었다면 오늘의 나는 존재할 수 없었을 것이다. 선생님은 고고회의 원로 회원들과 술을 드실 때마다 내 이야기를 하며 여러 번 눈물을 흘리셨다고 한다. 그제야 내가 선생님을 찾아뵐 때마다 늘 약주를 드셨던 이유를 깨달을 수 있었다. 선생님은 내 앞에서만은 눈물을 보이지 않으려고 노력하셨던 것이다.

선생님은 나의 영원한 스승이시다. 모든 것이 부족한 나로서는 그저 스승의 모습을 우러러보며 그대로 닮고자 노력할 뿐이다. 제자에 대한 애틋함으로 눈물을 흘리신 선생님, 그 따뜻한 눈물에 담겨 있던 사랑을 내 제자들에게도 그대로 전해주리라 다짐해본다. ☀ 이수민 _ 전 한남대학교 명예교수

선
생
님
의

흰
봉
투

5월에는 무척 많은 것들이 생각난다. 한해 중 가장 많은 생각을 하고 가슴이 뭉클한 순간을 맞는 때가 5월이 아닌가 싶다. 그중에서도 '스승의 은혜' 노래가 울려 퍼질 때면 선생님에 대한 감사의 마음에 가슴이 뭉클해지며 눈가에는 촉촉이 이슬이 맺힌다. 아마도 대학원 생활을 하며 얻은 보석처럼 소중한 가르침과 감사의 기억이 내 안에서 살아 숨 쉬고 있기 때문이다.

열심히 하는 자를 당할 자는 없다

대학시절 창조적인 일에 관심이 많았던 나는 그 덕분에 현재까지 생활의 방편이자 나와 우리 가족의 자부심이 된 고분자화학이라는 분야에 발을 들여놓게 되었다. 1986년 겨울, 대학원 합격통지를 받은 후 진정일

과학자는 이렇게 태어난다

교수님을 찾아뵈었다. 사전에 후배를 통해 경쟁이 치열해서 실험실에 들어가기 어렵다는 점과 실험실 분위기, 교수님의 성향 및 주의할 점 등을 전해들은 터라 상당히 긴장한 채였다. 허나 선생님의 첫 말씀에 이내 긴장이 풀어지고 말았으니, 무척 의외이면서도 앞으로의 대학원 생활을 충분히 짐작하게 해주는 한마디였다.

"너는 덩치가 크고 건강해 보여서 마음에 든다."

내가 고등학교 때까지 씨름선수였다는 사실을 아는 사람은 별로 없을 것이다. 전국체전 서울지역 예선에서 준우승까지 했고, 그때 딴 메달은 아직도 소중하게 보관하고 있다. 하지만 씨름은 몸으로 부딪쳐야 하는 일이라 그다지 고상해 보이지 않아서 대학원 진학을 했는데, 나를 어리둥절하게 만든 선생님의 말씀에 담긴 깊은 뜻은 무엇이란 말인가. 아니, 실험실에서 막노동을 하는 것도 아닐 텐데 왜 내 덩치가 마음에 든다고 하실까? 그 후 이어진 6여 년의 실험실 생활은 선생님의 그 말씀을 충분히 설명해주고도 남았다.

교수님은 특별한 일이 없는 한 아침 8시 10분을 전후로 가방을 들고 실험실에 출근하여 학생들의 실험결과를 챙기셨다. 이렇게 부지런하신 선생님에게 칭찬까지는 아니더라도 꾸중을 듣지 않기 위해서는 최소한 8시까지는 등교하여 일과를 시작해야 했고, 그 일과는 밤 10시가 넘어서야 끝이 났다. 대학원에 다니는 동안 연달아 이틀을 쉰 기간은 새해가 시작되는 1월 1일과 2일이 전부였던 것 같다. 이렇게 힘들었던 생활들은 현재의 삶에 소중한 밑거름이 되었다.

교수님은 열심히 하라는 채찍질의 의미로 다소 거칠게 이렇게 말씀하시곤 했다.

"죽자고 열심히 하는 놈에게는 당할 자가 없다."

그 후 내 생활신조는 '천재는 노력하는 자를 이길 수 없고, 노력하는 자는 즐기는 자를 이길 수 없다'가 되었다. 늘 반복되는 일상생활에서 매너리즘에 빠질 염려가 있을 때마다 교수님이 해주신 소중한 말씀들을 떠올리게 된다.

인생의 동반자를 만나다

석사과정을 졸업한 후 곧바로 박사과정을 시작했다. 실험을 하다가 지칠 때면 이공대 캠퍼스 내 애기능을 보며 심신을 달래곤 했다. 그곳은 낮에는 낮대로 밤에는 밤대로 많은 구경거리(?)를 제공해주어서, 밤이 되면 좀 더 흥미로운 장면을 보겠노라고 동료들과 농대 옆 동산까지 순찰을 돌기도 했다. 지금은 공터가 거의 없을 정도로 건물들이 가득 들어차서 안타깝기까지 하다.

비가 부슬부슬 내리던 가을 어느 날, 실험을 정리하고 유기화학 조교로서 농대 학생 일곱 명을 지도하러 갔다(화학과 학생들과 시간이 맞지 않아 따로 지도를 해야 했는데, 학생들은 이에 대해 자주 고마움을 표시했다). 5층 강의실에서 내려다보이는 애기능의 풍경과 데이트를 즐기고 있는 한 쌍의 학생들에게 한눈이 팔려 있을 때 한 학생이 무드를 깨고 말을 걸어왔다.

"선생님! 오늘같이 비 오는 날에는 소주에 삼겹살 혹은 막걸리에 파전이 생각나지 않으십니까?"

"물론 그것도 좋지만 나는 데이트를 즐기는 저 학생들이 더 부럽다."

학생들은 이렇게 괜찮은 남자에게 어떻게 아직도 애인이 없을 수 있냐며 아부성 발언을 쏟아놓았다. 그런 차에 한 학생이 흥미로운 제안을 해왔다. 수업을 듣는 일곱 명의 학생이 차례대로 나에게 소개팅을 시켜주겠다는 것이었다.

1987년 12월 2일, 첫눈이 내리던 날 첫 번째 소개팅을 했다. 소개해준 학생과 같은 동아리에 있던 여학생이었다. 한 번 두 번 만나다 보니 정이 들어 두 번째 소개팅을 할 필요가 없게 되었다. 물론 지금은 그 여학생과 결혼하여 잘 살고 있는데, 가끔은 그때 차례대로 다 소개받지 못한 것이 못내 아쉽기도(?) 하다.

부모님께 아내를 소개시키자 집에서는 결혼을 서두르기 시작했다. 무척이나 고민이 되었다. 우선 능력 없는 학생이 결혼을 한다는 것이 많은 부담이 되었고, 무엇보다 박사과정 중이라 선생님이 결혼을 허락해주시지 않을 것이라 생각했다. 어머니에게도 그렇게 핑계를 댔더니 정말 선생님을 찾아뵈어 당황하기도 했다. 시간이 흘러 1990년 9월 15일, 김정환 군과 같은 날 결혼식을 하게 되어 선생님과 많은 선후배들을 분주하게 만들었다. 정환이 부부와는 제주도로 신혼여행도 함께 갔고, 지금은 비슷한 또래의 아이들을 키우고 있다.

가끔 학교를 찾아가면 옛 모습을 보기 힘들어 아쉬운 마음이 많이 드는데, 그나마 즐겨 데이트하던 레스토랑 한 곳이 남아 있어 마음의 위안이 된다. 스승님과 선후배들과 몸으로 부딪치며 지낸 실험실 생활, 그 와중에 만난 인생의 동반자, 그들과 함께한 추억들을 떠올리며 늘 감사한 마음으로 살아가고 있다.

선생님이 건네준 봉투

선생님은 연구실 운영에 필요한 돈은 물론 가끔 우리들에게 용돈도 주시는 씀씀이를 보이셨다. 1980년대 당시만 해도 많은 교수님들이 연구비를 직접 관리하여 학생들이 연구활동에 지장을 받기도 했다. 하지만 선생님은 방장인 나에게 연구비를 관리하게 하셨고, 연구비가 바닥 나면 통장에 직접 송금을 하시기도 했다. 선생님의 형편도 그다지 넉넉하지 않았을 텐데 내색 한 번 하지 않으셨다. 정말이지 참스승이라고밖에 달리 표현할 말이 없다.

박사과정을 마칠 즈음에 위기가 찾아왔다. 독일의 세계적인 학자인 베그너 교수님 그룹에서 박사후 과정을 하기로 되어 있었는데, 집에서 하던 사업이 잘못되어 집안 형편이 급격하게 어려워진 것이다. 이런 상황에서 나만 독일로 갈 수 없다고 생각해 선생님께 박사후 과정을 포기하겠노라고 말씀드렸다. 선생님은 따뜻한 격려와 함께 도움이 되는 방향을 제시해주셨고, 선생님의 도움으로 막스플랑크 연구소에서 2년 동안 생활하게 되었다.

막스플랑크 연구소에 있을 때 선생님이 만드신 한-독 공동 심포지엄이 연구소에서 열리게 되었다. 자랑스럽고 반가운 마음에 열심히 준비에 동참했고, 아내도 김밥, 잡채 등 먹을거리를 준비하는 데 힘을 쏟았다. 짧은 행사기간 동안 선생님은 많은 것을 가르쳐주셨고 세심한 충고도 잊지 않으셨다. 넉넉하지 못한 형편에 경황도 없었던 터라 귀국길에 선물도 준비하지 못했는데 사모님이 아내에게 봉투를 건네주시는 게 아닌가! 그 봉투를 보며 나중에 아내 몰래 눈물을 흘리고야 말았다. 선생님도 그리 넉넉한 형편이 아니었는데 아이까지 있는 제자의 사정이 딱해 보여 그냥 지나칠 수 없으셨던 모양이다.

그때 마련한 유모차로 당시 한 살이던 딸과 한참 후에 태어난 아들을 잘 키웠다. 그 후에도 여러 번의 힘든 고비와 시련을 만날 때마다 선생님이 건네준 흰 봉투를 떠올리며 이겨냈다. 앞으로도 선생님이 주신 격려와 용기를 떠올리며 인생의 파도를 헤쳐 나가리라 다짐한다. ☀ 강충석 _ 코오롱 CPI사업부 부장

학생은 공부하는 사람이야

"두현아! 이 논문 읽어봤어?"

"…."

"무슨 학생이 선생보다 공부를 더 안 해? 학생은 공부하는 사람이야!"

약 20년 전의 일이다. 갑자기 화장실에서 선생님이 뛰어나오셨다. 허리도 제대로 추스르지 못하고 한쪽 바짓단은 양말 속에 들어가 있는 상태로 손에는 논문 한 편을 쥐고 계셨다. 급하게 나를 찾은 선생님은 "이 논문 읽어봤어? 이 논문 봐라, 이렇게 하면 되지 않을까?"라고 말씀하셨다. 출간한 지 보름도 안 된 논문을 들고 화장실에서 뛰어나오신 선생님의 열정에 놀라 아무 말도 할 수 없었다.

당시 나는 폴리 옥세탄(poly oxetane)을 이용한 액정 고분자 합성을 하고 있었는데, 고분자 합성이 제대로 되지 않아 무척이나 마음고생을

과학자는 이렇게 태어난다

하고 있었다. 졸업논문 심사 일주일 전까지도 고분자 합성이 안 되어 애를 태우던 때였는데, 선생님이 건네준 논문 한 편이 나를 살려주었다.

'아! 그렇구나. 이 화합물은 중합체(Polymer)가 되지 않을 수도 있겠구나! 입체 장애(Steric hinderance)가 클텐데….'

나는 부랴부랴 시뮬레이션을 통해 선생님이 주신 아이디어를 검증했다. 그리고 이 분자에서는 고분자가 될 수 없으며 소중합체(Oligomer)만이 합성 가능하다는 것을 증명하여 겨우 졸업논문을 마칠 수가 있었다. 아마도 고분자화학 연구실에서 고분자가 아닌 올리고머를 만들어 졸업한 사람은 나밖에 없다고 믿는다.

선생님은 이렇듯 항상 제자들을 부끄럽게 만드셨다. 시험 보는 학생보다 더 열심히 공부하셨고, 화장실에서조차 손에서 논문을 놓지 않으셨기에 선생님 앞에서는 늘 부끄러운 마음이 들었다. 선생님의 열정을 배우고자 이때부터 나도 화장실에서 학문에 힘을 쓰는 버릇(?)이 생기게 되었다.

사고 전환의 중요성을 깨닫다

"저희 화학과로 오세요. 올해 한국 과학상을 우리 과 진정일 선생님께서 수상하셨어요."

1991년 고려대학교 화학과 접수창구 앞. 물리학과와 화학과 중에서 어디로 가야 할지 결정하지 못하던 나는 91학번 선배의 한마디에 화학자로의 첫 발걸음을 내딛게 되었다. 그때 만약 물리학과를 선택했다면 어찌됐을까 하는 생각에 지금도 가슴을 쓸어내리곤 한다.

그렇게 입학한 후 4학년이 되어서야 진정일 선생님의 '고분자화학' 수업을 듣게 되었고, 이 수업시간에 사고 전환의 중요성을 깨닫게 되었다.

"자, 지난 시간에 배운 이 화합물의 특성이 뭐지? 그리고 왜 그렇지? 그럼, 이 화합물을 어디에 응용할 수 있을까?"

선생님의 질문에 지난 시간의 내용을 기억하느라 쩔쩔 매던 우리는 매번 꾸지람을 들어야 했다.

"너희들 머릿속에는 배운 지식들이 각기 다른 방에 놓여 있어. 그래서 물리화학 A, 유기화학 A를 받아도 그 두 가지 지식이 함께 섞여서 도대체 응용이 되질 않아. 두 가지가 함께 해야 참다운 과학을 할 수 있는데 말이야. 그런 지식들은 그냥 버려지는 지식이야. 섞으라고, 제발! 화학자는 물리도 알고 전자공학도 알아야 해."

선생님은 현재 과학계의 최대 화두가 되고 있는 '다학제적 과학연구(multidisciplinary science)'를 이미 20여 년 전에 예측하고 강조하셨던 것이다. 그때부터 나는 모든 화학의 응용성에 큰 관심을 갖게 되었고, 대학원 졸업 후에는 대학 동기들이 일반적으로 취업하던 화학회사가 아닌 전자회사(당시 LG전자)에 취업하여 LCD를 설계하고 개발하는 업무로 사회생활을 시작하게 되었다. 뿐만 아니라 노스캐롤라이나 채플힐에서의 박사학위 과정 중에도 유기 화합물을 이용한 광기전력전지(Photovoltaic Cell)를 연구했다.

과학자는 이렇게 태어난다

보이지 않는 사랑

"우리 애들 너무 열심히 해요. 도대체 공부하느라 집엘 안 가요."

연구결과물을 보여 드리기 위해 연구실에 갔다가 우연히 열린 문 틈 사이로 선생님의 전화 통화 내용을 듣게 되었다(선생님, 죄송합니다).

"우리 방 학생들 너무나 열심히 해요. 밤 12시에도, 일요일에도 나와서 실험해요. 집보다 실험실을 더 좋아하는 학생들이에요. 일자리 있으면 데려가서 한번 일 시켜보세요."

선생님께선 아마도 기업 리쿠르트 관계자와 통화를 하셨던 것 같다. 당시 선생님은 우리들의 나태함에 대해 한껏 꾸지람을 하셨던 터라 다들 걱정이 이만저만이 아닌 상태였다. 헌데 걱정만 하고 있던 우리와 달리 선생님은 제자들을 칭찬하며 그 능력을 치켜세워주고 계셨다. 선생님의 '보이지 않는 사랑'에 코끝이 찡해지는 순간이었다.

이렇듯 학문에 대해선 끝없는 열정으로, 제자들에 대해선 무한한 사랑으로 감싸주신 선생님. 선생님에게서 과학자로서의 삶은 어떠해야 하는지, 참다운 인생은 무엇인지를 배웠습니다. 선생님을 인생의 지표로 삼아 열심히 연구하는 과학자로서 살아가겠습니다. 감사합니다. ☀ 고두현 _ 경희대학교 응용화학과 교수

당신들과 함께한 신혼여행

화학과의 유일한 여학생

아버지는 유달리 학문을 숭상하시며 항상 학문의 길이 제일이라고 가르치셨다. 그래서 나는 자연스레 기초과학 분야를 선택하여 화학과에 입학하게 되었다. 대학시절 내내 유학을 목표로 공부했고, 졸업반이 되자마자 김태린 교수님의 유기화학 연구실에 들어가 대학원 선배들로부터 어떻게 연구하고 실험하는지에 대해 배우기 시작하였다.

4학년 1학기가 끝나갈 무렵, 막 신설된 고분자 연구실을 접하고 나자 유기합성 기초분야를 가지고 고분자에 대해 연구하고 싶다는 생각이 들었다. 그 당시 진정일 선생님은 미국에서 학위를 취득하고 미국 회사에서 연구경력을 쌓은 후 들어오신 터였다. 나는 진 선생님을 통해 고분자 분야와 아울러 가장 업데이트된 화학 분야 지식들을 배우고 싶었다.

헌데 선생님은 연구실에 여학생을 뽑지 않는다고 하시는 게 아닌가! 그 이야기를 듣고 나니 더더욱 연구실에 들어가야겠다는 오기가 생겼다. 대학원 입학시험을 친 후 당시 최동식 선생님(물리화학)의 연구실에서 면접을 보게 되었다. 순서가 되어 방에 들어가니 모든 교수님들이 신기한 듯 나를 바라보고 계셨다. 당시 화학과에는 여학생이 한두 명에 불과하다가 내가 입학하기 1년 전부터 여학생들이 늘어나기 시작했다.

진 선생님은 왜 힘든 연구자의 삶을 살려 하느냐고 물어보셨다. 헌데 그 질문이 전혀 부담스럽지 않았다. 선생님의 목소리에서 제자에 대한 따뜻함이 묻어났기 때문이다. 나는 학생들에 대한 선생님의 마음이 누구보다 따뜻하실 것이라고 믿고 무조건 선생님 연구실에 들어가서 공부를 하고 싶다고 대답했다. 다른 이유는 생각나지 않았다. 나의 단호한 결심이 잘 전달되었는지 선생님은 특유의 웃음을 보이며 "그래, 알았다"라고 말씀하셨다. 그 웃음을 보며 '이제 되었구나'라는 확신이 들면서 내 미래에 대해 희망을 갖게 되었다.

대학원에 들어온 후에는 남학생들보다 더 열심히 공부하려고 노력했다. 대학원의 유일한 여학생이었기에 선생님을 실망시켜 드리지 않기 위해 학교에서 많은 시간을 보냈다. 당시 연구실에는 고려대 출신의 변회섭 박사, 금삼록 박사, 최윤동 선배, 부산대 출신의 박유미 선배가 있었고 후배로는 이광섭 박사가 있었다. 지금은 남편이 된 정용운 박사도 나와 같이 연구실에 들어왔다.

남자들만 있던 연구실이라 분위기는 좀 딱딱했지만 역동적이었고 미래를 향한 꿈들은 여느 학생들보다 컸다. 나는 말레산 무수물(Maleic anhydride)과 스티렌(styrene)의 공중합(copolymerization)에 관한 키네틱 연구를 수행하면서 학문의 지식을 넓혀가고 있었다.

내가 추석날에도 나와 일하는 것을 보신 선생님은 그 특유의 미소를 지으며 '너는 어째 추석날에도 나와 있냐?'고 하셨다. 집에서 송편을 만들고 있어야 할 때에 웬일이냐는 의미로 말씀하셨겠지만 명절에도 나와서 실험을 하고 있는 내가 기특해 보인다는 의미가 느껴졌다.

의미 있는 신혼여행

선생님은 제자들이 분발하여 연구하도록 모든 일에 열심히 임하셨다. 고분자 과목을 가르치실 때도 최선을 다해 가르치셨고, 항상 제자리에 머물러 있지 않고 연구분야도 넓혀 나가려 노력하셨다. 그 모습에 우리들도 힘을 얻어 더욱더 열심히 연구하기 시작했다.

당시 선생님 지도를 받은 학생들 중 변회섭, 금삼록, 정용운, 나, 그리고 이광섭이 미국, 캐나다, 독일에서 박사과정을 밟았다. 나는 미국에서 결혼을 하고 남편과 함께 미시간대학 앤아버 캠퍼스에서 유기화학 합성 분야로 박사과정을 끝냈다. 1979년에 미국으로 온 후 연구실 소식을 잘 접하지 못했는데, 듣기로는 선생님께서 150여 명의 석·박사를 길러냈다고 한다. 선생님의 노고가 참으로 크셨을 것이다. 나 또한 선생님의 뒷받침을 통해 미시간대학에서는 아직까지 유일한 한국여성으로 유기화학 분야 박사학위를 취득할 수 있었다.

우리 부부가 앤아버에서 결혼할 즈음 선생님과 사모님은 매사추세츠 대학에 교환교수로 와 계셨다. 신혼여행은 미국에 있는 선배들과 함께 선생님이 계신 곳을 방문하는 것으로 대신했다. 우리는 뉴욕에서 공부하던 변회섭 박사를 만나 기차로 보스턴의 유기실에 있던 권오승 박사를 방문한 다음, 권 박사가 운전하는 차를 타고 선생님댁을 방문했다.

우리가 도착한 날이 선생님 생신이었던 것으로 기억한다. 마침 사모님께서는 주위 분들을 집으로 초대하여 선생님 생신을 축하하고 계셨는데 우리를 보고 너무나 기뻐하셨다. 사모님은 우리 부부를 대학 호숫가 근처로 데리고 가서 호수와 백조를 배경으로 신혼여행 사진을 찍어주시며 행복하게 오래오래 살라고 덕담을 해주셨는데, 특히 나에게는 여자로서 가정에서 해야 할 것들을 자상하게 일러주셨다. 내가 결혼한 후에도 계속 공부를 해야 하기에 더욱 마음을 써주신 것 같다. 사모님이 찍어주신 사진을 볼 때마다 우리 부부의 기억 속에 간직된 즐거움이 되살아나는 것 같아 마음이 훈훈해진다.

선생님께서 은퇴를 하셨다니 참으로 시간이 빠르다고 느껴진다. 남편과 내 머리에도 벌써 흰머리가 앞다투어 나오기 시작하니, 선생님만 나이를 드시는 게 아닌 듯하다. 선생님과의 즐거운 기억을 간직하고 사는 우리들처럼 선생님도 많은 제자들과의 즐거운 기억을 오래오래 간직하고 사셨으면 좋겠다. ☀ 김기용 _ 미국 Berry & Associates Inc. 선임연구원

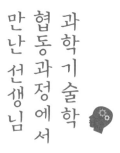

과학기술학
협동과정에서
만난 선생님

'보기만 해도 마음이 따뜻해지는 사람이 있습니다.'

진정일 교수님을 생각하면 이 광고 문구가 생각난다. 교수님은 내게
그런 존재감으로 다가오는 분이다. 교수님을 처음 뵌 것은 2000년 과학
기술학 협동과정(Science & Technology Studies, STS) 석사과정에 지원
할 때였다. 당시 심사위원 네 분이 자리에 계셨는데, 다른 대학에서 온
나에게는 무척이나 긴장되고 떨리는 자리였다. 가운데 자리에 앉아 번
뜩이는 안경 너머로 내 자료를 꼼꼼히 검토하시는 진 교수님의 모습에
서 나는 더욱 긴장했고 얼른 이 자리가 끝났으면 하는 생각이 간절했다.
그때 진 교수님이 가장 먼저 질문을 하셨던 것으로 기억한다.

"화학을 전공하였구나, 거기 아무개 교수 잘 지내니? 요즘 통 못 봐
서…. 여기서 어떤 공부를 하고 싶어 왔니?"

딱딱한 면접실 분위기는 금방 화기애애하게 변했고, 교수님은 할아버지가 손녀를 대하듯 따뜻한 말과 웃음을 건네주셨다. 그렇게 석사과정에 들어와서 박사과정을 수료하고 논문을 쓸 때까지 교수님은 늘 넉넉한 웃음과 따뜻한 관심으로 나에게 용기와 자신감을 갖게 해주셨다. 어떤 분들은 교수님이 무섭고 엄하다고 하시지만 나에게 교수님은 보기만 해도 그리고 생각만 해도 마음이 따뜻해지는 분이다.

과학기술학 협동과정

내가 공부했던 과학기술학 협동과정은 1994년에 개별 학과의 장벽을 넘어 과학기술을 둘러싼 여러 학문 간의 역동적 의사소통을 모색하기 위해 설립되었다.

과학-기술-사회의 상호관계에 대한 다양한 주제, 즉 과학사 및 과학철학, 과학사회학, 과학언론학, 과학기술정책학 등을 연구하는 본 과정은 학제간(interdisplinary) 접근방식을 통해 개방적 관점에서 과학기술을 종합적으로 고찰하는 목표를 가지고 있다. 각 전공과정에서 연구하는 분야에 대해 좀더 구체적으로 소개하면 다음과 같다.

과학사 및 과학철학(History and Philosophy of Science & Technology) 전공과정에서는 '과학사 없는 과학철학은 공허하고 과학철학 없는 과학사는 맹목적'이라는 불가분적 관계에 대한 인식에 근거해 두 분야를 융합시켜 과학기술에 관한 근본적 질문을 제기하고 그 해답을 탐구하는 학문적 역량을 배양하고 있다. 과학사의 경우 과학을 한 시대의 사상, 제도, 문화의 일부로서 과학자와 대중에 의해 산출된 지식으로 폭넓게 정의하고 그 역사적 맥락을 연구한다. 과학철학은 과학적 지식과 정보가 팽창하고 급속히 소통되는 현실에서 과학기술을 원론적 관점에서 분석하고 종합하는 철학적 비판능력을 고양시키는 데 중점을 두고 있다.

과학사회학(Sociology of Science & Technology) 전공과정은 국내외에서 학술적으로 제도화되어가는 동시에 보다 폭넓은 주제를 다루기 위해 다양한 분야의 전통과 관점들을 점차적으로 도입하고 있다. 과학기술사회학의 성장은 1960년대 이래 환경 문제, 기술위험 문제, 전쟁무기 등에서 빚어지는 과학 이중성의 심화와 크게 관련되어 있다. 과학기술사회학은 과학지식과 기술의 사회적 구성에 대한 사례 연구 및 이론화를 위한 그동안의 성과를 바탕으로 최근에는 문화 및 성(gender)에 대한 관심과 더불어 '탈식민주의' 과학기술에 대한 관심 등으로 외연을 넓혀가고 있다.

과학관리학(Policy and Management of Science & Technology) 전공과정에서는 과학기술을 과학기술자의 영역으로 제한하지 않고, 국가와 기업의 정책 및 경영활동의 영역으로 확장하여 다양하게 접근하고 있다. 여기에는 국가 단위에서 과학기술의 혁신에 효율적인 시스템을 설계하고 과학기술정책의 우선순위를 설정하는 것에서부터 과학기술이 야기할 수 있는 다양한 위험과 영향을 예측하고 대비하는 것, 기업과 같은 조직의 기술혁신을 위한 전략을 구성하고 적절한 조직체계를 설계하는 것에 이르기까지 다양한 영역이 포함된다. 이러한 영역은 일반적으로 과학기술정책, 산업정책, 기술경영으로 분류되는데, 주로 행정학 또는 경영학적 방법론에 입각해 연구되고 있다.

과학언론학(Communication and Journalism on Science & Technology) 전공과정에서는 매체기술(media technology)을 중심으로 연구하고 있다. 초기의 과학언론학이 어렵고 전문적인 과학기술의 내용을 어떻게 쉽고 제대로 대중에게 전달할 수 있는가에 초점을 맞췄다면, 지금은 과학기술을 둘러싼 커뮤니케이션 현상이 보다 복잡한 양상을 띠면서 과학언론학의 학문적 영역이 날로 확장되고 있다. 따라서 오늘날 과학 커뮤니케이션은 단순히 대중과 과학기술자 집단의 일방적 소통이 아니라, 다양한 집단 내—집단 간 커뮤니케이션, 그리고 정책 결정자나 산업과 관련된 이해 당사자 등이 개입된 복합적 형태의 커뮤니케이션 현상으로 확장되었다.

지속적인 관심과 사랑을 주신 고수님

사실 그동안 자연과학과 사회과학이라는 틀에 갇혀 학자들뿐만 아니라 사회 전반에 걸쳐 원활한 소통이 이루어지지 않았다. 현실에 대한 성찰과 급격한 환경변화로 과학기술 사회에 요구되는 새로운 역할에 대하여 과학기술을 과학기술자만의 영역으로 제한하지 않고 다양한 사회과학자들과 원활한 소통을 하는 것이 중요한 과제로 대두되고 있다.

과학기술학 협동과정은 이런 것을 해결하기 위한 학문적 시도이다. 이와 같은 과정을 소화하기 위해서는 과학과 인문학에 걸쳐 많은 지식을 쌓아야 한다. 이를 위해 우리 학교에서는 자연과학과 사회과학 분야의 교수님 두 분을 지도교수로 모시는 '두 스승' 제도를 두고 있다. 나는 석사과정 때는 진 교수님과 행정학과 안문석 교수님이 지도해주셨고, 박사과정에서는 진 교수님과 경영학과 배종석 교수님에게 지도를 받았다.

화학에서 과학기술학으로 전공을 변경하고, 석사과정을 마치고 박사과정에 이르기까지 긴 여정을 포기하지 않을 수 있었던 것은 교수님의 지속적인 관심과 사랑의 가르침 덕분이었다. 박사논문 「연구개발팀의 성과 결정요인 : HRM 지향성, 사회적 자본 및 성과 간의 관계」를 쓰고 있던 나에게 교수님은 과학기술학 논문으로서 더욱 가치가 있을 수 있고 현실적인 측면에서 좀더 적용 가능하도록 값진 조언을 해주셨다. 샘플 하나하나까지도 취해야 할 것과 버려야 할 것에 대하여 세밀하게 지적해주셨다. 머뭇거리거나 주저할 때마다 '얼른 마치고 더 중요한 일들을 해야지!'라고 말씀하시며 더욱 정진할 수 있게 용기를 주시는 교수님께 늘 마음 깊이 감사드린다. ☀ 김선우 _ 과학기술정책연구원 혁신기업연구센터 센터장

286 컴퓨터와 레이저 프린터

대학원에 입학한 1990년은 286 컴퓨터를 사용하던 시절이었다. 당시 물리화학 연구실에 두세 대의 286 컴퓨터가 있었던 반면 우리 연구실에서는 꿈도 못 꾸고 있었다. 아마도 물리화학은 학문의 특성상 계산이 많고 우리는 합성 위주의 실험을 해서 그랬을 것이다. 컴퓨터가 없어서 그랬을까? 우리 연구실은 컴맹들의 집합체로 컴퓨터를 켜면 모두들 신기하다는 듯 바라보는 게 전부였다.

그 당시에도 교수님은 외국에서도 지명도가 높아 외국 지인들에게 연락할 일이 많았고 연구논문도 아주 활발하게 발표하셨다. 그래서 연구실 막내들의 중요한 업무 중 하나는 교수님이 쓰신 편지나 논문을 들고 정경대 후문 근처의 타자 아가씨에게 타자를 부탁하러 가는 것이었다.

물론 그 일은 한 번에 끝나지 않았다. 교수님의 꼼꼼함 덕분에 하루에도 몇 번씩 찾아가서 고치고 또 고치고를 반복해야 했다.

그러던 어느 날, 물리화학 연구실에 있는 컴퓨터를 쓰면 어떨까 하는 생각이 뇌리를 스쳤다. 그 당시 나는 컴퓨터를 잘하진 못해도 한글 프로그램을 이용해 간단한 타이핑 정도는 할 줄 알았다(영훈 형이 연구실에서 그나마 컴퓨터에 대해 가장 많이 알고 있었지만, 서열상 타이핑은 연구실 막내들의 일이라 관여하지 않았다). 하루에도 몇 번씩 오가는 것이 귀찮아서 잔머리를 굴린 것인데 그것이 더 많은 일거리를 불러오게 될 줄이야!

컴퓨터로 작성한 문서가 마음에 드셨는지 교수님은 그 다음부터 컴퓨터 작업을 원하셨고, 그 일거리는 모두 내 몫이 되었다. 교수님은 박사과정 형들을 거치지 않고 내게 직접 일거리를 주기 시작하셨고, 나중에는 나도 모르는 기능까지 동원해서 문서를 작성할 것을 요구하셨다. 그렇게 고통스러운 시간을 보내던 어느 날, 드디어 타자 아가씨가 타자기 대신 컴퓨터를 이용해서 타이핑을 하기 시작했다. 다행이다 싶었다.

그런데 교수님은 학회를 다녀오셨는지, 누구를 만나셨는지 갑자기 레이저 프린터로 문서를 뽑으면 더 멋지더라는 말씀을 하셨다. 그때만 해도 레이저 프린터는 너무 비싸서 구매할 엄두도 내지 못했지만 교수님의 말씀은 곧 신의 말씀으로 곧 따라야만 했기에 레이저 프린터가 있는 곳을 수배하기 시작했다. 다행히 기초과학센터에 한 대가 있어서 그곳에서 문서를 출력할 수 있었다.

그러던 어느 날, 인도에 가게 된 교수님이 수십 장이나 되는 논문을 타이핑해서 레이저 프린터로 뽑아 오라고 하셨다. 정신없이 타이핑을 해서 교수님이 출국하기 이틀 전에 일을 끝냈는데 수정할 부분이 생겼다고 하신다. '헉! 드디어 시작됐구나.' 교수님의 꼼꼼한 지적이 시작되었다는 생각에 알 수 없는 불안감이 엄습해 오는 것을 느끼며 수정을 시작했다. 그리 간단한 수정은 아니었다고 기억한다.

다음날 오후에 수정을 끝내 교수님 댁으로 찾아갔다. 교수님 댁은 산 중턱에 있어서 찾아가는 것도 그리 쉽지만은 않았다. 숨이 턱턱 막혔지만 이제 끝났다는 생각에 가뿐한 마음으로 도착했다. 그러나 "수정할 부분이 또 있군"이라는 교수님의 말씀에 정말 땅 속으로 꺼지고 싶은 충동이 느껴졌다. 하지만 교수님 앞에서 어떻게 "저 못 하겠어요!"라고 할 수 있겠는가. 그때 학교로 돌아오는 길이 얼마나 멀게 느껴졌던지.

학교로 돌아와서 기초과학센터에 가니 레이저 프린터가 고장이 났단다. 내심 기쁜 마음에 교수님께 전화를 드렸더니 "잠깐 기다려 봐라. 서강대 화학과 아무개 교수가 레이저 프린터를 가지고 있다고 하더라. 내가 연락해줄 테니 수정한 후에 가서 뽑아 와라"라고 말씀하신다. 헉! 일이 더 커져버렸다.

결국 논문을 수정한 후 다음날 오전에 서강대에 가서 프린트를 했다. 사실 교수님이야 대부분의 교수들이 후배라서 간단히 전화 통화로 부탁만 드리면 끝나지만 찾아가는 당사자 입장에서는 상당히 눈치가 보인다. 겨우 프린트를 끝낸 후 학교로 가니 교수님은 공항에 가실 준비를 하고 계셨다. 새로 프린트한 논문을 드렸더니 그다지 만족스러운 표정이 아니셨다. '시간에 쫓겨 어쩔 수 없이 이대로 가야겠군'이라는 표정에 참으로 기나긴 여정이 끝났다는 안도감이 느껴졌다.

타이핑 작업은 육체적으로도 힘들었지만 그보다 더 힘든 것은 교수님과 단 둘이서 대면해야 할 일이 많다는 것이었다. 교수님 제자라면 가슴에 돌을 얹은 듯한 답답하고 불편한 심정을 누구나 겪어봤으리라. 입학 후 교수님 댁에서 새해 인사를 드릴 때만 해도 '이제 두 번만 여기를 찾아오면 졸업이구나!'라고 생각했는데. 웬걸! 그해 4월이 가기 전에 대여섯 번 이상은 댁에 찾아간 것 같다.

이제는 컴퓨터도, 레이저 프린터도 일반화되어 누구나 문서를 작성하고 프린트할 수 있는 환경이 되었고, 컴퓨터를 사용하던 초창기 시절의 이야기는 추억 속의 한 페이지로 남게 되었다. 힘들었던 그 시절의 페이지가 이제는 아련한 그리움으로 다가오니 나도 어쩔 수 없는 중년인가 보다. 오늘도 중년의 제자는 책상 위에 놓인 컴퓨터와 프린터를 바라보며 노년의 스승을 그리워한다. 🔅 김정한 _ 웨이커 전자재료 연구소장

과학자는 이렇게 태어난다

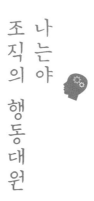

조직의 행동대원

나는 야

영화에서 조폭이 나올 때마다 떠올리는 추억이 있다. 지금도 여전히 볼 수 있는 모습. 그것을 하나 소개하고 싶다.

실험실 회식 때, 주변사람들이 의아해하는 광경이 하나 있었다. 실험실에 있는 나나 선후배들은 너무도 당연히 여겼던 그것은 선생님을 배웅할 때 모두가 둘러싸고 인사하는 일이었다. 마치 조직의 보스가 가는 것처럼 장정 10여 명이 둘러싸고 90도로 인사한다. 그리고는 선생님이 시선에서 사라질 때까지 바라보고 있다. 주변에서는 무슨 일인가 하며 힐끗힐끗 보곤 했다.

지금 그때를 생각하면 사람들의 그 시선을 즐겼던 것 같다. 내가 그 조직에 속해 있다는 사실을 자랑스러워하면서. 선생님의 지시사항은 하늘이 두 쪽 나도 이행해야 하는 큰일이었다. 그러니 선생님의 표정 하나 말씀 한 마디도 놓칠 수 없었다. 그야말로 선생님은 보스, 오야붕이었다. 랩 미팅 발표 때 선생님 말씀 한마디로 천당과 지옥을 왔다갔다하는 것은(물론 대부분 지옥으로 가지만) 너무도 당연한 일이고, 그 한마디 때문에 밤을 새며 반응을 걸고, 컬럼을 내리며 발표자료를 만들었다.

주변에서는 뭘 그렇게 유난이냐고 말하기도 했다. 그렇게까지 하지 않아도 학위를 받고 공부하는 데 문제가 없다고. 내가 그토록 보란 듯이 유난을 떠는 이유는 다른 실험실에서는 볼 수 없는 선생님에 대한 존경과 자긍심 때문이다. 지금도 내가 있었던 고분자화학 연구실과 선생님이 최고라는 알 수 없는 자신감은 여전하다.

하지만 꼭 실험실에 있던 시절 그때만 그것이 통하는 것은 아닌 것 같다. 최고라는 생각이 최고를 만들어 간다는 사실을 알게 된 것이다. 내가 속해 있는 곳(가정, 직장, 내가 속한 또 다른 소그룹)이 최고라는 생각이 최고를 만들어간다. 석사시절 얼떨결에 했던 습관들이 내가 속한 곳을 최고로 만들어가는 원동력이 되고 있다. 주변의 환경을 부러워하고 내 모습에 한탄하기보다 어떻게 더 최고의 조직으로 만들어 나아갈지 고민하고 노력한다.

지금도 나는 최고의 조직에 있는 정예 행동대원이며 때로는 보스이기도 하다. 앞으로 더 큰 조직, 더 많은 조직원들을 꿈꾸며 하루하루 열정을 키워나가다 보면, 나도 언젠간 90도로 인사하는 조직원들을 거느릴 수 있겠지? ☀ 이우근 _ LG경제연구원 책임연구원

우리 연구실은
열정이 춤추었던 곳

우리 실험실은 뜨거운 용광로

처음 연구실 문을 두드리고 들어갔을 때 나를 반갑게 맞이해준 것은 역시 시약과 용매 냄새였다. 보통 화학 실험실을 생각하면 떠오르는 냄새라서 낯설지는 않았지만, 뭔가 다른 기운이 내 몸 전체를 휘감았을 때 "이건 뭐지?"라는 의문이 들기 시작했다. 분주하게 움직이는 선배님들, 각 후드마다 열심히 돌아가고 있는 교반봉(stirring bar), 그리고 유조(Oil bath)에 달린 온도계들 저마다 실험실의 높은 열기를 대변하는 듯했다. 등줄기로 내려가는 땀을 느끼면서 조금 식상한 얘기지만 이런 곳이라면 내 열정을 쏟아부을 수 있겠다는 생각이 들었다. 또한 나를 신입생으로 선택해주신 선생님께 진심으로 감사드리는 마음이 다시금 샘솟았다. 자랑은 아니지만 전통적으로 우리 연구실은 인기가 많아 고분자 및 디스플레이, 태양광발전(photovoltaic) 등과 관련된 재료 연구에 뜻이 있는 대학생이라면 누구나 한번쯤 입성하기를 꿈꾸는 곳이었다. 그곳에 내가 있다고 생각해보면 왠지 뿌듯한 기분도 들고 처음 내 뜻을 알고 길을 제시해준 손병희 선배(사촌형)에게도 고마운 마음이 컸다. 이런 열정으로 어떠한 어려운 일도 헤쳐 나갈 수 있겠다 싶은 순간에 첫 번째 난관에 봉착하게 되었다.

아날로그적인 감수성과 디지털 마인드로 무장하신 선생님

연구실 신입생에게 적응해야 할 일은 한두 가지가 아니었다. 어느 다른 연구실에도 똑같이 적용되는 얘기지만 우리 연구실에는 우리만의 독특한 일이 한 가지 있었다. 그것은 선생님이 직접 손수 적어주신 글의 내용을 이해하고 그대로 이메일로 옮겨 발송하는 일이었는데, 처음 접하는 사람들은 적잖이 당황하고 긴장한다. 나 역시 마찬가지였다. 나의 오타 하나가 곧 선생님의 실수가 되어버린다는 생각을 하니 이메일을 쓸 때는 실험 생각도 나지 않았다. 오로지 선생님 필체를 확인하고 키보드 자판을 두드리는 일에만 몰두하던 때가 많았다. 솔직히 처음 접해보는 선생님의 필체로 알아보기 힘든 단어들도 있었다(선생님 죄송합니다^^). 모르는 단어를 물어보면 선배들은 직접 해결하라고 하면서 나를 강하게 (?) 키웠고, 작성한 이메일을 발송하기 전에 검사를 받으면 틀렸다고 혼나기 일쑤였다. 이메일 발송은 연구실에서 내공이 어느 정도 쌓이면 노하우가 생길 정도로 중요한 작업이었다. 또한 선생님이 외국 과학자들

과학자는 이렇게 태어난다

에게 보내는 장문의 영문 편지를 이해하며 영어를 익힌 경험은 평생 잊지 못할 배움이었다.

　어느 순간 혼나는 일도 거의 없어지고 선생님의 필체를 다 알아보는 시기였을 때쯤 겪었던 일이 있었다. 후배들에게 보내는 선생님의 따뜻한 마음이 담긴 장문의 글을 타이핑할 때였는데 글의 내용과 종이에 적힌 선생님의 아날로그적인 감수성이 적절하게 어울리는 분위기에 매료되었고, 결국 이메일 작업도 멈춘 채 편지를 끝까지 읽고 말았다. 요즘 같은 디지털 홍수 속에서 종이에 적힌 글이 따뜻한 감동을 줄 수 있다는 걸 몰랐던 상황에서 겪은 일이라 아직도 기억에 남을 만큼 인상적이었다.

　선생님은 학생들이 컴퓨터로 작업하여 제법 그럴듯한 일을 해내면 칭찬을 아끼지 않으셨다. 시대의 흐름이 급변하는 상황에서 선생님은 신세대들의 디지털 생활방식을 이해하고 그것을 업무에 적용하려는 모습을 많이 보여주셨고, 특히 포토샵 작업으로 이미지를 처리하는 아이디어도 많이 주셨다. 예를 들어 등산하는 선생님의 뒷모습 이미지를 오솔길에 합성하여 선생님이 이야기하려고 하는 주제를 표현했던 적도 있었고, 외국 교수님의 사진을 그분이 좋아하는 장소 이미지 안에 넣어서 선물한 적도 있었다. 또한 선생님께서는 앞으로의 디지털화되는 과학기술의 발전방향을 얘기해주시면서 학생들에게 당부의 말씀도 많이 하셨다. 이처럼 다양한 분야에 열정을 갖고 임하시는 선생님의 모습을 보고 반성과 다짐을 많이 했었고, 그러면서 연구실 생활에 적응해 나가고 있을 때 졸업논문이 걱정되기 시작했다.

연구는 실패의 반복, 끊임없는 열정만이 성공의 열쇠

처음 진행한 연구과제는 마이크로웨이브(Microwave)를 이용한 중합반응이었다. 다소 생소해 보였던 이 실험은 실험용기에 용질을 넣고 용매로 물을 넣어서 잘 봉합한 다음 전자레인지의 마이크로웨이브를 이용해 고분자로 합성하는 방법이었다. 빠른 반응 때문에 고분자 합성에 성공만 하면 장점이 굉장히 많은 실험이었다. 그러나 반응조건도 다양하게 해보고 대전에 있는 한국화학 연구소 장비도 이용해보았지만, 결국 고분자 합성은 안 되고 소중합체까지만 합성되었다.

목표를 달성하지 못한 내 자신에게 실망하고 있던 순간, 선배님들과 선생님은 용기를 불어넣어 주시면서 이런 일들은 내가 살면서 앞으로 많이 겪을 테니 실망하지 말고 새로운 목표를 성공할 수 있는 밑거름으로 삼으라는 격려를 해주셨다. 이를 계기로 선생님께서 졸업논문 과제로 선정해주신 이축 네마틱(Biaxial Nematic) 액정에 관한 실험을 선배님과 선생님의 도움으로 성공할 수 있었고, 무사히 졸업할 수 있게 되었다. 우리 연구실의 마지막 석사… 그리고 영원한 막내로서 선생님께 배운 지식과 정신을 잃지 않고, 앞으로 살아갈 창창한 날에 바로미터로 삼아 후에 내 인생 후배들에게도 소중한 이야기를 해줄 수 있는 사람으로 성장해 나가길 다짐해본다. ☀ 김원택 _ LG 디스플레이 연구소 선임연구원

운
사 명
다 의
리
타
기

대학원 생활의 삼박자, 선생님, 선배 그리고 동기

2001년 1월 겨울 나의 고분자 연구실 대학원 생활은 설렘 반 기대 반으로 시작되었다. 호랑이 같은 선생님을 중심으로 워낙 많은 선배들이 포진해 있었기 때문이다. 막상 현실은 소위 막내들이 해야 할 일들이 하달되면서 긴장의 연속이었다. 석사 2년차 선배들은 이상야릇한 미소와 함께 고장으로 쌓아두었던 로터리 펌프를 풀어 헤치고 각종 허드렛일을 알려주면서 만면에 미소를 잃지 않았다. 그로부터 1년 후(후배들이 들어온 후) 나 또한 선배들에게서 보았던 희열의 미소를 짓고 있었다.

대학원 생활이 즐거운 추억으로 기억될 수 있는 이유는 선배 형들과 동기들이 있었기 때문이다. 선배 형들의 과도한 보살핌을 받아 숙취로 쓰린 속을 참아가며 실험할 때도 많았지만, 끈끈한 정으로 무엇이든지 도움을 받을 수 있었다. 또한 옆에는 마음이 통하는 동기들이 있었기에 무사히 대학원 생활을 마칠 수 있었다. 무엇보다도 공존할 수 없을 것 같은 인자함과 엄격함으로, 그리고 단순히 지식의 전달자가 아닌 인생의 선배로서 지표를 보여주신 선생님의 지도가 있었기에 사회의 구성원으로서의 자리를 잘 잡을 수 있었다. 이 글을 빌어서 선생님과 연구실 선배님들께 감사의 마음을 전하고 싶다.

운명의 사다리 타기

얼마 후 앞으로의 대학원 생활을 하는 데 있어 중차대한 사건이 있었으니 연구 테마를 정하는 일이었다. 대학원 입학 동기는 세 명이었고, 주어진 연구 테마도 액정, 유기 EL, 그리고 스핀 교차(spin cross over) 세 가지였다. 신입생 세 명이 세 가지 테마를 하나씩 나누어 맡기로 했다. 액정과 유기 EL 관련 테마는 기존에 해오던 연구였기 때문에 거부감이 없었지만, 문제는 스핀 교차였다. 선생님의 남은 임기 동안 역점 사업이 되리라는 얘기만 있을 뿐 베일에 가려져 있던 스핀 교차를 하겠다고 섣불리 자원하는 사람은 아무도 없었다. 결정할 시간이 하루 더 주어졌지만 결국 신입생 세 명은 합의점을 찾지 못하고 눈치만 보는 상황이었다. 이를 보다 못해 답답해진 박사과정 순욱 형은 특유의 고음으로 상황을 정리하였다. "야 너네들 사다리 타."

이렇게 해서 사다리가 그려졌고(그 당시 방장이었던 박사과정 경곤 형이 사다리를 그려주었던 걸로 기억한다.) 선생님이 아직까지 모르시는 운명의 사다리 타기가 시작되었다. 긴장된 순간 탄성이 터져 나왔고 결국 내가 스핀 교차에 당첨되고 말았다. 곧 선생님께 각자 맡게 된 연구 테마를 보고하기로 했다. 난 그 자리에서 차마 사다리를 타서 스핀 교차를 맡게 되었다고 말씀드릴 수 없었기에 당당히 "제가 스핀 교차를 하겠습니다"라고 말씀드렸다. 아마 지금까지도 선생님은 내가 자원해서 스핀 교차를 맡은 것으로 알고 계실 것이다. 이제라도 선생님께 제가 스핀 교차를 하게 된 것은 이러한 내막이 있었고 자발적이 선택이 아니었음에 죄송하다는 말씀을 드리고 싶다.

나의 스핀 교차 연구는 예상대로 고난의 연속이었다. 합성 설계도 갈피를 잡지 못했고, 마지막에 합성한 고분자(polymer)도 다리결합(cross-linking)이 일어나 용매에 녹지 않아 쓸모없게 되었다. 결국 혼합(blending) 방법으로 필름을 만들어 특성분석(characterization)을 한 후 석사논문을 쓸 수 있었지만 지금 생각해도 참 어려웠던 순간이 많았던 것 같다. ☀ 이상욱 _ LG화학 배터리사업부 차장

지난날은 아름다워라

연구실에서의 일탈

직장과 집을 오가며 바쁘게 살아왔던 나는 아득히 먼 옛날 같은 나의 대학원 시절을 더듬어본다. 누구에게나 20대는 인생의 황금기일 것이다. 가진 건 없지만 젊음이라는 그 무엇과도 바꿀 수 없는 큰 밑천으로 인생의 목표를 정하고 한 곳만을 바라보며 전진했던 그 시절, 나는 진정일 선생님의 고분자 연구실에 있었다.

잠자는 시간을 제외하고 일주일 내내 연구실에서 지내던 그때 우리에게 사건이 하나 일어났다. 저녁 9시 즈음 실험을 끝마치고 우리는 모처럼 모여 앉아 카드 게임을 시작했다. 하필이면 선생님께서는 그날, 그 늦은 시각까지 연구하는 우리들을 격려하기 위해 연구실에 오셨다. 눈앞에 펼쳐진 광경을 보신 선생님은 뒤도 돌아보지 않고 나가셨고, 다음날

과학자는 이렇게 태어난다

선생님은 연구실을 폐쇄하겠다고 선언하셨다. 선생님은 우리가 늘 그렇게 생활했으리라 생각하지는 않으셨을 것이다. 그러나 무릎을 꿇고 몇 번의 용서를 빌어도 선생님의 화는 쉽게 풀리지 않았다. 그 이후 우리는 신성한 연구실에서 학문적 연구 이외의 것은 생각할 수 없었다.

늘 산과 같은 존재

스승은 하늘과 같다고 했듯 나는 선생님이 어렵게만 느껴졌다. 그분의 학문적인 엄격함과 학생들을 다루는 카리스마, 그래서 나에게 선생님은 늘 산과 같은 존재였다. 그러던 어느 날 선생님이 내 어머니의 편지를 받고 감동했다는 이야기를 해주셨다. 나의 고향은 충남 예산. 시골에 계시는 어머니는 아들을 제자로 받아주신 선생님께 늘 고마워하셨다. 나는 그 편지의 내용을 어머니께 여쭙지 않았지만 짐작하건대 자식을 맡기고도 찾아뵙지 못하는 어머니의 송구스러움이었으리라. 어머니의 소박한 자식 사랑과 그 작은 인사를 소중히 여겨 주시는 선생님. 따뜻함이 느껴지던 순간이었다.

　졸업 후 한국보다는 미국에서 지낸 기간이 많아 선생님을 자주 찾아뵙지 못했다. 한국으로 단기 출장은 갔지만 짧은 일정 때문에 오랫동안 선생님을 뵙지 못했다. 그러던 중 10여 년 전 선생님께서 미국을 방문하셨다. 뉴저지에 살고 있던 나는 반가운 마음으로 선생님과 친구 분을 저녁식사에 초대했다. 그날 저녁식사는 즐거운 추억으로 기억된다. 선생님의 학문 이외의 다양한 지식과 뛰어난 기억력 그리고 이야기를 주도

하는 친화력에 감탄했다. 그 당시 한국에서는 와인이 흔하지 않았으므로 나는 미국에 와서 와인의 맛에 입문하는 중이었다. 수입이 적은 포닥(Post-doc) 시절 진판델(zinfandel)같이 비싸지 않은 와인을 마셨지만, 선생님께서 오셨던 때는 직장이라고 나름 좋은 와인을 준비했다. 아마도 켄덜 잭슨 멀롯(Kendal Jackson Merlot)이었을 것이다. 와인에도 해박하신 선생님께서는 제자가 준비한 음료를 좋은 와인이라 하셨다. 그러나 와인의 맛과 질에 조금 더 깊이 알게 된 지금에 와서 보니 오랜만에 뵙는 선생님께 더 좋은 와인으로 대접해드리지 못했던 점이 계속 마음에 걸린다.

젊음으로 가득 찬 캠퍼스, 밤늦도록 환히 밝혀진 연구실의 불빛, 늘 즐겨먹던 학교 앞 밥집, 그리고 연구실에서의 선배, 후배 그리고 선생님, 불투명한 미래를 고민하면서도 열정만 가지고 앞만 보고 달리던 그 시절로 가끔 돌아가고 싶다. 그 시절의 고뇌와 노력은 지금의 나를 단단하게 만들었을 것이다. 그때를 잠시나마 추억하며 나는 다시 내 자리로 돌아간다. ※ 박치균 _ Greatbatch, Inc. 선임연구원

1 호 손자의 운전면허

진정일 교수님과의 만남

나와 진정일 교수님과의 인연은 35년 전인 1982년으로 거슬러 올라간다. 조선대학교 화학공학과 4학년 시절, 전공분야에 대한 공부를 더 하고 싶다는 열망 하나로 대학원 진학을 위해 조병욱 교수님을 찾아뵙게 되었다. 지도교수님인 조병욱 교수님은 미국 매사추세츠대학에서 액정 중합체 연구를 마치고 귀국하신 직후였고, 나의 연구 테마는 액정 중합체로 결정되었다. 조 교수님은 액정이 무엇인지도 모르는 나에게 액정에 관한 원서 몇 권과 진 교수님이 고분자 학회지에 발표하셨던 액정 중합체 관련 총설 몇 편을 주셨다. 액정에 관한 모든 것이 낯설었던 나에게 진 교수님의 총설이 기초 지식을 쌓는 데 큰 도움이 되었음은 두말할 필요가 없으며, 후에도 요긴한 참고서가 되었다. 비록 직접

뵙지는 못하고 인쇄물을 통해서나마 진 교수님과 나의 인연이 시작되었다.

현미경 이야기

나에게 주어진 첫 번째 연구주제는 중앙에 디실록산 유연격자가 들어 있는 디에시드를 합성하고, 이를 다시 염소화 반응한 다음 디올과 중합 반응하여 액정 중합체를 합성하는 것이었다. 이 당시에는 고분자 합성을 위한 실험시설이 매우 열악했다. 유해가스 배출을 위한 퓸 후드(fume hood) 시설도 부족했고, 물 부족이나 낙후된 수도시설 때문에 단수가 되면 며칠씩 실험을 못 하고 기다려야만 했다. 이러한 어려움 속에서 실험실은 차츰 나름대로의 시설을 갖추게 되었다.

그동안 실험에 필요한 모든 재료는 과학상에서 새로 구해야 하는 걸로 생각했던 나의 생각이 변했다. 실험실 서랍은 각종 잡화들로 가득 찼는데, 심지어는 닳고 구멍 난 고무장갑도 실험에 요긴하게 사용하기 위해 버리지 않고 보관할 정도였다. 이렇게 시작된 실험은 무척이나 재밌었다. 일이 얼마나 신났던지 잠자리에 들기 전 노트에 내일 할 일을 메모하는데도 실험과정 시나리오를 쓰듯이 빼곡하게 썼고, 다음날 그대로 실험에 옮겼다. 어떻게 하면 시간을 낭비하지 않으면서 실험을 효율적으로 할 수 있을지 고민하면서 내 나름대로 최선을 다했다.

그해 가을 우리 학교에는 액정 연구에 귀중한 실험 기자재인 메틀러(Mettler) 사의 시차주사열량계(DSC)와 온도조절기가 포함된 가열판

과학자는 이렇게 태어난다

(hot state)이 도입되었다. 특히 가열판은 편광 현미경에 부착하여 시료의 온도를 올리거나 내리면서 액정구조를 확인할 수 있는 중요 기자재였다. 이때부터 편광 현미경을 통한 관찰을 위해 고려대 화학과의 고분자 연구실 대학원생들이 대거 우리 실험실을 방문하게 되었다. 다시 말해, 이들과의 교류가 시작되었다. 편광 현미경을 먼저 다루어본 탓에 익숙했던 나는 그들에게 사용법을 설명해주어야 했지만, 나에게는 학생들이 가져온 시료들을 함께 관찰하면서 다양한 액정 중합체 또는 저분자 액정 화합물들을 접하는 기회가 되었다.

그 당시 편광 현미경을 생각하면 카메라에 부착되어 있는 릴리스(release) 분실 사건을 잊을 수 없다. 릴리스는 수동형 카메라의 조리개를 열고 닫는 부품으로 이게 없으면 현미경 사진을 찍을 수가 없다. 사실 편광 현미경은 우리 학과가 아니라 사범대 소속이었기 때문에 필요할 때마다 빌려 쓰곤 했다. 사범대 담당 교수님은 매우 세심한 분이었다. 현미경 주요 부품 및 카메라 등을 하나하나 본인에게 확인시킨 다음 차용증을 반드시 쓰도록 했고, 조심히 사용하라는 당부 말씀을 꼭 잊지 않으셨다. 나는 현미경을 빌려올 때마다 교수님의 태도가 여간 부담스러운 게 아니었다. 현미경 사용자들이 전문가들도 아니고 대부분 초보자들이기 때문이었기 때문이다.

금오공대 최이준 교수의 대학원생 시절이었을 것이다. 보통 때와 같이 현미경을 빌려와서 잘 사용하고 최 교수가 돌아간 후 반납하고 왔는데, 며칠 후인가 사범대학 교수님께서 전화로 카메라 릴리스가 없다고 하시는 게 아닌가. 워낙 현미경을 아끼는 분이라 당황한 나는 사범대로 가서 현미경이 들어 있는 박스 및 카메라 케이스를 찾아보았지만 릴리스는 보이지 않았다. 최 교수가 현미경을 한두 번 사용한 것도 아니었기 때문에 확인도 하지 않고 그가 챙겨준 대로 반납한 일이 화근이었을까. 혹 실수로 실험실에 빠뜨렸을지 몰라 여기저기 다 확인해보았으나 찾을 수 없었다.

하는 수 없이 다시 사범대 교수님께 가서 없다고 말씀드리고 용서를 구했다. 그러나 못 찾았다는 대답에 화가 난 교수님은 급히 실험을 해야 하니 빠른 시일 내에 구해 오라고 하셨다. 내심 그 교수님은 내가 현미경을 워낙 많이 빌려 써서 매우 귀찮으셨을 거다. 거기다 현미경 위에 무거운 카메라를 자주 설치하다보니 현미경 축에 있는 톱니바퀴가 마모되는 게 눈에 띄게 보여 상당히 언짢아하셨다. 그런 중에 릴리스까지 잃어버렸다고 하니 화날 법도 했다. 당장 실험에 필요하다고 하니 어쩔 수 없이 학교 본관을 급하게 여러 번 오르내리면서(본관이 높이 있어서 혹자는 등산이라고 한다.) 힘을 소모하고, 릴리스를 사기 위해 저녁 내내 시내를 헤매야 했다.

다행히 릴리스는 구했다. 너무나도 죄송한 마음에 다음날 릴리스를 들고 교수님을 찾아뵈었다. 교수님은 물건을 보시더니 벌써 사왔느냐고 놀라시면서 사실 아침에 카메라 박스 내 작은 공간에 넣어둔 릴리스를 찾았고 어제 화를 내서 미안하다고 하셨다. 그 순간 황당하기도 했지만 물건을 빌려 쓰고 부품을 잊어버렸다는 오명을 쓰지 않아서 다행이라는 생각에 안도했다. 그 뒤로도 현미경을 자주 빌려 썼는데 교수님의 한결 부드러워진 표정을 새삼 느낄 수가 있었다. 그날 샀던 릴리스는 상당히 오랫동안 보관했는데, 헐떡거리며 바쁘게 본관을 오갔던 일이나 시내를 헤맸던 생각을 하면 지금도 웃음이 난다.

워낙 현미경과 많은 시간을 보냈으니 현미경을 생각하면 다른 일도 떠오른다. 앞에서 언급한 사범대의 현미경은 구형으로 배율도 낮고 카메라도 분리형이었고 광원도 지금의 현미경처럼 내장형이 아니라 백열전등을 따로 설치해서 썼기 때문에 뜨거워서 여름에 사용하기에는 상당히 힘들었다. 이후 우리와 같은 건물에 있는 자원공학과에 신형 현미경이 도입되어, 담당 교수님의 허락을 얻어 사용하기로 했다. 이 교수님 또한 현미경을 무척 아끼는 분으로 우리는 매우 조심해서 다루어야 했는데, 문제는 너무 커서 현미경을 빌려올 수 없었다. 대개 서울에서 온 학생들의 경우 밤늦게까지 사용하고 귀경해야 했는데, 그날은 실험실에 근무하는 조교 선생님도 실험이 끝날 때까지 기다려야 했다.

이러한 일이 반복되다보니 담당 교수님께 사정을 말씀드려서 내가 모든 것을 책임지기로 하고 아예 실험실 열쇠를 빌려 그 다음날 전해주는 방법을 택했다. 액정 화합물의 현미경 관찰은 결코 쉬운 일이 아니었다. 중합체의 경우 시료 하나 가지고 몇 시간을 소모해야 하는 경우도 있고, 설령 현미경에는 좋은 구조가 보였다 할지라도 필름으로 인화해서 좋지 않은 경우에는 다시 찍어야 했으며(지금처럼 디지털이 아니라 사진을 현상소에서 인화해야 했다.), 노출시간을 잘못 맞췄거나 초점을 잘못해서 사진을 버리는 등 여러 변수가 많았기 때문이다. 특히 초보자에게는 더욱 어려워서 대체 무엇을 찍어야 되냐고 나에게 하소연을 하는 신참 대학원생들도 적지 않았다. 이렇게 학생들이 자주 오가다 보니 많은 얘기들을 나누게 되었다. 주로 실험에 관하여 많은 얘기를 나누었을 뿐만 아니라 진정일 교수님에 대한 여러 얘기들도 듣게 되었다. 가장 많이 들었던 얘기는 교수님의 연구 의욕이 넘치시는 데 비해 본인들의 역량이 너무 부족해서 늘 죄송하다는 것이었다.

진 교수님의 다행스러운 결석

1983년 여름, 석사 3학기 때로 기억한다. 그해 대한화학회가 조선대학교에서 열리게 되었다. 나는 학회 때 논문 발표를 해야 했고, 실험을 일정에 맞추어 가면서 발표 준비를 서서히 해가고 있었다. 사실 그때 나는 학회 발표가 처음이었고 가르쳐주는 선배도 없었기 때문에, 내 나름으로는 상당히 어려운 준비를 하고 있었다. 학회가 코앞으로 다가오자 조 교수님이 내 학회 발표 준비 상황을 점검하면서 학회 때 진 교수님이 오실 것 같으니 준비를 철저히 하라는 당부의 말씀을 하셨다.

그때부터 실험도 실험이지만 도대체 일이 손에 잡히질 않았다. 발표 경험이 부족해서 자신이 없었는데, 액정분야에서는 최고의 권위자인 교수님 앞에서 발표를 한다는 게 정말 자신이 없었다. 조 교수님은 '발표할 때는 본인이 그 분야에 대해서는 가장 잘 아는 것으로 생각하고 자신 있게 발표하라'는 말씀을 자주 하셨는데, 이 얘기가 진 교수님 앞에서도 통하겠는가. 발표날은 다가오고 나는 점점 초조해졌다. 진 교수님만 안 오시면 발표를 정말 잘 할 수 있겠다는 생각을 수도 없이 하면서 날을 보내다가, 이래서는 안 되겠다 싶어 그날 저녁부터 발표 시나리오를 만들어 무조건 외우기 시작했다. 혹 긴장하여 말문이 막히기 시작하면 그때는 대책이 없다고 생각했기 때문이다.

그날이 다가왔다. 나에게 가장 궁금한 것은 오직 진 교수님의 참석여부였다. 오전에 조 교수님을 먼저 뵈었다. 그런데 진 교수님이 안 오신다는 것이었다. 정말 뛸듯이 기뻤다. 속으로는 조 교수님도 내 걱정을 많이 하셨는지 안도하는 눈치였다. 발표는 준비한 만큼, 조 교수님의 가르침을 받아, 발표장에 있는 누구보다도 내가 제일 잘 아는 것처럼 발표를 마무리하였다.

박사학위증은 운전면허

88서울올림픽이 열린 해 가을, 여러 교수님들과 함께 진 교수님을 심사위원장님으로 모시고 논문발표회를 가졌다. 잔뜩 긴장한 가운데 약 두 시간 동안 발표를 했다. 데이터들에 관한 문답들이 많이 오고 갔으며, 특히 진 교수님은 추후 보완해야 할 사항들과 함께 내가 미처 생각하지 못한 부분까지 자세하게 언급해주셨다. 최종 논문심사가 끝난 후 진 교수님을 모시고 무등산에 올랐다. 너덜겅 약수터에서 약수를 마시고 산 주변을 산책하던 중에 진 교수님이 아주 중요한 말씀을 해주셨다. "최 박사 너 운전면허증 있니? 그래. 박사학위란 운전면허증과 같은 거야. 면허증 취득하고 네가 운전을 잘 하면 자동차가 바르게 가고 잘못하면 사고가 나는 것처럼, 박사학위도 네가 어떻게 하느냐에 따라 빛이 날 수도 있고 바랠 수도 있는 것이다." 그러니 최선을 다하라고 격려해주셨다. 또한 "그러고 보니 너는 나의 1호 손자야."라고 덧붙이셨다. 그 뒤부터 교수님은 다른 분들에게 나를 소개할 때마다 '1호 손자'라고 하셨다. 오랜 세월 동안 교수님으로부터 주옥같은 가르침을 받았다.

세월이 흘러 2006년 가을 부산 벡스코에서 IUPAC 학술대회가 열렸다. 매사추세츠 대학에서 안식년을 마치고 귀국한 직후라 그곳에서 오랜만에 진 교수님을 뵈었다. 잠시 말씀을 나눌 시간도 없이 발표장에 가야 한다고 하시면서 부지런히 발표장을 향해 달려가셨다. 그 방에서 열띤 토론을 하시더니 끝나자마자 조금이라도 늦을 새라 다른 방으로 달려가시는 모습을 보면서, 24년 전 제자들이 했던 말들이 새삼스럽게 떠올랐다. "교수님의 연구 의욕은 너무 넘치시는데, 우리들의 역량이 부족해서 늘 죄송할 따름입니다."

교수님의 연구 열정은 시간과 상관없이 계속 진행 중이시다. 2012년 3월 세계고분자포럼(Polychar 20)이 크로아티아에서 개최되었을 때 교수님은 기조 연사로 참여하셨다. 여가 시간에 교수님을 모시고 주변을 산책했는데 사모님과 손을 꼭 잡고 걷는 모습을 보니 이웃집의 평범하고 인자한 할아버지의 모습이시다. 저런 분이 대학원생 시절에는 왜 그렇게 무서웠을까? 문득 석사과정 시절 대한화학회 논문 발표 일을 생각하면서 혼자 웃는다. 나는 가끔 교수님이 말씀해주신 '박사학위는 운전면허증과 같다'는 비유를 생각하곤 한다. 그리고 종종 박사학위를 받은 제자들이나 후배들을 만나면 교수님의 말씀을 전하곤 한다. 과연 나는 진 교수님의 1호 손자로서 박사학위 운전을 잘 하고 있는 걸까? 🌣 최재곤

_ 조선대학교 응용화학소재공학과 교수

하지만 학교생활만큼은 나를 활기차게 만들었다. 선배 교수들의 인간미는 여러모로 나를 감동시켰고, 강의에 남다른 재미도 느꼈다. 학생들의 호응도 나를 크게 고무시켰다. 고려대 화학과를 연구의 메카로 만들겠다는 집념으로 애쓰던 최동식 교수와 함께 대학원 교육 강화에 역점을 두었다.

학생들에게 아침 일찍 연구실에 나와 있을 것을 요구했고 최동식 교수와 아침 7시에 각 연구실을 돌아다니며 출석을 체크했다. 지금 생각해 봐도 너무 지나치지 않았나 싶다. 모든 석 박사과정생이 참여하는 주간 세미나 프로그램도 새로 시작하였고, 대학원생에게 필요한 과목이 있다면 새로 공부해서라도 여러 과목을 가르쳤다. 어느 학기는 학부와 대학원생을 위해 5개 과목을 강의한 때도 있었는데, 정말 말도 안 되는 일이었다.

5

다양한 화학의 세계

이때 무엇보다도 책을 많이 읽었는데, 이때의 독서생활이 지금의 나를 만드는 데 일조했다고 자부할 수 있을 정도다. 문학, 철학, 종교, 역사, 사회학 등 닥치는 대로 광범위하게 책을 읽었는데, 내용이 이해되지 않더라도 읽기를 멈추지 않았다. 긴 겨울방학은 깊이 있는 독서를 하기에 적당한 시간이었다. 또 외국어 공부도 부지런히 했다. 영어는 물론 독일어, 일본어, 러시아어, 그리고 프랑스어와 스페인어 등도 관심을 가졌다. 지금도 러시아를 방문하면 길가의 간판을 더듬거리며 읽을 수 있는데, 스스로 공부한 효과를 보는 것 같아 가슴이 뿌듯해진다. 또 나이 먹은 후에도 외국인과 몇 마디 인사말로 자연스레 친해지기도 하니, 도둑질 말고는 무엇이든지 배우면 언젠가 도움이 된다는 옛말에 절로 고개가 끄덕여진다.

즐거움과 보람

학문하는

IUPAC 고분자분과회장에 당선된 영광

"19 : 9 : 5! 당선자는 한국 서울의 진정일!"

심장이 멈추는 듯했다. 2001년 호주 퀸즈랜드대학에서 열린 제41차 IUPAC총회 및 제38차 학술대회에서 치러진 IUPAC 고분자분과회 회장 선거에서 압도적인 지지로 차기 회장에 당선된 것이다. 국제순수화학연합회* 역사상 한국인으로는 처음이고 아시아인으로는 두 번째였다.

세계 정상에 우뚝 선 짜릿함이 느껴졌다. 2002년부터 4년간은 부회장

---

* IUPAC: International Union of Pure and Applied Chemistry, 1919년 창립된 세계 유일의 국제적 화학학술단체로 세계 45개국이 정회원, 20개국이 준회원으로 가입되어 있고, 물리·생물리화학, 무기화학, 유기·생분자화학, 고분자화학, 분석화학, 화학과 환경, 화학과 인간 건강 및 화학 명명과 구조 표현 등 8개의 학술분과회가 있다.

으로 활동했고, 2006년부터 2009년까지 4년간은 회장으로, 그다음 2년간은 전 회장으로서 활동하게 되니 자그마치 10년 동안 세계의 고분자학계를 이끌게 된 셈이다.

평생 학문을 즐거움 삼아야 한다지만 예상 밖의 난관에 부딪혀 돌파구를 찾지 못해 허덕일 때는 못난 머리를 탓하다가도 열정과 노력이 부족했다는 자책으로 매듭을 짓곤 했다. 다른 과학자들에게는 가능했던 우연한 발견이 왜 내게는 찾아오지 않나 하는 한탄도 수없이 했지만 항상 결론은 파스퇴르가 말한 대로 '우연은 준비된 자에게만 다가오는 행운'임을 깨달았다. 결국 계속된 채찍질과 한 우물 파기에 얼마나 많은 땀을 흘렸는가가 달콤한 열매를 맛보게 한다는 평범한 진리를 또다시 깨닫게 된다. 좋은 연장과 남보다 열심히 일하는 태도가 우물의 깊이를 좌우하는 것이다.

허나 이런 논리가 통하지 않는 세계가 있으니 그것은 바로 국제무대다. 과학자가 자국의 울타리를 벗어나 국제무대로 활동영역을 넓히고자 할 때는 세계인이 될 자질부터 지녀야 한다. 우선은 자신의 학문영역에 대해 세계적인 인정을 받고 명성을 얻어야 하며, 세계적 관심사에 적극적 도움과 해결책을 제시할 수 있는 능력을 갖추어야 하고, 다른 나라 사람들과 융화를 이루면서도 존경받을 수 있는 지도자의 자질을 갖추어야 한다.

나도 처음에는 IUPAC 고분자분과회에 투표권도 없는 단순한 국가 대표로 참석했다. 어느 정도 활동을 한 후에는 준회원이 되었고, 그로부터 2년 후에는 정회원이 되어 분과회의 운영과 사업내용 결정 등에 무게 있는 발언을 할 수 있는 권리를 갖게 되었다. 그렇게 적극적으로 참여한 지 4년 만에 부회장으로 당선되었다. 그러나 당선이 목적이자 능사는 아니다. 세계 고분자학계의 발전을 위해 의미 있는 사업들을 펼쳐가야 하는 커다란 책임이 따르기 때문이다. 이를 위해 세계 고분자학계의 학술적 발전 촉진, 고분자과학 교육과 대중의 고분자 재료에 대한 올바른 인식 제고, 저개발 및 개발도상국가들에 대한 교육 지원 및 정보 접근법 개선 지원 등을 실천과제로 삼고 있다. 또한 과학강국 한국에 걸맞은 기여와 공적을 현실화하도록 최대한 노력을 경주할 생각이다.

나는 타고난 화학자인가?

우리가 자연과학도의 길을 선택하여 지금도 과학자의 길을 걷는 것에 만족하는 이유를 청소년들에게 어떻게 들려주는 것이 좋은지 후배 교수와 이야기할 기회가 있었다. 후배의 답은 정말 명쾌했다.

"과학이야말로 가장 재미있는 분야이며, 새로운 자연과학적 발견은 큰 만족감과 행복감을 준다. 확신컨대 여러분이 과학의 길을 걷더라도 나와 똑같을 것이다."

그렇다. 과학은 정말 재미있는 학문이다.

나는 초등학교에 들어가기 전부터 선친이 운영하던 화학 관련 회사의 실험실에서 실험과정 중 일어나는 화학적 변화와 실험결과를 지켜보며 일찍이 화학에 매혹당했다. 여러 가지 모양의 유리기구, 저울, 약숟가락, 사기 깔때기, 거름종이, 버너, 알코올램프와 갖가지 시약병 등을 장난감 삼아 가지고 놀았고, 그것들은 아무리 가지고 놀아도 싫증이 나지 않았다. 또한 지시약의 색깔이 파랑에서 빨강으로, 빨강에서 무색으로 변하는 신기한 실험과정은 감동스럽기까지 했다. 특히 생고무에서 고무신이 만들어지는 전 과정은 나를 사로잡았다.

반창고, 비옷, 파리약 등의 제품이 생산되는 공장시설은 어린 나에게 어마어마하게 커 보였다. 여기저기서 들리는 스팀 소리, 굉음을 내며 시끄럽게 돌아가는 장비, 소음 속에서 서로의 의사를 전달하기 위해 소리를 내지르던 기사와 직공들의 모습, 이 모든 것이 멋있게만 보였던 당시를 생생하게 기억하니 나는 이미 그때부터 화학자의 길을 걷기로 마음먹었던 듯싶다.

이것저것 만들기를 좋아했지만 망치만 들면 손가락에 멍이 들었고, 톱을 들면 여지없이 상처가 생겼다. 또 어렵사리 만든 썰매는 나아가지 않았는데, 아무래도 남들에 비해 기계적 감각은 많이 떨어졌던 모양이다. 지금도 전기퓨즈를 갈 때 감전되지 않을까 겁을 내니 전기 분야는 내 재능과는 거리가 먼 것 같다.

고등학교 시절 과학반에서 활동할 때도 화학 실험에만 흥미를 느꼈다. 왜 똑같은 흰색인데도 설탕은 타고 소금은 타지 않을까? 왜 설탕은 단데 소금은 짤까? 왜 물은 얼기도 하고 끓기도 하나? 왜 소금과 설탕이 물에 녹으면 흔적을 찾아볼 수 없을까? 배가 아플 때 엄마가 주는 약을 먹으면

과학자는 이렇게 태어난다

왜 통증이 사라질까? 비료는 어떻게 만들어지고 왜 논밭에 뿌릴까? 등 나이가 들수록 화학에 대한 호기심과 탐구욕은 더욱 커져만 갔다.

책과 함께한 대학시절

부푼 꿈을 안고 시작한 대학생활은 실망의 연속이었다. 입학식과 신입생 환영식을 하고 얼마 지나지 않아 일어난 4·19혁명으로 나라 전체가 혼돈 상태였으니 대학도 예외가 될 순 없었다. 매일 시내 곳곳에서는 군중들의 시위가 끊임없었고, 무능한 정부는 갈팡질팡하는 모습만 보였다. 2학년이 되니 군부의 5·16 쿠데타가 일어나 학교는 휴교에 들어갔고 그렇게 한 해를 보내야 했다. 그나마 매우 엄격한 교수님들 덕분에 다른 과 학생들보다는 좀더 공부를 할 수 있었고, 마지막 2년은 비교적 학업에 몰두할 수 있었다. 사회가 안정되어야 젊은이들이 정상적으로 교육을 받을 수 있다는 사실을 절실히 깨달은 대학 4년이었다.

어릴 때부터 원했던 화학과에 진학했지만 기쁨은 잠시뿐이었다. 낙후된 시설과 부족한 실험장비 때문에 기본적인 실험을 제외하고는 제대로 된 실험을 할 수 없어서 점점 화학에 대한 흥미를 잃어갔다. 실험 없는 화학은 무의미했고, 화학에 대한 열정은 실험을 통해 타오른다고 믿었기 때문이다.

고등학교 시절부터 좋아하던 유기화학을 전공하기 위해 대학원에 진학했지만 제대로 된 연구를 할 상황이 되지 않았다. 하지만 다른 나라 과학자들의 학술논문을 통해 새로운 연구내용을 접하고, 토론과 세미나를 통해 지식을 쌓는 노력을 게을리하지 않았다. 그 어려운 여건에서도 연구에 열중하던 교수님들의 집념이 존경스러웠기에 나또한 더더욱 열심히 하고자 했다. 돌이켜 보건대, 당시의 힘든 여건 덕분에 주어진 환경에서 최선책을 찾는 태도와 능력을 조금이나마 갖게 된 듯하다.

이때 무엇보다도 책을 많이 읽었는데, 이때의 독서생활이 지금의 나를 만드는 데 일조했다고 자부할 수 있을 정도다. 문학, 철학, 종교, 역사, 사회학 등 닥치는 대로 광범위하게 책을 읽었는데, 내용이 이해되지 않더라도 읽기를 멈추지 않았다. 긴 겨울방학은 깊이 있는 독서를 하기에 적당한 시간이었다. 또 외국어 공부도 부지런히 했다. 영어는 물론 독일어, 일본어, 러시아어, 그리고 프랑스어와 스페인어 등도 관심을 가졌다. 지금도 러시아를 방문하면 길가의 간판을 더듬거리며 읽을 수 있는데, 스스로 공부한 효과를 보는 것 같아 가슴이 뿌듯해진다. 또 나이 먹은 후에도 외국인과 몇 마디 인사말로 자연스레 친해지기도 하니, 도둑질 말고는 무엇이든지 배우면 언젠가 도움이 된다는 옛말에 절로 고개가 끄덕여진다.

독서 외에도 시향의 심포니 연주회, 고상(?)한 음악만 들려주던 다방, 싸구려 영화를 두 편씩 상영하던 영화관, 시화전, 미술 전람회, 민속 탈춤 및 무속 춤 관람 등 과학도치고는 이것저것 세상 구경을 제법 했다. 여러 부류의 친구와 교류한 이유도 있었지만 그만큼 화학이 나를 매료시키지 못해 다른 데로 눈을 돌린 탓이다. 하지만 어릴 때부터 좋아하던 화학에 대한 애정은 식지 않았고, 어떻게 해서든 화학의 진수를 맛보고자 하는 욕망은 커져만 갔다. 화학을 전공해서 활용할 수 있는 직장이 거의 없었던 시절이라 일찍이 취업을 포기하고 대신 좀더 넓은 곳에서 꿈을 펼치고자 미국 유학길에 올랐다.

대학시절의 광범위한 독서는 내 인생의 귀중한 양식이 되어 정신적 풍요로움을 즐길 수 있는 바탕을 마련해주었다. 헌데 요즈음 청소년들은 독서보다는 다른 것에 매달려 대부분의 시간을 보내는 듯하여 안타까울 따름이다. 사회가 변하고 의사전달법이 달라졌다 해도 가장 좋은 마음의 양식은 '책'이라는 내 믿음은 여전하다. 역사적 명현들과 훌륭한 과학자들과 영웅들의 이야기는 항상 읽는 사람에게 큰 감동과 용기와 지혜를 주니 말이다.

고분자화학과 동고동락한 40년

"불이야, 불이야!" 연구실에서 조금 떨어진 실험실에서 들려오는 큰소리에 내 귀를 의심하면서도 놀란 마음으로 황급히 문을 박차고 달려갔다. 그런데 어찌된 일인가? 불이 꺼진 실험실에서 학생 몇 명이 껄껄거리며 웃고 있는 것이 아닌가! 안도의 숨을 내쉬며 무슨 일이냐고 물으니 발광성 고분자가 전기 발광을 하는 것을 보고는 너무나 감격해 "불 봤다, 불 봤다!"라고 소리친 것이 나에게는 "불이야!"로 들린 것이다. 지금은 미국 버클리대학 교수로 있는 그 제자는 밤잠을 줄이며 18개월 동안 실험실에서 살다시피 하며 실험에 매진했는데, 마침내 원하던 결과를 얻은 것이다. 그 노력과 집념 끝에 찾아온 달콤한 성공 앞에서 그는 '심봤다!'

대신 '불 봤다!'를 외쳤다.

　과학의 즐거움은 이렇듯 성취감에서 온다. 인류 역사상 내가 처음으로 만든 꿈의 열매가 가져다주는 흥분과 보람은 그 어떤 것과도 비교할 수 없다. 그래서 아르키메데스는 자신이 발가벗고 있다는 사실도 잊은 채 부력의 원리를 발견한 그 기쁨을 이기지 못하고 목욕탕에서 뛰쳐나와 달리고 달렸다. 중도에 좌절하지 않고 오로지 '최초'와 '최고'가 되겠다는 집념과 노력으로 원대한 꿈을 향해 달리는 과학자들의 삶은 '치열하다'는 표현이 더 옳다고 믿는다.

　분자는 분자들만의 세계를 가지고 있다. 작은 분자의 구조나 그들 간의 상호작용 및 반응은 꽤 많이 이해되고 있으나 아직도 완벽하지 못하다. 그래서 화학자들은 지금도 끊임없이 새로운 반응을 시도하며 새로운 화합물을 합성하고 있다. 내가 지난 50여 년간 씨름해온 분자는 고분자다. 분자량이 쉽사리 만, 십만, 백만을 넘는 고분자는 지난 세기에 이미 현대의 재료로 자리를 잡았고, 지금은 기능성 신소재로 자주 언급되는 하이테크의 가운데 자리를 차지하고 있다. 고분자를 다루려면 화학은 물론 물리와 생물학 지식도 필요하다. 쉽게 말하면 종합과학적 무대가 고분자과학에서 펼쳐진다고 할 수 있다.

　왜 어떤 플라스틱은 강하고 어떤 플라스틱은 약할까? 화학구조가 어떻게 이런 차이를 만들까? 왜 어떤 고분자는 스스로 배향된 구조를 갖는가? 또 전기 전도성 고분자는 어떻게 합성되며 왜 그런 특징을 갖는가? 내가 가장 먼저 가장 우수한 고분자 디스플레이 재료를 만들 수 있을까?

유전정보의 보고인 DNA를 새로운 재료로 사용할 수 있을까? 그렇다면 DNA는 어떤 전기적 특성 및 자기적 특성을 지녔을까?

지난 50여 년간 150여 명의 석·박사과정 제자들과 끊임없이 이런 의문과 씨름하며 지냈다. 어려운 때도 실망할 때도 있었지만 '불 봤다'와 같은 환희와 만족감이 단지 나 자신과 제자들에게서 끝나는 것을 원하지 않는다. 새로운 발견과 지식이 우리나라를 과학강국으로 만들고, 이어서 기술경제대국이 되게 하며, 이 세상을 좀더 살기 좋은 곳으로 바꾸는 데 보탬이 되리라는 커다란 자긍심을 가지고 살아왔고 앞으로도 그렇게 살겠다.

인생은 정말 짧다. 이 짧은 생을 사는 동안 과학자는 '가치와 의미'를 좇는 동시에 새로운 '진리' 발견이라는 임무를 가지고 살며 그 삶은 '아름다움'과 '만족'으로 마무리된다. 그러기에 나는 다시 태어나도 과학자가 되길 원하며, 특히 화학자가 되길 원한다. 또 하나의 꿈이 이루어지길 바라면서. ☀ 진정일 _ 고려대학교 융합대학원 석좌교수

---

* 글 출처: 한국과학문화재단 편저, 『과학기술인! 우리의 자랑』(2006, 양문)

액정 디스플레이로 이루어진 세상

⚛

휴대전화로 TV를 보는 세상

나는 매일 지하철로 출퇴근을 한다. 출퇴근 지하철에서 빈번히 마주치는 장면이 휴대전화로 TV를 시청하는 모습이다. 그 모습을 보다 문득 옛날 생각이 났다.

초등학교 시절에는 TV가 동네에 두세 대밖에 없어서 축구나 권투 등의 시합이 벌어지면 온 동네 사람들이 마당에 멍석을 깔고 앉아 12인치의 작은 화면에 시선을 집중한 채 환호하고 탄식하며 경기를 지켜봤다. 어떤 날은 배터리가 다 되어서 그나마 작은 화면조차 꺼져버려 모두들 아쉬움을 뒤로 하고 집으로 터덜터덜 돌아가야 했다. 전기가 안 들어오던 시절이라 면사무소가 있는 동네까지 가야 배터리를 충전할 수 있었기 때문이다.

과학자는 이렇게 태어난다

몇 년 후에는 시골에도 전기가 들어왔고 그로부터 또 몇 년이 지나 내가 중학교 3학년이 되었을 때에는 우리집에도 TV가 생겼다. 드디어 TV를 독차지하고 볼 수 있게 되었다. 그런데 지금은 지하철을 타고 가면서 휴대전화로 TV를 볼 수 있는 세상이 되었다. 정말 예전 같으면 상상도 못할 일이다.

액정 디스플레이의 구조

요즈음 시대를 살면서 '액정'이라는 단어를 모르는 사람은 거의 없을 것이다. 휴대전화기의 화면 유리가 깨져서 영상이 잘 안 나오면 '액정이 깨졌다'며 서비스센터에 간다. 사실 '액정'이 아닌 '유리'가 깨진 것인데도 다들 '액정'이 깨졌다고 한다. 하지만 정작 액정이 무엇인지는 잘 모르는 눈치다.

컴퓨터와 노트북의 모니터를 LCD라고 한다. LCD는 Liquid Crystal Display의 약자로 Liquid Crystal이 '액정'이고 Display는 '표시소자'인데 그냥 디스플레이라고 하여 '액정 디스플레이'라고 부른다. 그렇다면 액정이란 무엇인가? 아래의 화학구조를 가진 분자가 바로 액정의 대표적 예다. 이 분자의 모습을 보면 가운데 부분은 벤젠고리 두 개가 단단하게 연결되어 딱딱한 막대기 같고 오른쪽은 물고기 꼬리처럼 되어 있다.

이런 화학구조를 가진 화합물은 자기들끼리 나란히 있는 것을 좋아한다. 그러다 보니 이게 고체도 아니고 그렇다고 보통 물처럼 등방성 액체도 아니다. 자기들끼리 어떤 방향으로 정렬되어 있는 새로운 액정이라는 상을 형성하고 있는 것이다.

이런 물질은 1888년에 처음 발견됐고, 1922년에 프리델(Charles Friedel)이 전기장에 의해 배향이 되는 것을 밝혔다. 전기장에 의해 액정의 방향을 바꿀 수 있다는 것을 이용한 것이 액정 디스플레이인 것이다. 그렇다면 어떻게 해서 현재 TV와 같은 영상을 만들 수 있을까?

여기 사랑하는 한 연인이 있다. 대담한 남자는 큰 빌딩을 빌려 날이 저문 다음에 각 방의 불을 일부는 끄고 일부는 켜서 "○○야, 사랑해!"라는 글자를 만들어 여자에게 사랑을 고백했다. 이때 창문의 불을 켜고 끄는 스위치 역할을 하는 것이 액정이라는 물질이다. 물론 액정을 움직이게 만드는 것은 전기장이라는 녀석이다. 액정을 투명한 유리판 사이에 넣고 전기장을 가해주면 전기장 방향으로 액정들이 정렬된다. 전기장을 끄면 다시 원래대로 돌아가는데, 창문 하나를 껐다 켰다 하는 것과 같다.

그런데 보통 빛은 편광이 아니라서 편광된 빛을 만들어줘야 한다. 편광된 빛을 만들기 위해 편광자를 사용하는데, 이것을 위아래에 있는 각각의 유리판에 하나씩 붙여서 빛이 일정한 방향으로 드나들 수 있게 해준다. 초기의 액정 디스플레이는 탁상용 시계 등에 많이 쓰였다.

이런 방식을 그대로 응용하여 휴대전화나 노트북, 모니터, TV를 만들려면 더 많은 창문이 필요하다. 각 창문을 '화소'라고 하는데, 각 창문에서 나오는 빛을 열었다 막았다 하여 글자나 그림을 구성할 수 있다. 우리가 보는 인쇄물도 돋보기로 자세히 들여다보면 검은 점들이 글자를 구성하고 있음을 알 수 있다.

액정 디스플레이도 그렇게 구성되어 있고, 예전에 보던 브라운관 TV 역시 그렇다. 최근에 나오는 HDTV는 그림을 구성하는 화소 수가 더 많아, 훨씬 더 선명하고 깨끗하게 보인다. 물론 화소의 크기는 너무 작아서 보통 사람은 육안으로 쉽게 구분하기 어렵다.

그렇다면 컬러 액정 디스플레이는 어떻게 만들어질까? 각 창문에 빨간색, 초록색, 파란색 셀로판지를 붙인 후 불을 켜면 창문에서 나오는 빛이 빨간색, 초록색, 파란색으로 보인다. 이 세 가지가 기본 화소가 되어 하나씩만 켜면 각각의 색이 나타나고, 중간색을 표시하고 싶다면 적당히 두 가지 색상을 켜고, 흰색을 표시하고 싶다면 셋을 다 켜면 된다. 이렇게 하면 모든 색을 만들어낼 수 있다. 물론 검정색을 나타내고 싶다면 모두 닫고 빛이 나오지 않게 하면 된다. 이렇게 해서 천연색의 그림이나 글씨를 표현한다.

각 화소의 액정을 움직여 문을 열고 닫는 스위치 역할을 하는 녀석은 트랜지스터이다. 트랜지스터가 문을 다 열어서 빛이 다 나가게 하든지, 절반만 나가게 하든지, 아예 못 나가게 하든지 하면서 조절한다. 또 전체 그림에 대한 정보를 각 화소에 맞게 나누어 구현하는 역할도 한다. 트랜지스터의 두께는 아주 얇아서 박막 트랜지스터(Thin Film Transistor, TFT)라고 하고, 이것을 장착한 액정 디스플레이를 TFT LCD라고 부른다.

액정 디스플레이 산업의 과제

예전에는 보는 각도에 따라 노트북 모니터의 화면이 잘 안 보이기도 하고 색상이 다르게 보이기도 했지만 요즘에는 어느 방향에서 봐도 잘 보이고 색상이 변하는 것도 느껴지지 않는다.

이것은 액정 디스플레이에 적용된 액정 모드에 따라서 결정되는데, 액정 디스플레이 회사들은 각각 독자적인 방식의 액정 모드를 적용하여 TV에 맞는 시야각 기술을 개발하여 적용하고 있다. 예전에는 축구경기를 볼 때 슈팅한 공같이 빠른 움직임의 경우 그림에 잔상이 생기는 현상이 있었는데, 지금은 액정의 응답속도를 개선하여 그런 문제는 거의 나타나지 않는다. 그동안 액정 디스플레이의 약점으로 지적된 문제들이 거의 해결되어 최근에는 생산 대수 면에서 PDP를 앞섰다는 기사를 읽은 적이 있다.

액정 디스플레이 산업이 이렇게 발전하고 있지만 아쉬운 점이 하나 있다. 액정 디스플레이에 사용하는 액정 화합물 전량을 독일의 머크(Merk) 또는 일본의 치쏘(Chisso)라는 회사에서 사오고 있다는 사실이다. 1년 사용량을 따져도 엄청난 양이 아닐 수 없다. 과거에 우리나라도 머크나 치쏘와 같은 액정 화합물을 생산하는 회사를 가질 뻔했다. 지금은 다 지난 일이 되어버렸지만 우리가 원재료의 중요성에 대해 좀더 눈을 빨리 떴으면 좋았을 걸 하는 아쉬움은 남는다. 당시에는 액정 디스플레이 분야가 이렇게 활성화될 줄 전혀 예상치 못했으니 말이다. ☀ 권영완 _

고려대학교 융합대학원 연구교수

디스플레이는 끊임없이 진화한다

내게 OLED는 행운이었다

1994년 고려대학 화학과 대학원 석사과정에 합격한 후, 우리 고분자화학 연구실에서 진행되던 액정, NLO(nonlinear optics), OLED(organic light emitting diode) 등 여러 연구과제 중에서 OLED과제를 택한 결정은 지금 생각해봐도 내 인생에 가장 큰 행운이었다. OLED 분야에 대한 연구가 국내에선 거의 전무하던 시절이었기 때문에 교수님을 포함한 대학원생들은 선구자들이었으며, 우리 연구실에서 진행되던 연구는 가장 앞선 편이었다.

최근에는 상용화되어 제품에 적용되는 OLED 물질이지만 그때는 연구 초창기 시절이어서 물질의 화학구조나 아이디어에서 조금 더 구체화된 수준이었다. 사실 일반인은 잘 모르겠지만 실제 OLED 분야의 발전과 산업화에 있어 대학 연구실에서 진행된 연구가 기여한 바는 무척 크다고 생각한다.

꿈의 디스플레이 OLED

우리는 정보화 사회의 엄청난 정보의 홍수 속에 살아간다. 사용자가 컴퓨터나 네트워크를 의식하지 않고 장소에 상관없이 자유롭게 네트워크에 접속할 수 있는 환경, 즉 유비쿼터스 시대에 살고 있다. 이러한 유비쿼터스 시대에 수많은 정보를 볼 수 있는 눈의 역할이 필요한데, 이것을 '디스플레이'라고 한다. 즉 수많은 정보를 시각을 통해 인지할 수 있도록 글이나 영상을 보여주는 장치를 말한다. 현재 뚱보 CRT TV에서 평판 디스플레이로 급격한 진화가 이루어져 유비쿼터스 시대를 이끌어가고 있다. 사실 뚱보 CRT TV나 모니터가 LCD, PDP에 밀려 역사의 뒤안길로 서서히 사라질 것이라 예상했지만, 이렇게 빨리 디스플레이의 진화가 진행될 것으로 예측한 사람은 많지 않았다.

이러한 디스플레이 시장의 급격한 변화는 독립적으로 이루어지지 않았으며, 인터넷 혁명과 이동통신 세상(노트북, 핸드폰의 등장)이 열리면서 가볍고 얇고 휴대 가능한 전자제품의 등장과 두께와 크기의 한계를 벗어난 새로운 영역의 TV 등장에 의해서 가속화되었다. 디스플레이 자체의 특성으로는 다른 디스플레이에 비해 뒤지지 않는 CRT가 그동안 누리던 영광을 LCD에게 속절없이 내주게 된 이유는 현대인의 생활패턴이 바뀌어 공간 활용에 대한 욕구가 커졌으며, 더불어 휴대형 응용기기에 대한 요구가 많아지면서 얇은 두께를 구현하는 기술과 새로운 디자인이 가능하게 되었기 때문이다.

그렇다면 앞으로는 어떤 기술이 LCD를 밀어내고 다음 세대 디스플레이의 자리를 차지할 수 있을까? 대부분의 사람들은 OLED라고 말한다. 휴대폰 메인 화면에 LCD를 밀치고 다양한 크기(1~3인치)의 OLED 패널이 당당히 들어가기 시작했고, 소니(SONY)에서는 2007년 12월에 11인치 OLED TV를 선보였다고 하니 꿈의 디스플레이라고 부르던 OLED가 현실이 되어 시장에서 살 수 있는 시대가 되었다.

신문이나 방송에서 자주 접하게 되는 OLED란 어떤 기술인가? LCD의 복잡한 구조에 비해 OLED는 놀랄 만큼 간단한 구조로 구성되어 있다. 모든 전자기기는 전극이 필요하다. 즉 양극과 음극에서 일정한 전압을 걸어주면 전류가 흐르게 된다. OLED는 이 두 전극 사이에 머리카락 두께의 1000분의 1 정도 두께의 유기물이 있는데, 이 유기물은 본질적으로 가지고 있는 에너지의 크기에 따라서 청색, 녹색, 적색을 내는 자체 발광소자다. 그렇다면 LCD에 이어서 꿈의 디스플레이라고 말하는 이유는 무엇일까? 현재 주력 디스플레이인 LCD의 약점을 살펴보면 OLED의 장점을 쉽게 이해할 수 있다. LCD는 뚱보 CRT에 비해서 가볍고 얇고 전력소모가 적은 장점이 있지만 디스플레이로서 치명적인 약점이 있다. 한마디로 LCD는 CRT에 비해 선명도가 떨어지고 응답속도가 느리며 시야각에 제한이 있다. 무슨 말인지 좀 더 자세히 알아보자.

LCD는 하나의 액정소자가 하나의 픽셀을 담당한다. 액정이란 액체와 고체 사이의 중간 상태를 말하는데 분자배열에 따라서 굴절률이 바뀐다. 액정의 양쪽에 편광판을 달고 여기에 전압을 가해 액정물질의 분자배열을 조절하면 편광의 방향이 바뀌며 결국 통과하는 빛의 세기를 조절할 수 있다. 빛의 삼원색(R, G, B)을 담당하는 필터를 추가하고 각 필터를 통과하는 빛의 양을 조절해 원하는 색을 표현한다.

여기서 중요한 사실은 LCD(액정소자)는 OLED처럼 자체 발광으로 직접 빛을 내는 것이 아니라 단지 통과시킬 뿐이라는 점이다(수광소자). 이 때문에 LCD는 별도로 광원이 필요하다. 흔히 쓰는 노트북 컴퓨터의 경우 일명 '백라이트(backlight)'라고 하는 광원이 존재한다. 서론이 길었지만 LCD의 단점은 거의 이와 같은 구조와 구동방식에서 기인한다. 즉 백라이트에서 나온 빛 중에서 필요한 부분만 남기고 차단하는 방식이기 때문에 선명도가 떨어진다.

그래픽 디자이너들이 아직도 LCD보다 CRT 모니터를 선호하는 이유도 여기에 있다. 또 LCD는 양 전극의 전압차에 의해 액정이 움직이는 것에 따라 구동되기 때문에 응답속도가 느리다. 이 때문에 드라마를 보면 차이를 느끼지 못하지만 빠르게 움직이는 동영상을 보면 잔상이 남는다(DMB폰에서 그 차이를 느낄 수 있다). 그리고 시야각에도 제한이 있다. 즉 화면의 정면에서는 잘 보이지만 비스듬히 보면 화면의 그림이 잘 보이지 않는다.

OLED는 LCD의 단점을 장점으로 바꾸었기 때문에 꿈의 디스플레이라고 부른다. 구체적인 예는 다음과 같다. 백라이트가 아니라 소자 스스로 빛을 내기 때문에 색을 왜곡하지 않고 그대로 표현할 수 있다. 보통 명암비(contrast)로 표현하는데 LCD는 15000 : 1 정도이나 OLED는 LCD보다 훨씬 좋은 1000000 : 1이다. 그만큼 화면이 선명하다는 이야기다. 그리고 OLED는 이론상 응답속도가 LCD의 1000배로 잔상 없이 동영상을 재생할 수 있다. 또 시야각에 제한도 없어 아무리 비스듬히 봐도 원래의 상을 볼 수 있다.

여기에 LCD의 장점은 더 발전시켰다. 백라이트가 없어 LCD보다 더욱 얇게 만들 수 있고 같은 밝기라면 전력소모도 LCD보다 적다. 덧붙여 OLED는 휘어지는 디스플레이를 만들기에도 용이하다. 각도에 따라서 보이는 상이 왜곡되지 않기 때문에 딱딱한 유리 기판 대신 유연성이 있는 플라스틱을 사용하고 박막 트랜지스터를 쓰면 휘어지는 디스플레이를 만들 수 있다. LCD로도 휘어지는 디스플레이를 만들 수는 있으나 시야각 때문에 정확한 상을 만드는 데 훨씬 불리하다. 손목에 둘둘 말아 다니다가 필요할 때 펴서 쓰는 OLED를 볼 날이 얼마 남지 않았다.

핵심 부품소재의 국산화만이 국가경쟁력

2007년 2월 산업자원부가 발표한 국산화 실태 기술경쟁력 분석 보고서에 따르면, 2006년 기준으로 LCD TV와 PDP TV의 국산화율은 각각 88%와 90% 수준인 것으로 나타났다. 이는 2005년 대비 LCD TV는 7% 포인트, PDP TV는 4% 포인트가 향상된 수치다. LCD 소재/부품은 82%, PDP 소재/부품은 56%의 국산화율을 보였다. OLED는 국산화율이 초창

과학자는 이렇게 태어난다

기임에도 50% 정도의 국산화율을 보였다.

하지만 국산화 부품의 내용을 자세히 들여다보면 주로 범용 제품차원에 머무르고 있어 질적인 측면에서 국내 디스플레이 부품산업은 개선이 시급하다. 특히 OLED는 이머징마켓임을 감안하고 현재 소자에 적용되고 있는 물질의 특허성에 관한 특허공세가 더욱 심해질 소지를 감안하면 국산화율을 늘리는 데 커다란 장애가 예상된다. 타산지석이 되기를 바라는 마음으로 LCD 핵심부품인 편광판과 BLU(백라이트)를 보면, 편광판의 핵심이라고 할 수 있는 TAC 필름과 PVA 필름은 사실상 일본기업이 독점하고 있다. TAC 필름의 경우는 후지 포토필름(Fuji PhotoFilm)과 코니카 미놀타(Konica Minolta)가 7:3 내지 8:2의 비율로 시장을 양분하고 있다. PVA 필름 역시 쿠라레이(Kuraray)와 니혼 고세이(Nihon Gosei) 두 업체가 독과점하고 있다. BLU도 양상은 비슷하다. BLU의 핵심 부품인 프리즘 필름은 원천기술 특허를 내세운 3M이 10년 가까이 독점하고 있다.

결과적으로 산업자원부 조사에 따르면 완제품 기준으로 국산화율이 높은 것처럼 보이지만, 부가가치가 높은 핵심 부품소재는 대부분 수입에 의존하는 실정이다. 이는 국내 디스플레이 산업의 국산화가 상대적으로 쉬운 조립/가동 분야의 부품 양산에 치우쳐 있음을 의미한다.

더욱이 OLED는 LCD소자보다 훨씬 단순한 구조이고 사실 두 전극 사이에 들어가는 유기물이 전체 성능을 좌우하는 핵심물질이기 때문에 여기에서 진검승부가 가려질 가능성이 크다. 따라서 OLED 물질 개발업체들은 국산화율을 높이는 데 기여함도 중요하지만 근본적으로 원천적인 특허를 바탕으로 다양한 고객기반, 나아가 글로벌 고객기반을 갖추는 것이 필수적이라고 생각된다. 편광판 시장의 1위를 달리고 있는 니토덴코(Nitto Denko)의 경우 2006년 4분기 기준으로 자국 고객인 샤프 물량이 70%, AUO 74%, LG필립스 LCD 65%, 삼성전자 2%, CMO 13% 등 글로벌 톱기업들을 모두 자사 고객으로 확보하고 있다.

현재 원재료/소재 시장을 독점하는 기업들 대부분은 원천특허를 바탕으로 높은 진입장벽을 구축하고 있어 국내기업들의 진입이 쉽지 않은 실정이다. 특히 다른 기업들이 쉽게 진입 가능한 범용 부품 가공분야에서 한정된 시장을 놓고 출혈경쟁을 하기보다 지속적으로 원재료 및 소재 가공분야로 가치사슬(value chain)을 확장하는 노력이 필요하다고 생각된다. ☀ 김공겸 _ LG화학 연구위원

뭐, 플라스틱에 전기가 통한다고?

폭염이 한창이던 2007년 여름 극장가에서는 해리포터 시리즈 5편인 〈해리포터와 불사조 기사단〉이 흥행가도를 달렸다. 해리포터 시리즈는 날이 갈수록 해리포터와 마법학교, 볼드모트 세력 간의 갈등과 대결 구도가 더욱 복잡해지고 치열해지는 양상을 보여준다. 마법을 주제로 한 작품인 만큼 이러한 갈등구조의 복잡함은 주인공들이 사용하는 다양한 마법에 의해 표현되는데, 영화는 마법의 세계를 효율적으로 영상화해야만 성공할 수 있다.

'익스펙토 페트로눔!'은 해리포터가 페드로니우스 마법을 사용할 때 외우는 주문으로, 이 마법은 마법사가 가장 행복했던 기억을 떠올리며 사용할 때에만 최대의 효과를 낼 수 있다. 영화에서는 마법사가 마법을 사용하기 위해 지팡이를 들면 지팡이 끝에 작고 밝은 빛이 나타난다. 그 순간 주문을 외우면 그 빛의 세기와 크기가 더욱 커져 마법의 성공 여부와 마법사의 능력을 알 수 있다. 여기에서 짚고 넘어가야 할 한 가지. 마법 지팡이는 무엇으로 만든 것일까? 만약 지팡이가 나무로 만들어진 것이라면 마법에 감응할 수 없을 것이다. 전설의 동물에서 유래한 불사조나 유니콘의 깃털이 해리포터와 론의 지팡이에 들어 있는 이유라 할 수 있다.

전기가 흐르는 고분자

과학적으로 무엇인가에 감응해서 스스로 빛을 낼 수 있으려면 그 물질은 최소한 반도체적 성질을 가져야만 한다. 적어도 특정 전압 이상에서 전기가 통해야 한다는 말이다.

그러나 셀룰로스를 주성분으로 하는 나무는 전기가 통할 수 없는 부도체이므로 마법 능력에 감응하여 전기를 흐르게 할 수 없다. 그렇다면 고분자 물질 중 하나인 셀룰로스와 잘 어울리면서 전기가 통할 수 있는 고분자 물질은 없을까?

전기를 흘릴 수 있는 고분자에 대해 이야기하려면 1970년도 초반으로 거슬러 올라가야 한다. 요즈음과 같이 컴퓨터를 이용한 수치 계산이나 미적분이 어려웠던 당시에, 비교적 계산하기 쉬운 1차원계의 물리현상은 이론 고체 물리학자들의 주요 고민 중 하나였다.

특히 1차원에서의 전하 흐름에 관한 문제는 자유 전자의 운동량만을 고려하여 논리를 전개할 수 있었기 때문에 더욱 그러하였다. 전자가 만약 1차원인 통로를 따라 흐른다면 통로에 있을 수 있는 아주 사소한 결함이라도 그 전자의 흐름을 완벽하게 차단해버린다. 마치 천길 낭떠러지로 둘러싸인 길을 가던 나그네가 길 중간에 장애를 만나 더 이상 갈 수 없는 형국과 같다.

만약 전자가 2, 3차원이라면 우회로를 개척하거나 따라가면 되지만 완벽하게 외길인 경우 우회로가 있을 수 없다. 이런 예측을 실험으로 증명하려 했던 실험 물리학자들에게 단위 분자구조가 무한히 반복되며 사슬처럼 연결되는 고분자는 매우 이상적인 1차원 구조체였다. 하지만 대부분의 고분자는 매우 좋은 부도체인데 어떻게 하면 사슬구조를 따라 전기를 잘 흐르게 할 수 있는 고분자를 구현할 수 있단 말인가? 폴리아세틸렌이라면 가능할 텐데.

재미있게도 폴리아세틸렌은 시라카와라는 일본 대학원생의 실수로 합성되어 세상에 태어난 물질이다. 화학 당량 계산을 잘못하는 바람에 아세틸렌을 중합하기 위해 필요한 촉매를 너무 많이 넣어버린 것이다. 이 놀라운 소식은 시라카와의 지도교수 은퇴식에서 처음으로 알려졌고, 이듬해 일본에서 열린 국제학회에서 발표되기에 이르렀다. 이때 학회에 참석한 미국 펜실베이니아대학의 화학자 맥더미드(Alan G. Macdiarmid)가 즉석에서 시라카와를 초청함과 동시에 미국으로 돌아가 그와 함께 폴리설퍼나이트라이드(polysulfurnitride), (SN)x 고분자에서의 1차원 물리 현상과 요오드 도핑 효과를 연구하던 물리학자 히거(A. J. Heeger)에게 그 사실을 알렸다. 다학제간 국제 협동연구가 시작되었다.

합성된 폴리아세틸렌에 요오드를 도핑하자 거의 부도체 상태이던 고분자에 구리의 전기 전도도와 맞먹는 정도의 전기를 흘릴 수 있게 되었다. 이러한 사실은 당시 히거 교수 아래에서 유학 중이던 헌 서울대학교 물리학과의 박영우 교수에 의해 확인되었다. 나 자신도 실험 물리학자이기에 당시 그들의 흥분이 어느 정도였을지 가히 짐작이 된다. 이럴 땐 보통 잠도 잘 이루지 못한다. 시라카와, 맥더미드, 히거 교수로 이루어진 삼두마차는 이를 체계적으로 설명할 수 있는 이론적 틀을 완성해 나감과 동시에 전기를 흘릴 수 있는 다른 고분자 물질들을 개발함으로써 폴리아닐린, 폴리티오펜, 폴리피롤 그리고 폴리페닐렌비닐렌 등을 탄생시켰다.

이들로부터 배울 점은 학문적인 것들만이 아니었다. 시작부터 다학제간의 국제 연구였던 것처럼 이들은 여러 분야의 학자들이 참여할 수 있도록 문호를 활짝 열어놓았고, 학문적 결과를 빠르고 쉽게, 적극적으로 발표할 수 있는《신세틱 메탈(Synthetic Metal)》이라는 저널도 창간했다.

또한 미국, 아시아, 유럽 등을 순회하며 정기적으로 국제학회를 개최함으로써 연구자 간의 활발한 토론의 장을 만들었다. 이러한 방식은 다른 분야의 학회나 연구자들에게 매우 신선한 충격으로 받아들여졌다.

한국에서는 가장 먼저 고려대학교 화학과의 진정일 교수님이 이러한 패러다임하에 '전도성 고분자' 연구에 기치를 내걸었고 한국에서 개최된 '94 서울 ICSM'의 조직위원장을 맡아 활약하셨다. 한국고분자학회 또한 전도성 고분자로부터 촉발된 모멘텀을 이용하여 비상하게 되었으며 세계적으로 거듭났다.

고분자의 무한한 변신

부도체인 고분자에 전하를 주거나 빼앗을 수 있는 도펀트를 도핑하면 원하는 전기 전도도를 얻을 수 있다는 점은 Si나 Ge 부도체에 3가나 5가 도펀트를 도핑하여 원하는 만큼만 전기를 통하게 하는 반도체 기술과 동일하다. 즉 고분자가 유기 반도체 물질이라는 것이다. 반도체적인 성질을 띤 전도성 고분자는 당연히 빛을 내는 재료로 쓰일 수 있다.

최초의 결과는 1989년 영국 케임브리지대학에서 나왔다. 폴리페닐렌비닐렌을 사용하여 전기를 통하면 빛이 나오는 PLED(polymer light emitting diode)를 제작해 보여줌으로써 빛나는 고분자 시대를 열게 되었다. PLED의 장점은 가벼우면서도 궁극적으로 말거나 접을 수 있는 평판 디스플레이나 E-페이퍼 등을 구현할 수 있다는 데 있다. 이것은 영화 해리포터 시리즈의 마법학교 신문, 기숙사 현관에 걸려 있는 액자 속에서 움직이는 인물들 등에 잘 반영되어 있다. 영화를 통해 영국의 첨단 기술을 보여주는 셈이다.

이제 세상이 바뀌었다. 고분자로 통칭되는 플라스틱은 전기만 통할 수 있는 게 아니다. 플라스틱이 빛을 내고 트랜지스터도 될 수 있고 텔레비전도 될 수 있는 세상이 되었다. 마치 해리포터의 마법 지팡이가 빛을 발하는 것처럼 말이다. 🔅 이창훈 _ 조선대학교 응용화학소재공학과 교수

배
의
밑
바
닥
은

왜
다
붉
을
까
?

항구에 나가 큰 배를 보라. 꼭 항구가 아니더라도 큰 배의 모습은 바닷가, 사진, 텔레비전, 영화, 잡지 등 우리 주변 어디에서나 쉽게 찾아볼 수 있다. 큰 배들에는 공통점이 하나 있는데, 바로 배의 아랫부분이 붉은색이라는 것이다. 사람들에게 그 이유를 물어보면 대부분이 '징크스' 또는 '전통' 때문이 아니냐며 되묻는다. 일반적으로 내놓을 수 있는 가장 근사한 답이지만 정답은 애석하게도 '기술 부족' 때문이다. 그 부분에 칠해지는 도료는 붉은색으로밖에 만들 수 없기 때문이다.

배에 붙는 고착 생물

바다에는 크고 작은 많은 생물들이 사는데, 이중에는 고착생활을 하는 생물도 있다. 바다의 우유라고 하는 굴이 그렇고, 김, 파래, 음식에 시원

과학자는 이렇게 태어난다

한 맛을 주는 홍합이 고착생활을 하는 대표적인 생물이다. 이들의 유생이나 포자는 생성되면 가능한 한 빨리 어딘가에 붙어서 뿌리를 내려야 안정적으로 생장을 할 수 있다. 한여름 바닷가에서 가족들과 굴을 따면서 한가로운 여가를 즐길 수 있는 것은 이들의 왕성한 생존능력 때문이라고 해도 과언이 아니다. 그 단단하고 척박한 곳에서도 살 수 있으니 말이다. 이 생물체들의 고착 대상은 바닷가 바위에만 국한되지 않는다. 그들이 붙기에 충분히 단단한 것이면 무엇이든 해당된다.

배도 예외가 아니다. 배가 항구에 정박해 있는 며칠 동안 주변의 유생이나 포자들은 배의 표면에 뿌리를 내리고 생장을 한다. 배가 운항과 정박을 반복하면 이런 생물들의 고착이 누적되고, 시간이 지나면 배의 표면이 파래와 같은 식물류, 또는 따개비와 같은 동물류 천지가 되어버린다. 이렇게 되면 배가 물살을 헤치고 앞으로 나아가는 데 저항이 너무 커져서 막대한 연료가 소모된다. 이러한 생물체들이 붙지 않도록 배의 표면에 어떤 조치를 해야 하는데, 이런 목적으로 칠하는 페인트가 바로 방오 도료(antifouling paint)이다.

해양생물의 고착을 막는 방오 도료

페인트의 종류와 기능은 아주 다양한데, 그중에서도 방오 도료는 매우 독특한 기능과 특성을 가지고 있다. 가장 큰 특징은 바로 독성물질을 함유한다는 것이다. 이는 앞에서 말한 따개비나 파래 같은 생물들이 고착하지 못하게 하기 위해서다. 예전에는 트리부틸틴옥사이드(tributyl tin oxide: TBTO)라는 물질이 고착 방지에 탁월한 효과가 있어서 이를 도료로 사용했다. 하지만 TBTO가 해안에 누적되면서 소라나 전복 등의 암컷에 수컷의 성기가 생기는 이른바 임포섹스(imposex)를 유발함으로써 해안 생태계를 파괴하는 것으로 판명되어 이를 함유한 도료를 사용할 수 없게 되었다.

또 다른 독성물질은 아산화동(cuprous oxide), Cu_2O으로 TBTO만큼 강력하진 않지만 따개비 같은 생물에게는 매우 효과가 크고, 생태계에 미치는 악영향도 TBTO만큼 크지 않아 TBTO와 함께 방오 도료의 필수 성분으로 사용되었다. TBTO가 사용 금지된 지금도 많은 양이 사용되고 있는데, 이것의 색깔이 붉은색이다. 아산화동을 사용하지 않고는 해양생물의 고착을 막을 수 없기 때문에 모든 배의 밑바닥이 붉은색 페인트로 칠해지고 있다. 다시 말해서 배의 밑바닥이 붉은 이유는 아산화동을 사용하지 않는 좋은 페인트를 만들 수 없는 기술적 한계 때문이다.

방오 도료의 또 다른 특징은 페인트를 녹여 없애야 한다는 것이다. 이는 아산화동과 같이 해양생물의 고착 방지를 목적으로 첨가되는 물질들(실제로는 아산화동뿐만 아니라 다른 여러 독성물질들도 보조 요소로 함유되어 있다.)이 도막 밖으로 잘 배출되도록 하기 위해서인데, 마치 비누가 흐르는 물에 서서히 녹아 결국 없어지듯이 바닷물에 도막 표면부터 서서히 녹아 내부의 독성물질을 일정한 속도로 방출할 수 있어야 그 효과가 오랫동안 지속된다. 이러한 기술은 화학적으로 이미 구현되어 현재 방오 도료에 널리 사용되고 있다. 오래전 어떤 페인트 회사의 광고처럼 '벗겨지지 않고,

변하지도 않으면' 방오 도료는 그 성능을 발휘할 수 없게 된다.

새로운 방오 도료의 등장

최근에는 아산화동을 비롯한 어떠한 독성물질도 함유하지 않고, 벗겨지지도 않는 친환경적인 새로운 방오 도료가 소개되어 사용되고 있다. 다량의 독성물질을 함유하고 방출하는 현재의 방오 도료들의 잠재적인 위험요소들을 미리 없애고자 하는 열망에서 비롯된 기술적 성과다.

　새로운 방오 도료는 아산화동을 사용하지 않기 때문에 붉은색만이 아니라 여러 가지 색상을 낼 수 있다. 이 새로운 페인트의 효과가 좀더 입증된다면 앞으로 자기만의 색깔을 가지고 개성을 한껏 뽐내며 오대양을 누비는 배가 많아질 것이다. 다양한 색상의 배들이 아름다운 바다는 더 아름답게 만들고, 척박한 바다에는 무지갯빛 희망을 뿌려주는 그런 날을 기대해본다.

　덧붙임: 몇 해 전에 외국인 동료와 함께 〈투모로우〉라는 영화를 본 적이 있다. 영화의 중반부에 물에 잠긴 도시의 빌딩 숲으로 큰 배가 떠내려오는 장면이 있었는데, 우리는 그 장면에서 누가 먼저랄 것도 없이 동시에 "Oh! Antifouling!" 하고 탄성을 지르며 서로 얼굴을 보고 낄낄대며 웃었다. 오, 이 어쩔 수 없는 직업병 증세! ☀ 김세경 _ 개인사업가

화학섬유의 세계

올 여름은 유난히도 무더웠다. 그래서인지 텔레비전 뉴스에서는 비키니를 입고 해수욕장을 거니는 날씬한 미녀들의 모습이 자주 등장했다. 비키니를 포함한 수영복은 탄력성이 좋은 섬유를 이용하여 만든다. 아시아 신기록을 수립한 우리나라의 젊은 수영선수가 입은 특수 수영복 또한 화제였다. 수영복이 마치 피부처럼 몸에 달라붙어 물이 안으로 들어오지 않고 물의 저항을 줄여주어 기록을 0.01초 이상 앞당길 수 있다고 한다.

우리나라 최초의 우주인을 뽑는 행사에서 우주인들이 입는 우주복도 대중들의 관심을 끌었다. 특수한 소재를 이용하여 만든 우주복은 아주 높은 온도와 압력에도 견딜 수 있다. 주부들 사이에서는 세제를 덜 쓰게 하는 극세사 실로 만든 수세미가 인기를 끌기도 했다.

비키니를 만드는 원단, 특수 수영복을 만드는 원단, 우주복을 만드는 원단, 극세사 수세미를 만드는 원사 등 이 모든 것의 기본은 섬유다. 섬유를 꼬아 원사를 만들고, 그 원사로 다양한 원단을 만든다. 원사와 원단, 그리고 옷을 만드는 섬유는 다양한 고분자 화합물로 이루어졌다. 지금부터 고분자 화합물인 섬유에 대한 여러 가지 이야기를 해보자.

섬유의 역사

사람들은 추위와 더위, 바람, 비 등의 기후 또는 상해, 복사열, 불 등으로부터 신체를 보호하기 위해 옷을 입는다. 또한 자신의 우월을 표시하고 상대방의 주의를 끌거나, 집단생활 속에서 예절을 지키거나, 체육경기나 생활 속에서의 기능을 향상시키기 위해 옷을 입는다. 지금과 같이 물질이 풍부하고 사람들 사이의 관계가 복잡한 시대에는 옷이 몸을 보호하는 것보다 사회생활을 유지하기 위한 목적이 더 클지도 모르겠다.

그렇다면 인간은 언제부터 옷을 만들어 입게 되었을까? 인류가 섬유를 사용하기 시작한 것은 유사 이전이라고 알려져 있다. 지금까지 확인된 최초의 직물은 스위스 듀엘러 호에서 발견된 신석기 시대의 마직물이다. 또한 수천 년 전의 것으로 추정되는 직물들이 페루, 이집트 등의 유적에서도 발견되었다.

3대 천연섬유라고 불리는 면(cotton), 견(silk), 모(wool)는 1900년대에 화학섬유가 발명되기 전까지 오랫동안 인간의 몸을 감싸주고 사회적 품격을 유지시켜주었다. 그들은 보온성과 흡습성이 뛰어나고, 정전기처럼 피부에 트러블을 일으키는 일은 아주 적었다.

하지만 섬유가 약해서 쉽게 마모되고 원료 생산에서 최종 단계인 옷을 제작하는 데 걸리는 시간이 너무 길며, 무엇보다도 값이 비싸다는 단점이 있었다. 특히 1900년대에 급격하게 인구가 늘어나면서 이들에게 필요한 옷감을 공급하기에 턱없이 부족하게 되었다. 필요는 수요를 낳고, 수요는 공급을 낳는 법! 사람들은 과학기술을 이용하여 섬유를 개발하는 일에 골몰하게 된다.

천연섬유, 고분자 화합물의 정체

인공적으로 섬유를 만들기 위해서는 천연섬유의 성분과 구조부터 알아내야 한다. 인류가 가장 먼저 사용한 천연섬유는 마다. 마는 가늘게 자른 식물의 줄기를 몇 가닥 꼬아 만든 실로 만든 옷감으로 식물의 줄기를 이루는 거칠고 질긴 부분을 이용하여 만든 섬유라서 그 성분이 셀룰로스다. 면은 목화의 씨를 감싸고 있는 가늘고 긴 실처럼 생긴 물질로 만든 섬유로, 그 성분 역시 식물의 셀룰로스다. 하지만 마와는 달리 굵기가 가늘고 부드러우며, 길이가 짧다.

셀룰로스로부터 얻어질 수 있는 섬유는 라이오셀(Lyocell)과 레이온(Rayon)을 대표로 꼽을 수 있으며, 이들은 화학성분은 동일하나 분자량이 서로 달라 각기 다른 특성을 보여준다.

그렇다면 견과 모는 어떤 물질로 이루어진 걸까? 견은 누에고치가 뽑아낸 거미줄처럼 긴 섬유이고, 모는 양의 털로 만든 섬유이다. 견은 그

길이가 매우 길고, 모는 면과 같이 짧지만, 둘 다 동물로부터 얻은 단백질로 이루어졌다. 실제로 견과 모의 구조를 살펴보면 머리카락과 비슷하다는 것을 알 수 있다.

셀룰로스나 단백질은 고분자로 된 화합물이다. 적게는 수백 개에서 많게는 수만 개 이상의 분자가 결합하여 만들어진 화합물을 고분자라고 한다. 과학자들은 천연섬유와 비슷한 구조를 가진 화합물을 찾아 그것으로 섬유를 만들기 위해 많은 노력을 기울였다.

화학섬유의 등장

대표적인 화학섬유로는 초등학생들도 아는 나일론이 있다. 그만큼 나일론의 발명은 사람들의 생활에 큰 영향을 미쳤다. 하지만 모든 과학적 발견이 어느 날 갑자기 이루어지지 않은 것처럼, 나일론이 발명되기 이전부터 화학섬유를 만들기 위한 많은 시도들이 있었다.

1846년 독일의 쇤바인이 질산과 황산을 촉매로 초산셀룰로스를 만드는 데 성공하였고, 스위스의 오드마르가 뽕나무 껍질을 탄산나트륨에 처리하여 섬유소를 얻고, 초산섬유소를 만들어 알코올과 에테르에 용해한 뒤 모세관 방사한 것이 인조섬유 방사에 큰 계기가 되었다(1855년). 이어서 1862년 영국의 오자남이 세공을 통해 섬유 방사를 완성하였다.

1914년 제1차 세계대전이 일어나 양모의 가격이 폭등하자 인조섬유 개발의 필요성이 절실해졌다. 전쟁이 끝나고 1917년 셀라니즈 사가 아세테이트 인견(인공실크, 레이온)을 생산하고, 그 다음해 독일의 벰베르

그 사도 벰베르그 인견을 생산하기 시작했다. 1919년에는 스위스에서 드레이푸스 형제가 아세테이트 인견을 제조하였다.

1920년에는 독일의 스타우딩거가 고분자 구조설을 발표하여 고분자 화합물의 개념을 확립하였다. 미국의 듀퐁 사에서는 스타우딩거의 고분자설을 기초로 하여 1921년 비스코스 인견을 생산하기 시작했고, 캐로더스 연구진은 1931년 클로로프렌 합성고무를 개발하고 폴리에스테르의 섬유화에 성공했다. 캐로더스 연구진은 1935년, 나일론 66-폴리머를 발표했고 3년 후 나일론의 공업화를 시작했는데 이것이 최초로 대량생산된 합성섬유이다.

이후 여러 나라에서 많은 종류의 화학섬유가 개발되었다. 원료가 모두 화학물질에서 얻어지는 화학섬유는 천연섬유에 비해 가격이 싼 편이다. 아크릴을 제외한 나머지는 천연섬유에 비해 보온성이 떨어지고 흡습성도 좋지 않아 정전기가 발생한다는 문제점이 있지만, 천연섬유에 비해 강도가 높아 내구성이 좋다는 장점도 있다. 최근에는 인공으로 만들어진 화학섬유라도 그 소재 및 가공방법이 워낙 다양하고 고도화되어 천연섬유 못지않은 기능을 갖게 되었다.

수많은 화학섬유 중에서 가장 많이 사용되는 나일론, 폴리에스테르, 아크릴은 3대 합성섬유로 손꼽히며 피복재료로 가장 많이 이용되고 있다.

새로운 화학섬유의 개발
화학섬유는 천연섬유에는 없는 특성으로 독자적인 영역을 구축하여 그 소비량이 천연섬유를 능가할 정도다. 새로운 화학섬유는 계속 개발되고 있고, 최근에는 특수한 기능을 가진 신소재 섬유도 등장하고 있다. 불에 잘 타지 않는 섬유, 쉽게 오염되지 않는 섬유, 아주 높은 탄력성을 자랑하는 섬유, 높은 열과 압력을 견뎌내는 섬유, 비에 젖지 않는 섬유 등. 지금도 현존하는 섬유의 단점을 보완하고, 사용 목적에 맞는 새로운 가공법을 적용시킨 섬유들이 계속 개발되고 있다. 대표적인 예로 아라미드 섬유를 꼽을 수 있겠다.

아라미드(Aramid)는 1971년 방향족 폴리아미드 섬유를 최초로 개발한 미국 듀퐁 사에 의해 제안되어 1974년 미국 연방통상위원회에 받아들여진 방향족 폴리아미드(Aromatic Polyamide)를 이르는 말이다.

용어의 정확한 의미는 '85% 이상의 아미드기(CO-NH)가 두 개의 방향족 고리에 직접 연결된 합성 폴리아미드로부터 제조된 섬유'다. 아라미드 섬유는 크게 메타계와 파라계로 대별되는데, 메타계는 내열성이 필요한 소재에, 파라계는 강도가 필요한 소재에 사용되고 있다.

특히 파라계 아라미드 섬유는 인장강도 20g/d 이상, 인장 탄성률 500~1100g/d 정도의 고강력을 갖고 있을 뿐 아니라, 분해 온도 400도 이상의 고내열성과 영하 160도에서도 섬유의 특성을 유지하는 우수한 내한성과 절연성, 내약품성을 가지는 첨단 소재다. 이 섬유는 나일론 이후 고분자계에서 가장 획기적인 발명으로 여겨지고 있다.

아라미드 섬유는 일반적인 유기 섬유와는 다른 우수한 성질을 바탕으로 원사 및 직물을 비롯하여 부직포 등의 형태로도 제조된다. 크게 섬유 보강 고무복합재료 등의 각종 복합재료, 로프, 케이블, 방탄방호용과 같은 산업자재 용도로 사용되는데 자동차, 우주항공, 정보통신, 국방 등 다양한 산업 분야에서 사용이 확대되고 있는 고부가 소재다.

파라계 아라미드 섬유는 미국의 듀퐁 사와 일본의 테이진 사에 의해 과점되어 있어 전량을 수입에 의존한다. 양 회사는 기술 경쟁력 유지를 위해 2세대, 3세대의 초고성능 섬유를 지속적으로 개발하고 있다. 아라미드는 가격 대비 성능이 우수하여 앞으로 산업용 섬유 및 초고성능 섬유시장에서 그 비중이 늘어날 것으로 예상된다. 현재 우리나라의 아라미드 섬유 소재 및 제조기술은 초보적인 단계다. 아직 기술력과 설비 기술이 세계 수준에 한참 못 미치고 있어서 섬유 소재 전량을 수입에 의존할 수밖에 없는 실정이다.

1980년대 초 KIST에서 세계 최초로 고강도, 고탄성의 아라미드 펄프 제조법을 개발하여 특허권을 획득하였는데, 이 방법은 기존의 섬유에서 펄프를 제조하는 방법과는 달리 중합 단계에서 펄프를 제조하는 획기적인 방법이었다. 코오롱은 KIST와 공동으로 이 섬유를 생산하기 위한 연구를 진행했지만 결국 상용화되지 못했다. 코오롱은 2006년부터 국내에서는 최초로, 세계에서는 세 번째로 파라계 아라미드 섬유의 생산 설비를 구축했고, 헤라크론(Heracron)이라는 상품명으로 아라미드 섬유를 생산·판매하고 있다. ☀ 강충석 _ 코오롱 CPI사업부 부장

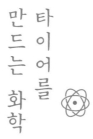

타이어를 만드는 화학

옷을 만드는 사람은 다니면서 사람들이 입은 옷을 유심히 보고, 머리를 만지는 헤어디자이너는 사람들의 머리만 눈에 보인다고 한다. 자동차 타이어를 만드는 회사에 다니는 나는 길에 돌아다니면 타이어만 눈에 보인다. 저 타이어는 제조사가 어디고, 사용한 지 얼마나 됐고, '곧 갈아야 되겠네'라거나 '펑크 안 난 게 다행이군'이라는 등 타이어의 이력이 머릿속으로 획획 지나간다.

20세기 들어 가장 큰 산업의 하나인 자동차산업에서 없어서는 안 될 것 가운데 하나가 타이어다. 사실 타이어만큼 화학의 힘을 받아 탄생한 제품도 드물다. 타이어를 만드는 재료는 탄력성을 가진 고무로, 대표적인 고분자 화합물이다. 지금은 많은 부분 합성고무를 사용하지만, 처음에는 천연고무를 사용했다. 그러다가 고무의 수요가 늘어나면서 천연상태의 재료와 비슷한 구조를 가진 합성고무를 개발하기 시작했는데, 지금은 다양한 종류의 합성고무를 이용해 타이어를 만들고 있다. 합성고무를 만들어 타이어에 사용하게 되기까지 있었던 몇 가지 흥미로운 이야기를 하려고 한다.

고무를 이용하여 바퀴를 만들다

수천 년 전부터 인간들은 바퀴를 이용해왔다. 바퀴는 인류의 역사와 함께 그 모양과 크기를 달리하며 발달했는데, 주로 나무와 쇠붙이가 바퀴를 만드는 재료로 사용되었다.

18세기에 와트의 증기기관이 발명되고 난 뒤 기차를 비롯하여 많은 교통수단들이 새롭게 개발되었다. 그 발전속도는 지난 2000년의 역사를 몇 년으로 압축해놓은 것만큼이나 빨랐다. 빠르게 달리는 교통수단의 발이 되어주는 바퀴 역시 그 역할을 다하기 위해 발전해야 했는데, 그러기에는 많은 문제를 안고 있었다. 무거워진 교통기관을 지탱하고, 빨라진 속도를 견뎌낼 수 있는 바퀴가 필요했다. 더군다나 당시의 길은 지금처럼 포장이 잘된 아스팔트 길이 아니었다. 그래서 튼튼한 금속을 이용하여 바퀴를 만들었는데, 튼튼해서 망가지지는 않았지만 바퀴가 돌 때마다 엄청난 소리와 함께 흔들림이 그대로 전달되었다. 만약 덜컹거리는 길을 달리는 쇠로 만든 자동차에 어떤 사람이 타고 있다면, 그 사람의 엉덩이는 어떻겠는가?

이런 어려움을 해결한 사람이 던롭(John Boyd Dunlop)이었다. 1888

년에 그는 고무를 이용하여 타이어를 만드는 데 성공하였다. 던롭이 고무로 타이어를 만드는 데 결정적인 역할을 한 사람은 굿이어(Charles Goodyear)였다. 그는 1839년 고무에 황을 넣고 가열해 반응을 시키면 열이나 약품에 강하면서도 탄력성이 뛰어난 제품이 될 수 있다는 사실을 발견하였다. 이것을 이용하여 던롭은 탄력성이 있으면서도 내구성이 강한 고무타이어를 만들 수 있었다.

합성고무를 만들다

자동차의 수요가 늘어나면서 타이어를 만드는 천연고무의 수요도 증가하게 되었다. 천연고무의 원산지는 남아메리카 아마존 강 유역이다. 영국을 비롯한 유럽국가들은 이곳에 사는 천연고무나무를 가져와 그들의 식민지에 심기 시작하였다. 인도를 비롯하여 인도네시아, 말레이시아 등의 동남아시아와 오스트레일리아까지 곳곳에 고무나무를 심었으나 재배에 성공한 지역은 동남아시아뿐이었다. 그래서 지금도 세계 천연고무 생산량의 95%가 이 지역에 집중되고 있다.

합성고무를 이용한 타이어를 만들게 된 계기는 제1차 세계대전이었다. 당시 독일은 영국, 프랑스와 적대관계에 놓여 있었는데, 천연고무의 대부분이 영국과 프랑스의 식민지였던 인도네시아와 말레이시아에서 생산되었기 때문에 원료를 구할 수가 없었다. 그래서 독일의 과학자들은 천연고무를 대체할 수 있는 제품을 개발하기 위해 많은 노력을 기울였다. 그러다가 마침내 1914년 디메틸부타디엔을 원료로 한 메틸고무를 제조하였다. 그러나 이 합성고무는 성능이 그다지 좋지 않았다. 전쟁이 끝나고 새롭게 부타디엔을 원료로 하는 고무가 연구되었는데, 특히 부타디엔과 스티렌 및 부타디엔과 아크릴로니트릴의 혼성중합체가 각각 부나S, 부나N이라는 이름으로 만들어지기 시작하였다.

미국에서는 캐러더스가 클로로프렌을 원료로 하는 합성고무를 발명하여 듀프렌이라는 이름으로 제품을 생산하였고, 같은 해에 티오콜고무도 만들게 되었다. 제2차 세계대전 중에는 캐나다가 미국의 도움을 받아 스티렌고무·부틸고무를 생산했고, 소련도 알코올에서 얻은 부타디엔을 원료로 하여 합성고무를 제조하였다. 이와 같이 두 번의 세계대전을 겪으며 자동차공업이 발전했고 더불어 합성고무산업도 크게 발전하게 되었다.

타이어가 검정색인 이유는

아이들이 타는 세발자전거에서 오토바이, 승용차, 화물차, 대형 특수차, 항공기 등의 타이어까지 타이어는 모두 검정색이다. 왜 타이어는 검정색일까? 빨강이나 파랑, 아니면 천연고무 그대로의 색은 왜 없는 것일까?

승객과 화물을 가득 실은 항공기의 경우 타이어 당 20톤이 넘는 하중이 실리며, 시속 400킬로미터 이상에서도 견뎌내야 한다. 대형 트레일러에 달린 타이어도 마찬가지다. 이런 하중과 스피드를 견뎌내려면 말랑말랑한 고무 상태로는 곤란하기 때문에 사용되는 재료는 물론 설계 측면에서도 특별한 기술이 사용된다.

타이어의 주원료는 합성고무나 천연고무인데, 이와 같이 가혹한 조건에서도 견디게 하기 위해서는 카본블랙이라는 보강제를 섞는다. 카본은 검은색 탄소가루로, 타이어를 만들 때 주원료인 고무 양의 반 정도를 첨가한다. 이로 인하여 타이어의 색깔이 검은색을 띤다. 아무리 빨간색, 파란색 염료를 섞어도 검정색을 없애기는 어렵다. 카본블랙 이외에도 스틸이나 섬유 같은 고강도 재료를 사용하여 높은 압력에서도 터지지 않는 타이어를 제조하고 있다.

계절과 지역을 뛰어넘는 타이어 개발

고무는 온도에 따라 굳기가 달라진다. 온도가 높으면 연하고 부드러워지고, 온도가 낮으면 고무가 딱딱하게 굳으면서 자동차가 운행할 때 여러 가지 문제점을 낳게 된다. 그래서 눈이 많이 오는 겨울철에 사용하는 타이어가 개발되었는데, 이것을 스노 타이어라고 한다. 지금은 계절에 상관없이 사용할 수 있는 타이어가 개발되었지만, 예전에는 더운 나라, 추운 나라, 비가 많이 오는 나라 등에 따라 조금씩 다른 타이어가 만들어졌다.

예를 들어 더운 지역의 경우는 사용되는 타이어의 온도가 높으므로 열이 적게 발생하고 고온에서도 잘 견딜 수 있도록 만들어지며, 추운 지방에서 사용되는 타이어는 낮은 온도에서도 고무성능, 즉 탄성을 잃지 않는 재료를 사용하게 된다.

이외에 국가에 따라서도 요구되는 성능이 달라진다. 유럽의 경우 고

과학자는 이렇게 태어난다

속으로 달릴 수 있는 도로(아우토반)가 많고 비가 자주 오기 때문에 고속주행성능과 빗길에서의 제동성능이 주된 요구성능이지만, 미국의 경우는 속도제한이 심하므로 고속주행성능이나 제동성능보다는 마모가 적게 되고 연료소모가 적은 타이어를 선호한다. 물론 이러한 요구성능도 점점 강해져서 지금은 지역별로 뚜렷한 구분이 없어지고 있는 추세다.

우리나라는 세계적인 자동차 강국이다. 따라서 타이어 부분 역시 생산수준이 매우 높다. 2005년의 경우 전세계 생산량의 6%를 생산했으며, 세계 4위다. 미쉐린, 브리지스톤 및 굿이어 등과 같은 다국적 타이어 회사가 있지만, 최근에는 우리나라의 타이어 회사들도 인건비 및 물류비 감소를 위해 중국, 동남아 및 동유럽 등에 공장을 짓고 있는 실정이며, 일류회사와 동등한 품질 수준을 인정받아 생산량이 급격히 증가하고 있다. 대한민국의 타이어가 세계시장에서 명성을 드높일 날을 기대해본다. ☀ 이기영 _ 한국타이어 대전공장 공장장

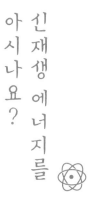

신재생 에너지를
아시나요?

자고 일어나면 유가가 급등하는 나날이 계속되고 있다. 휘발유 및 경유의 가격이 몇 년 전에 비해 거의 두 배 가까이 올랐다. 그렇다고 석유 한 방울 나지 않는 나라에서 어쩌겠느냐고 넋 놓고 한숨만 쉬고 있을 수는 없다. 과학을 연구하고 있다고 큰소리치는 입장이다 보니 나도 모르게 후배들에게 무엇이라도 물려주어야 한다는 강박관념에 사로잡혀 지내게 된다.

최근 들어 여름을 보내는 것이 참 곤혹스럽다. 평균 기온이 2~3도 정도 상승했고, 열대야 현상으로 인해 밤마다 파김치 신세가 된다. 일찍이 선진국들은 이런 상황을 미리 예측이라도 한듯 오래전부터 신재생 에너지 자원을 개발하느라 난리였다. 어느 정도 에너지 자원을 확보하고 있는데도 말이다.

또한 선진국들은 기후변화협약과 관련해 CO_2 등 온실가스 감축 의무를 준수하고 지속 가능한 경제발전을 위해 바이오에너지 개발 및 보급 목표를 정해 중점 투자하고 있다. 국민경제에서 화석연료가 차지하는 비중이 높은 우리나라는 에너지 안보와 온실가스 감축이라는 측면에서도 신재생 에너지의 중요성이 매우 높다고 할 수 있다. 늦었지만 지금부터라도 새로운 에너지 자원을 확보하기 위한 노력을 기울여야 한다.

식물성 기름으로 만드는 바이오디젤

몇 년 전부터 여러 과학자들이 신재생 에너지에 초점을 두고 연구하고 있다. 나 역시 연구해온 분야가 윤활유 및 연료유라 이와 관련된 신재생 에너지로 눈을 돌려 바이오디젤 및 바이오 알코올에 대한 연구를 하고 있다.

바이오디젤은 대두유, 채종유, 해바라기유, 폐식용유 등의 식물유와 메탄올을 사용하여 전이 에스테르화 반응을 거쳐 합성되는 지방산 메틸 에스테르다. 바이오디젤은 일반 경유와 물리화학적 특성이 거의 같아서 경유에 5~30%까지 섞어 사용하는데, 혼합 비율에 따라 'BD5'(바이오디젤 5%+경유 95%), 'BD20'(바이오디젤 20%+경유 80%)과 'BD100'(바이오디젤 100%)으로 불린다. 지금 허용되는 바이오디젤의 양은 5% 이내이며, 현재는 바이오디젤 0.5%를 섞은 BD0.5가 시판되고 있고 앞으로 그 양이 점차 확대될 추세다.

이처럼 식물성 기름을 에너지원으로 개발하는 바이오에너지 기술은 과연 어디까지 왔을까? 머리를 아프게 만드는 주유소의 자극적인 석유 냄새가 이국적인 식물향으로 바뀔 수 있을까? 흔히 바이오디젤과 경유(디젤)는 이웃사촌이라고 한다. 왜냐하면 식물성 기름과 경유의 분자구조가 비슷하기 때문이다. 바이오디젤이 경유와 다른 점은 산소 원자를 일부 포함하고 있다는 점뿐이다. 이것은 이미 110년 전에 알려진 사실이다.

1895년 루돌프 디젤은 자신이 발명한 디젤엔진의 원료로 땅콩에서 추출한 '바이오디젤'을 사용했다. 또 '사막의 여우'로 불린 독일의 롬멜 장군은 제2차 세계대전 당시 사하라 사막에서 연료가 부족해지자 폐식용유로 탱크를 움직였다고 한다. 바이오디젤은 이미 산소 원자를 가지고 있기 때문에 산화력이 일반 경유보다 뛰어나다. 이 덕분에 대기오염의 주범으로 인식되는 자동차 배기가스량을 10%가량 줄일 수 있다. 황 성분이 없어서 연소시 황산화물 등의 유독가스를 방출하지 않는 장점도 지닌다.

또 바이오디젤을 사용하여 대기로 방출되는 이산화탄소(CO_2)의 경우, 유엔의 기후변화협약에 따라 25%만 순수 배출로 인정된다. 나머지 75%는 식물이 소비하는 것으로 간주하기 때문이다. 이산화탄소를 소비하는 식물을 다시 에너지원으로 활용하기 때문에 '에누리'가 적용되는 것이다. 이 같은 장점 때문에 독일, 프랑스, 미국 등에서는 바이오디젤을 청소차량, 대형버스, 관공서 차량 등의 원료로 활용하고 있다. 유럽연합은 2012년까지 전체 경유의 5.75%를 바이오경유로 대체할 계획이다.

하지만 바이오디젤에게도 '약점'이 있다. 우선 추위에 약하다. 온도가

과학자는 이렇게 태어난다

떨어지면 굳어버려 엔진에 문제를 일으킨다. '유통기한'도 극복해야 할 과제다. 바이오디젤이 공기와 접촉하면 산화가 빨리 진행되고 이 과정에서 화학적 특성도 바뀌어 연료로 사용할 수 없게 된다. 그래서 과학자들은 이런 부작용을 최소한으로 줄일 수 있는 식물을 찾고 있다. 현재 기술로 바이오디젤을 최대한 활용하기 위해서는 각 나라의 기후에 맞는 연료를 개발하여 적절한 비율로 경유와 섞어서 써야 한다. 사계절이 뚜렷한 우리나라에서는 코코넛이나 야자수 기름보다 유채, 콩, 쌀겨 등이 물망에 오르고 있다.

바이오에탄올과 바이오부탄올

또 다른 신재생 에너지는 바이오에탄올 및 바이오부탄올 등의 바이오알코올이다. 바이오에탄올은 옥수수와 밀, 감자, 고구마 같은 전분질계 식물로부터 합성된다. 전분(녹말)은 여러 개의 당 성분이 사슬처럼 엮여 있는 다당류로, 여기에 효소나 산성 화학물질을 넣으면 사슬이 끊어져 단당류가 된다. 이렇게 얻은 당에 미생물을 넣고 발효시키면 에탄올이 만들어진다. 사탕수수나 사탕무 같은 당질계 식물은 바로 발효시켜 에탄올을 얻을 수 있다.

하지만 식품을 원료로 쓰는 것에 문제가 있다는 지적이 나와서 과학자들은 왕겨나 옥수수대, 폐목재 같은 목질계 등을 원료로 사용하여 바이오에탄올을 합성하고 있다.

나무의 주성분인 섬유소(셀룰로스)는 다당류다. 셀룰로스를 쪼개면 단당류인 글루코스가 만들어지고 이를 미생물로 발효시키면 에탄올이 된다. 현재 국내외에서 이 기술을 상용화하기 위한 연구가 진행 중이다. 목질계 원료의 가장 큰 단점은 리그닌 성분이다. 단당류로 쪼갤 수 없어 불순물로 남기 때문이다. 리그닌을 제거하려면 화학약품을 넣거나 열을 가해야 하는데, 이 과정이 매우 복잡하다.

해조류도 바이오에탄올의 원료로 사용할 수 있다. 특히 우뭇가사리, 김, 꼬시래기 같은 홍조류에 탄수화물이 많아 바이오에탄올 원료로 적합하다. 예를 들어 우뭇가사리는 20~30%가 섬유소, 65~68%가 우무로 이루어져 있다. 우뭇가사리를 70~80도에서 푹 삶으면 섬유소와 우무가 분리된다. 섬유소와 우무를 구성하는 성분은 각각 글루칸, 갈락탄이라는 다당류인데, 여기에 효소나 산성 화학물질을 넣어 당 사슬을 쪼개면 단당류인 글루코스와 갈락토스가 된다.

바이오부탄올(biobutanol)도 관심을 끌고 있다. 이는 1861년에 파스퇴르가 미생물을 통해 부탄올을 만들 수 있다는 것을 증명한 오래된 기술로 1900년대 초에 생산이 이루어졌지만 석유에 밀려 1981년 공장이 문을 닫으며 역사 속으로 사라졌다. 강한 독성, 낮은 생산 효율, 아세톤과 에탄올 같은 부산물 처리가 골칫거리였지만, 최근 부탄올을 만드는 균주(菌株)인 클로스트리디움의 게놈 서열이 완전히 규명되는 등 문제 해결의 실마리를 잡았다. 바이오부탄올은 에탄올과 유사하지만 에너지 효율 측면에서 좀더 장점이 크다. 일단 바이오에탄올보다 더 강력한 힘을 낼 수 있다. 바이오에탄올은 휘발유 효율성의 70%밖에 힘을 내지 못

과학자는 이렇게 태어난다

하므로 휘발유보다 더 많은 양을 사용해야 한다. 반면 바이오부탄올은 휘발유와 맞먹을 정도의 높은 효율을 낼 수 있다. 하지만 바이오부탄올을 상업적으로 이용하기 위해서는 몇 가지 기술적인 결함들을 해결해야 한다.

지금까지 바이오디젤 및 바이오알코올 등의 신재생 에너지에 대하여 살펴보았다. 바이오테크놀로지가 환경친화적이지 않다는 반론도 있다. 가령 바이오에탄올을 대량생산하기 위해서는 대규모 사탕수수 경작이 필수이고, 이를 위해서는 엄청난 양의 물과 비료가 필요하다는 것이다. 또 발효 찌꺼기 처리 기술도 아직 완전하지 않아 또 다른 환경오염을 일으킬 가능성이 있다.

21세기를 책임지고 나아가야 할 사명감을 가진 우리 모두가 미래의 에너지 자원에 대해 생각할 기회가 되었으면 하며, 화학자들은 이러한 문제점을 해결하기 위해 더욱 분발해야 한다. ☀ 김영운 _ 한국화학 연구원 책임연구원

미래의 대체 에너지, 고분자 태양전지 ⚛

에너지 및 환경의 위기

오늘날 지구에서 소비되는 에너지는 1년에 약 13테라와트(1테라와트는 10^{12}와트)이고 그 양이 2050년에는 약 30테라와트로 증가한다고 예측된다. 그런데 우리가 에너지원으로 주로 사용하는 석유, 무연탄 등의 화석연료는 약 10년 후부터 생산량이 감소할 것이라는 예상이 나오고 있다. 또한 화석연료를 태워서 발생하는 이산화탄소로 인한 온실효과 때문에 지구 온난화 문제도 갈수록 심각한 수준에 이르고 있다.

이러한 화석연료의 한계 때문에 전 세계적으로 이를 대체할 에너지 변환 기술 연구가 활발히 진행되고 있다. 그중에서도 현재 지구가 직면한 환경문제를 해결하기 위해 친환경적인 에너지 변환 기술에 대한 연구가 집중되고 있는데, 예를 들면 수력, 풍력, 바이오매스(biomass), 태양광 등의 에너지원을 전기에너지로 변환시키는 기술들이 이에 포함된다.

가장 안전하고 친환경적인 에너지원 중에서 태양에너지를 대표적인 예로 들 수 있다. 태양에서 지구에 도달하는 에너지의 양은 연간 약 12만 테라와트로, 현재 인류가 소비하는 연간 에너지의 약 1만 배 정도가 된다. 그래서 태양에서 나오는 에너지를 효율적으로 변환하면 지구가 직면한 에너지 문제를 충분히 극복할 수 있게 된다. 터너(Turner)라는 과학자는 미국 네바다 사막의 150km^2 면적에 15%의 광변환 효율(태양광을 전기에너지로 변환해주는 비율로, 모든 태양광을 전기에너지로 완벽하게 바꾸어주면 효율은 100%가 된다)을 가지는 태양전지를 설치하면 미국 전체에 전력을 제공할 수 있다고 주장하기도 했다(Science 285권, p. 687).

실리콘 태양전지

태양광을 전기에너지로 바꾸어주는 장치인 태양전지는 현재 전 세계적으로 연구가 활발히 진행되고 있는데, 태양전지 시장은 매년 40% 이상 성장하여 2005년 약 10억 달러의 시장을 형성했다. 현재 상용화된 대부분의 태양전지는 실리콘 반도체를 사용하여 만든 것으로, 우리 주변에서 쉽게 찾아볼 수 있다.

그러나 실리콘을 만드는 공정이 까다롭고 반도체 산업 등으로 실리콘 수요가 증가하여 가격이 상승하는 추세다. 실리콘 태양전지가 전력 1와트를 생산하는 데 약 2~3달러가 드는 반면, 화석연료는 그 20% 정도밖에 필요하지 않아 경제성 면에서는 아직도 화석연료에 미치지 못한다.

또한 실리콘은 간접띠간격(indirect band gap) 반도체이므로 빛을 흡수하는 능력을 나타내는 흡광계수가 적어서 태양빛을 잘 흡수하려면 어느 정도의 두께가 필요하다. 결과적으로 무겁고 두꺼운 모양으로 만들어야 한다는 단점이 있다.

고분자 태양전지

실리콘 태양전지의 단점 및 한계를 극복하기 위해 다양한 소재와 제작 기술에 관한 연구가 진행 중이다. 실리콘 태양전지의 대안으로 관심을 끌고 있는 차세대 태양전지가 바로 고분자 물질로 제작된 박막형 고분자 태양전지다.

고분자 태양전지를 구성하는 핵심물질은 공액(conjugated) 고분자다. 공액 고분자는 실리콘 태양전지와는 다르게 흡광계수가 높아서 얇은 박막(100nm 정도)으로도 태양빛을 충분히 흡수할 수 있기 때문에 얇은 소자로 제작이 가능하다. 또한 고분자의 특성상 굽힘성과 가공성 등이 좋아서 실리콘 태양전지가 주로 사용되고 있는 건축물 이외에 응용 분야가 다양하다는 장점이 있다.

작동원리는 다음의 그림과 같다. 상대적으로 작은 에너지인 가시광선 영역의 빛에너지가 공액 고분자에 가해지면 공액 고분자의 파이 결합 내에 있는 전자가 여기(들뜬) 상태가 되고, 여기된 전자와 여기된 자리에 남아 있는 홀이 쿨롱 힘에 의해 서로 쌍을 이루는 엑시톤(여기자, exciton)이 생성된다. 태양빛을 받아서 생성된 엑시톤이 실제로 전기를

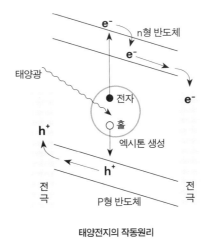

태양전지의 작동원리

발생시키기 위해서는 전자-홀 쌍인 엑시톤이 쪼개져서 각각 전자와 홀이 되고 이들이 전자는 양극, 홀은 음극 전극으로 흘러야 된다.

고분자 태양전지의 한계와 진보

공액 고분자는 도핑을 하면 전도성이 크게 증가하여 전도성 플라스틱에 관한 연구로 많은 관심을 끌었다. 1990년 초에는 영국의 프렌드(R. H. Friend) 그룹이 공액 고분자에 전기를 가해주었을 때 빛을 내는 고분자 전기발광을 최초로 보고하면서 고분자 전기발광소자(Organic Light Emitting Diode)도 많은 연구가 되고 있다. 이와 비슷한 시기에 프렌드 그룹에서는 전기발광소자에 사용되는, 고분자와 동일한 물질인 폴리파라페닐렌 비닐렌(PPV,(poly-p-phenylenevinylene)라는 고분자를 사용하여 최초로 고분자 태양전지를 시도하였다.

그런데 이때의 태양전지 효율은 0.1%도 되지 않았다. 태양빛을 받아서 생긴 엑시톤이 재결합 없이 쪼개져서 전자와 홀을 생성하려면 p-n정션(junction) 계면이 엑시톤이 생긴 곳으로부터 10나노미터 이내에 존재해야 하는데, 이때 사용한 단일층 태양전지의 두께는 100나노미터 정도로 고분자 층의 중간에서 생성된 엑시톤이 계면에 도달하기 전에 대부분 재결합되어 전기발생을 일으키지 못해서 효율이 낮았다.

BHJ 태양전지

단일층 태양전지의 단점은 1990년 초, 히거 그룹에서 C60를 공액 고분자와 섞어서 만든 BHJ(Bulk Heterojunction) 태양전지가 개발되면서 어느 정도 문제가 극복되었다. BHJ 태양전지는 p형 반도체인 PPV 유도체와 n형 반도체인 C60를 섞어 필름 내의 모든 곳에 p-n정션이 만들어져서 p-n정션의 표면적이 급격히 늘어나게 되고 태양빛에 의해 생성된 엑시톤의 가까운 거리에 p-n정션이 존재하게 되어, 엑시톤이 효과적으로 전자와 홀로 쪼개질 수 있다는 장점이 있다. 그러나 C60의 용해도가 낮아 C60의 농도를 증가시킬 수 없는 한계가 있었다. 그런데 최근 산타바바라의 캘리포니아대학(UC) 과학자들이 용해도가 높은 C60 유도체를 개발하여 효율을 3%대까지 향상시켰다.

포스트 어닐링

BHJ 태양전지는 p-n정션의 표면적을 증가시키는 장점은 있으나 n형 반도체에서 모아진 전자가 전극으로 이동하려면 반드시 p형 고분자 반도체를 지나가야 한다.

그런데 이 과정에서 p형에 있던 홀과 n형에서 이동한 전자가 재결합되어 전자가 전극까지 도달하지 못하게 된다. 게다가 고분자의 낮은 전하(전자 또는 홀) 이동도 때문에 재결합의 가능성이 더욱더 커지게 된다. 이런 단점은 결정성 높은 고분자(poly-3-hexylthiophene: P3HT)를 사용하여 태양전지 소자를 만든 후 열처리하는 포스트 어닐링(post annealing) 방법이 도입되면서 극복되었다. 이 방법은 2005년 웨이크포레스트대학과 산타바바라의 캘리포니아대학에서 거의 동시에 개발되어 6%까지 효율을 높임으로써 고분자 태양전지에 관심을 가지게 되는 계기가 되었다.

이후 지속적인 연구결과, 열처리 과정 중 온도를 올렸다가 식히는 과정에서 고분자의 결정성이 향상되고 나노 도메인이 형성되는데 이런 나노 도메인들이 전자와 홀이 각각의 전극으로 잘 이동할 수 있는 길을 만들어준다는 사실이 밝혀졌다.

고분자 태양전지의 나아갈 길

고분자 태양전지가 상용화되려면 약 10% 이상의 에너지 변환 효율이 필요하다. 태양전지의 효율은 광전류(J_{SC}), 단락전압(V_{OC}), 충진계수(Fill Factor)의 곱을 조사된 빛의 양으로 나눈 값으로 나타내는데 높은 효율을 얻기 위해서는 광전류, 단락전압, 충진계수를 높여야 한다. 전세계에서 10%의 변환 효율을 달성시키기 위해 여러 가지 시도를 하고 있다.

태양광은 자외선 영역에서 적외선과 근적외선의 넓은 영역의 빛을 포함하고 있다. 그러나 현재까지 개발된 공액 고분자는 대부분 가시광선 영역만 흡수한다. 흡수되지 않고 버려지는 근적외선 영역의 빛을 흡수하기 위해서는 낮은 밴드 갭을 가지는 물질을 개발해야 한다.

단락전압을 높이기 위해서는 구조적으로 단일 셀을 직류로 연결시킨 형태의 적층구조 소자인 탠덤(Tandem) 태양전지가 그 해결책이 될 수 있다. 최근 광주과학기술원은 적층구조를 사용한 소자를 이용하여 6.5%의 높은 변환 효율을 보고하기도 했다.

앞에서 언급했듯이 고분자 태양전지는 굽힘성이 있어서 여러 가지 다양한 플렉시블(flexible) 소자의 제작이 가능하여 그 응용성이 다양하며 제조가격도 싸다는 장점이 있다. 따라서 실리콘을 기반으로 하는 태양전지와는 다른 응용 분야에 사용될 가능성이 많다.

현재 여러 가지 연구가 진행 중인데, 낮은 효율과 장기 안정성 등의 문제를 해결해야 한다. 앞으로 더욱 굽힘성이 뛰어나고 안정성 높은 새로운 형태의 고분자 태양전지가 개발되길 기대해본다. ☀ 김경곤 _ 이화여자대학교 자연과학대학 화학·나노과학 전공교수

무
한
한

신 잠
소 재
재 력
을
DNA 가
진

연구도 재미가 있어야 한다. 그 재미는 자기의 생각이 옳았음을 증명할 때 느끼는 희열일 수도 있고, 최초 혹은 최고의 '최'라는 어두 혹은 '초'나 '고'라는 어미가 주는 짜릿한 전율일 수도 있다. 또 타인이나 주위 사람들이 나타내는 질투에 가까운 경이, 감동, 존경심을 유도할 때 느끼는 부유감일 수도 있다. 그러기에 다른 사람들이 보기에는 지극히 지루하고 단조로워 보이는 연구에 골몰할 수 있지 않을까!

DNA 연구에 빠지다

1964년 석사과정에 발을 디딘 후 연구라는 동반자와 53년 이상을 함께 해오며 이런저런 재미를 느꼈다. 그 세월 동안 내 역할은 여러 번 바뀌기도 했는데 그 색채가 다양해서 더욱더 재미를 느낄 수 있었다. 최근에는 또 다른 색채를 느끼려 새로운 연구에 몰두하게 되었다. 그 연구대상이 다름 아닌 DNA(디옥시리보핵산: 유전 정보를 간직하고 있는 생고분자)다. 즉 왓슨-크릭의 이중나선을 떠올리게 하는 바로 그 DNA라는 고분자다. 흔히들 생각하는 유전학, 분자생물학, 제네틱 엔지니어링 차원에서 DNA에 관심을 갖게 된 것이 아니라 전기적 · 자기적 특성을 연구해보겠다고 DNA를 집어들었다.

이는 나 혼자만의 흥미와 호기심에서 출발한 것이 아니라 지난 40여 년 동안 가깝게 지내온 일본의 오가다 나오야(緒方直哉) 교수의 영향이 크게 작용하였다. 오가다 교수는 연어 수컷의 정액에서 DNA를 분리 · 정제한 후 화학반응을 거쳐 매우 흥미로운 광학재료를 개발하고 있다. 광섬유, 유기레이저 개발, 초강도 플라스틱 및 섬유 개발 등이 오가다 교수 연구의 근간이다.

그는 자신의 70회 생일을 축하하는 조그만 국제 학술 심포지엄에서 DNA 연구내용을 발표했다. 그동안 문헌을 통해 DNA를 바이오 센서, 금속 나노물 합성을 위한 기지물 들에 사용하고 있다는 것을 알고 있었는데 그의 강연을 통해 DNA를 기초로 한 재료과학이 동트고 있다는 것을 비로소 실감할 수 있었다.

화합물과 고분자에 매달린 지 벌써 30여 년이 흘렀다. 막대기처럼 강직하고 긴 유기화합물은 액정상(고체와 액체 사이의 중간 상태)을 만드는데, 현재 이 같은 화합물들이 액정표시장치(LCD, Liquid Crystal Display)에 사용되어 컴퓨터 모니터, TV, 기타 표시장치로 우리 주변을 맴돌고 있

과학자는 이렇게 태어난다

다. 액정성 고분자는 초강도 섬유 및 특수 플라스틱으로 사용되고 있다.

그에 비해 나와의 인연이 얼마 되지 않지만 막대형 고분자로 전기를 통하는 전도성 고분자 또한 내 연구실을 크게 점령해왔다. 이들을 변형하여 새로운 전기발광 표시물을 만들고 미래형 표시장치(PLED, 고분자 전기발광소자)에 응용할 수 있는지를 연구해온 지도 15여 년이 다 되어간다.

이들과 DNA 사이에 무슨 연관이 있기에 나는 DNA의 전기적·자기적 특성을 연구하기 시작한 것일까? 사실 DNA는 액정성을 지닐 뿐 아니라 이중나선 중앙에 있는 A-T, G-C 핵산 염기쌍이 평면층을 만들고, 아래위 평면층에 조금이나마 π-상호작용을 하며 비록 전도성이 나쁘지만 반도체 성질을 지닌다.

따라서 DNA는 내 연구의 핵심이 된 액정과 전도성을 함께 지닌 구조적 특성을 가지고 있다. 더구나 현재 급속도로 유행하고 있는 생고분자(biopolymer)에 관한 선구적 연구라는 새로운 기회가 동기부여를 했다. 이 연구에는 이창훈 박사(조선대), 권영완 박사 및 도의두 학생이 중심 역할을 하고 있고, 이들은 DNA가 구조적 특성 때문에 본질적으로 자기적 성질을 지닌다는 획기적인 발견을 하였다.

다루기 까다로운 DNA의 성질

이 연구는 지금까지의 여러 연구에 비하면 매우 어렵고 연구진행 속도 또한 불만스러울 정도로 느린 편이다. 물을 좋아하는 DNA가 수분을 흡수하면 자기적 성질에 변화(자기적 성질을 잃는다)가 생기고, 공기 중의 산소를 흡착해 산소에 의한 상자기성(자석에 끌리는 성질)을 띠게 된다. 산소 분자가 상자기성을 가지고 있기 때문이다.

따라서 순수한 DNA의 자기적 성질을 바르게 연구하기 위해서는 수분과 공기(산소)를 완전히 없애야 하는 힘든 조작과 조건을 찾아야 하기 때문에 연구진행이 느릴 수밖에 없다. 이 점이 간과된 초기 단계에서는 실험 데이터의 재현성이 문제가 될 수밖에 없었다. 수분과 산소의 흡착을 조절하지 못했을 뿐만 아니라 이들이 줄 영향을 간과했기 때문이다.

최근에 이 까다로운 시료의 특성 때문에 일어난 프랑스와 일본의 연구진 사이의 논쟁을 살펴보면 일본 연구진이 문제의 초점을 제대로 파악하고 있는 것 같다. 일본인들의 치밀한 성격과 태도가 문제의 핵심에 다가갈 수 있게 한 듯하다.

DNA는 생각보다 다루기 까다로운 고분자다. DNA 자체는 솜처럼 보슬보슬한 섬유형으로 얻어지는데 어떻게 다루는가에 따라 그 성질이 변할 수 있어 매우 조심스럽게 다루어야 한다. 예컨대 그 수용액을 세게 저어주기만 해도 고분자 사슬의 일부가 끊어질 정도로 약한 면이 있는데, 그렇게 되면 자기적 성질에 변화가 생긴다. 그래서 혼신을 다해 조심스레 다루어야 한다. 상황이 이렇다 보니 가장 힘들지만 가장 보람된 연구를 정년이 지나도록 끌어야 할 형편이 되었다.

1987년 1월, 도쿄대학교 물리학과의 고시바 마사토시 교수는 3월 정년을 앞두고 '카미오 칸데2'라는 초신성 폭발시의 뉴트리노 관측장치가 본격적으로 가동되는 기쁨을 맛보았고, 2월 23일에 드디어 뉴트리노를 관측하는 데 성공했다. 정년을 일주일 앞둔 시점에서 그는 20세기의 역사적 관측을 성공시켰고, 그 공로로 노벨 물리학상을 받는 영광까지 차지했다. 이런 영광이 우연의 결과는 아니다. 그는 미국의 명문 시카고대학을 등지고 모국으로 돌아와 평생을 연구에 전념한 훌륭한 물리학자였다.

고시바 교수가 끝까지 학문에 대한 열정을 유지한 점은 정년이 다가온다고 손놓고 있는 우리나라의 과학자들에게 여러 가지로 시사하는 바가 크다. 소아마비를 극복하고 불굴의 탐구정신에 젖어 살던 고시바 교수의 일대기를 읽어보라고 제자들에게 권한 까닭도 '하면 된다'(그의 자서전 제목)라는 그의 과학관, 아니 인생관을 배우라는 권고의 뜻에서였다.

신소재로서의 가치가 큰 DNA

DNA가 이미 일부 제품에 사용되고 있다는 사실을 아는 사람들은 거의 없다. 제자들과 함께 현재 수행하고 있는 DNA에 관한 연구는 초기 단계이지만, 이후에는 자기적 성징을 이용한 유기 메모리 재료 개발의 가능성, 특히 자외선이나 X-선을 이용해 DNA에 기록하고 그 기록을 자기적으로 읽는 광자기 소자 개발을 위한 연구로 연결시킬 계획이다.

DNA는 자외선을 흡수하는 특성을 지니고 있어 현재 DNA가 첨가된 자외선 차단 크림이 일반 제품보다 비싸게 팔리고 있다. 또 최근에는 중국에서 DNA를 섞은 담배 필터가 제조되고 있다. 이는 DNA가 발암제로 알려져 있는 여러 고리 방향족 화합물(흡연 중 이런 화합물이 생긴다)을 효과적으로 흡착해 제거하기 때문이다. DNA로 인해 흡연에 의한 암 발생이 획기적으로 줄어든다면 앞으로 DNA의 소비는 급격히 증가하게 되리라 예상된다.

유전정보 저장 분자인 DNA가 생물학적인 중요성과 더불어 다양한 용도의 신소재로 사용될 날이 가까이 다가오고 있음이 느껴진다. 모든 생체, 박테리아 및 바이러스에 들어 있는 DNA는 흔한 재료이지만 분리 정제 단계를 여러 번 거치다 보면 가격이 비싸진다는 단점이 있다. 그러나 새로운 용도가 계속 개발되다 보면 지금보다 더욱더 효과적이고 경제적인 분리 정제법이 연구될 것이다. 더구나 박테리아나 바이러스는 쉽게 키울 수 있으므로 DNA를 값싸게 생산할 수 있는 과학적 근거는 충분하다

DNA는 셀룰로스(면), 녹말(전분), 비단(단백질, 폴리펩티드) 같은 천연 고분자에 속하지만 21세기에 들어와서야 신재료로 각광받기 시작했다. DNA의 이중나선 구조가 밝혀진 지 50년이 넘었는데 왜 이제야 그러하기 시작했을까? 생각할수록 묘한 일이다. ☀ 진정일 _ 고려대학교 융합대학원 석좌교수

▼

내 무대를 거쳐간 예술가들에게

언제부터였을까? 아주 어릴 때부터, 아니 좀더 정확히 말하면 개똥철학에 탐닉하기 시작할 때부터 나는 내 인생을 하나의 무대로 생각하기 시작했다. 그 무대에서는 여러 가지 장르의 공연이 펼쳐지는데, 매번 다른 출연자들이 나와서 그들의 압축된 삶을 한껏 뽐낸 후 사라진다.

어떤 배우는 오랫동안 주연으로 등장하여 무대를 점령하지만 조연 역할에 만족해하며 잠시 얼굴을 내밀다가 사라지는 출연자도 있다. 고집스레 오케스트라에만 참여하려는 기악 전문가가 있는가 하면 솔로이스트만 고집하는 음악가도 있다. 힘찬 근육을 뽐내며 서커스에 가까운 춤사위 한판을 벌이는 춤꾼이 있는가 하면 하늘에서 내려온 선녀처럼 사뿐히 무대를 밟으며 아름다운, 그러나 조금은 고독한 춤을 추는 발레리나도 있다.

2007년 정년기념 제자 모임

그들 뒤에는 무대 위에 직접 서기보다 자신이 창작한 내용에 따라 움직여주는 출연자들을 보며 만족해하는 창작자와 오케스트라의 씨줄과 날줄을 엮어 기막힌 어울림을 끌어내는 지휘자가 있다. 때로는 역작 한 점을 걸어놓고는 감상과 칭찬을 강요하는 미술가와 도무지 이해되지 않는 이것저것을 갖다놓고 작품이라 우겨대는 설치미술가가 무대를 점령하기도 한다. 가끔은 사람들을 깔깔대며 웃게 만들고는 시치미 떼고 사라지는 행위예술가도 무대를 차지한다. 최근에는 예술세계의 변화를 실감하게 하는 디지털 예술가도 자주 나타나 영상예술이 얼마나 중요한지를 관객들에게 소개한다.

큰 공연이 끝난 후의 무대는 어떤가? 여기저기 균열이 생겨 삐걱거리고, 사방에서 삐죽삐죽 못이 튀어나와 있고, 페인트칠은 벗겨지고, 커튼은 찢겨져 꼴사나운 모습이 된다. 새 무대라고 해도 그럴진대 30년 이상 사용한 무대라면 상황이 더욱 나쁘다는 것이 짐작될 것이다.

이같이 변해버린 무대를 보며 멀쩡한 다른 무대를 찾아 떠나는 철새 배우도 있고, 허름해진 무대에 정이 들었다며 다시 찾아와 무대를 더 망가뜨리는 단골 배우도 있다. 허나 거칠어진 바닥, 조명효과를 반감시키는 퇴색된 페인트 색, 윤기를 다 잃어 지저분한 오래된 벨벳 커튼, 가끔 출연자들의 옷이 걸려 공연을 망치기도 하는 삐죽삐죽 솟아나온 못 등을 견디지 못한 신인들의 불평은 커지기만 한다. 이런 상황에서 연륜 있는 늙은 배우는 어린 배우를 무대에 올려놓고는 황급히 사라지기도 한다. 자신의 청춘을 묻은 폐허에 추억을 묻어버리고 새 삶을 찾아 나서는 것이다.

이쯤 되면 목공과 페인트공, 전기공들이 무대에 오른다. 이들의 출현은 아주 중요하다. 무대 개조의 성공 여부가 이들에게 달려 있기 때문이다. 서로의 분야가 다르기에 이들은 각자의 의견을 내세우느라 목청을 높이고, 말 못하는 무대는 공연이 지체 없이 계획대로 진행될 수 있기만을 바라면서 그들의 능력에 자신의 운명을 맡긴다.

지난 40여 년 동안 지탱해온 한 대학의 무대. 내가 올라가는 몇 개의 무대 중 가장 애지중지하는 무대로, 이제는 재건축이 필요한 때인가 보다. 재건축을 위한 설계에 들어가기 전에 꼭 해야 할 일이 하나 있다. 이 무대를 거닐었던 예술가들의 손을 잡고 어깨를 두드리는 것이다. 내 무대를 거쳐 간 예술가들이여! 그대들은 정말로 훌륭했다. 고맙다.

진정일

과학자는 이렇게 태어난다

필진 소개

강윤재 | 1986년 서울대학교 자연과학대학 화학과를 졸업한 후 사계절출판사에 근무했다. 2000년 고려대학교 과학기술학 협동과정 석사학위를 취득하고, 같은 과정에서 박사학위 논문을 취득했다. 현재 동국대학교 다르마칼리지 교수로 있다.

강충석 | 1989년 고려대학교 화학과 대학원 석사, 1992년 동대학원 박사학위를 취득하고, 1992년부터 1994년까지 독일 막스플랑크 고분자연구소에서 박사후 연구원 과정을 마쳤다. 현재 코오롱 CPI사업부 부장으로 있다.

고두현 | 1996년 고려대학교 화학과를 졸업하고, 1998년 동대학원에서 석사과정을 마쳤다. LG 디스플레이에서 각종 연구개발 업무를 수행하였고, 2010년 노스캐롤라이나 채플힐 대학교 화학과에서 박사과정을 마쳤다. 현재 경희대학교 응용화학과 교수로 있다.

권기영 | 1996년 경북대학교 화학과를 졸업하고, 2002년 고려대학교 화학과 석사과정을 마친 후 리버사이드 캘리포니아대에서 2005년 박사학위를 받았다. 이후 로렌스 버클리국립연구소에서 박사 후 연구원을 거친 후 현재 경상대학교 화학과 교수로 있다.

권영완 | 1993년 고려대학교 화학과를 졸업하고, 1996년 동대학원에서 석사과정을 마친 후 LG필립스 LCD 안양 연구소에서 LCD 관련 연구개발을 진행하였다. 2006년 동대학원 박사과정을 마쳤으며, 현재 고려대학교 융합대학원 연구교수로 있다.

김공겸 | 1994년 충남대학교 화학과를 졸업하고 1996년 고려대학교 화학과 석사과정을 마친 후 LG화학 정보전자소재 연구소에 입사하여 현재까지 OLED 발광재료 연구재료연구를 수행하고 있으며 LG화학 연구위원으로 있다.

김경곤 | 1992년 고려대학교 화학과를 졸업하고, 1996년 동대학원 석사학위를 취득한 후 2003년 동대학원 박사학위를 취득하였다. 웨이크 포레스트대학교와 예일대

학교 박사후 연구원을 거쳐 KIST에서 유기태양전지 연구를 수행했다. 현재 이화여자대학교 자연과학대학 화학·나노과학 전공교수로 있다.

김기용 | 1977년 고려대학교 화학과를 졸업하고, 1979년 동대학원 석사학위를 취득했다. 미시간대학교에서 유기합성으로 이학박사학위를 취득한 후 동대학에서 박사후 연구원을 거쳐 현재 미국 Berry & Associates Inc.의 선임연구원으로 있다.

김란희 | 1984년 고려대학교 화학과를 졸업하고, 1987년 동대학원에서 석사과정을 마친 후 KIST 무기화학 연구실과 대전 한국화학 연구원에서 연구활동을 했다. 한남대학교 대학원 박사학위를 받았다.

김봉수 | 고려대학교 화학과를 2000년 졸업하고, 동대학원에서 2002년 석사학위를 이수한 후 미네소타대학교에서 2008년 박사학위를 받았다. 이후 캘리포니아대학교 버클리캠퍼스에서 2년간 박사후 과정을 마친 후 KIST 연구원을 거쳐 현재 이화여자대학교 사범대학 과학교육과 교수로 있다.

김선우 | 2000년 인하대학교 화학과를 졸업하고, 2002년 고려대학교 과학기술학 협동과정에서 석사과정을 마친 후 동대학원에서 박사과정을 수료했다. 현재 과학기술정책연구원(STEPI) 혁신기업연구센터 센터장으로 있다.

김세경 | 1987년 고려대학교 화학과를 졸업하고, 1989년 동대학원에서 석사과정을 마친 후 고려화학주식회사(현재 (주)KCC) 중앙연구소에서 특수도료용 수지를 개발하였다. 그 후 1996년 다시 학교로 돌아와 2000년 동대학원 박사과정을 마쳤고, (주)KCC 울산공장에서 기술부장으로 근무했다. 현재 개인사업 중이다.

김영운 | 1984년 고려대학교 이과대학 화학과를 졸업하고, 1984년부터 한국화학 연구원에 근무하던 중 1997년 동대학원에서 석·박사과정을 마쳤다. 1998년 미국 코넬대학교 재료공학과에서 1년간 방문연구원으로 활동한 후 현재는 한국화학 연구원 책임연구원으로 있다.

김원택 | 2005년 고려대학교 신소재화학과를 졸업하고, 동대학원에서 석사학위를 2007년 이수한 후 LG 디스플레이 연구소에 입사하여 현재 선임연구원으로 있다.

김일중 | 1988년 고려대학교 화학과를 졸업하고, 1990년 동대학원에서 석사과정을 마쳤다. 1990년에 입사한 (주)유공(현 SK에너지) 고분자연구소에서 10년간 근무한

후 2000년부터 OK캐쉬백 사업부에서 마케팅업무를 담당하고 있다.

김정한 | 1990년 고려대학교 화학과를 졸업하고, 1992년 동대학원에서 석사과정을 마쳤다. 노스캐롤라이나주립대학교에서 2002년 박사학위를 취득했으며, 듀크 대학교에서 박사후 연구원을 거친 후 (주)코오롱 중앙기술원 전자재료연구소 책임연구원으로 지냈다. 현재 웨이커 전자재료 연구소장으로 있다.

김종성 | 경희대학교 화학과를 졸업하고, 1995년 고려대학교 화학과 대학원에서 석사학위를 취득했다. 금호케미칼(현 금호석유)에 재직한 후 포항공과대학교에서 2004년 박사학위를 취득했다. 이후 삼성전자 LCD 총괄 책임연구원으로 있었고, 현재 애플코리아에 근무하고 있다.

김준섭 | 1984년 고려대학교 화학과를 졸업하고, 1986년 동대학원에서 석사과정을 마쳤다. 1994년 캐나다 맥길대학교 화학과에서 박사학위를 취득한 후, 같은 연구실에서 박사후 연구원 과정을 거쳤다. 1996년부터 조선대학교 공과대학 응용화학소재공학과 교수로 있다.

박영석 | 2000년 고려대학교 화학과를 졸업하고, 동대학원에서 2002년 석사학위를 이수한 후 LG 디스플레이 연구소에 입사하여 근무하다 컬럼비아대학교에서 박사학위를 2010년 받고 현재 울산과학기술대학교 자연과학대학 화학과 교수로 있다.

박종현 | 2000년 충남대학교 화학과를 졸업하고, 고려대학교 화학과에서 2002년 석사학위를 이수한 후 LG 디스플레이 연구소 책임연구원으로 재직중이며 고려대학교 화학과에서 박사과정 중에 있다.

박주훈 | 한남대학교 화학과를 졸업한 후, 1986년 고려대학교 화학과 대학원에서 박사학위를 취득했다. 일리노이대학교에서 박사후 연구원 과정을 마쳤으며, 삼성종합기술원에서 정밀화학 팀장으로 근무했다. 현재 호서대학교 자연과학대학 학장으로 있다.

박치균 | 순천향대학교 화학과를 졸업하고, 고려대학교 화학과에서 석·박사학위를 마친 후(1993년) 뉴욕주립대(Buffalo)에서 박사후 연구를 수행, 현재 미국 뉴욕주 Greatbatch, Inc. 선임연구원으로 있다.

박호진 | 서울대학교 화학과를 졸업하고, 1973년 (주)코오롱에 입사해 기술개발부 및 연

구소에 근무하면서 고려대학교 화학과 대학원에서 1984년에 석사를, 1988년에 박사학위를 취득하였다. 1993년 (주)코오롱 이사, 1998년 중앙연구소 소장, 2001년 중앙기술원 원장을 역임하고 2004년부터 코오롱 R&D 상임고문으로 있다.

배우성 │ 동의대학교 화학과를 졸업하고, 2000년 고려대학교 화학과 대학원에서 석사과정을 마친 후 서던미시시피대학교에서 박사학위를 받았다. 현재 다우케미컬 폴리우레탄 R&D에서 연구원으로 있다.

심흥구 │ 한남대학교 화학과를 졸업하고, 1984년 고려대학교에서 이학박사학위를 취득한 후 한국과학기술대학 교수로 임용되어 한국과학기술원 화학과 교수로 재직하다 정년퇴직하였다. 한국과학기술원 학생처장, 자연과학대학장 등을 역임하였으며 현재 한국과학기술한림원 종신회원으로 있다.

오형윤 │ 1995년 고려대학교 화학과를 졸업하고, 1997년 고려대학교 고분자화학 연구실에서 석사과정을 마쳤다. 이후 LG전자기술원에 입사하여 OLED 관련 연구를 현재까지 진행했으며, 서울대학교 화학과에서 박사학위를 취득했다. 현재 머티리얼 사이언스사의 연구소장으로 있다.

유영준 │ 건국대학교 화학과를 졸업하고, 2003년 고려대학교 화학과 석사과정에 입학했으며, 석·박사 통합과정을 거쳐 2007년 박사학위를 취득했다. 이스라엘 테크니온 연구소에서 박사후 과정을 마친 후 현재 LG디스플레이 연구소에 있다.

윤경근 │ 1987년 고려대학교 화학과를 졸업하고, 1991년 동대학원에서 석사과정을 마쳤다. 이후 (주)코오롱에 입사하여 중앙기술원 전자재료연구소에서 수석연구원으로 디스플레이 관련 부품소재의 연구개발을 담당했으며, 현재는 중앙기술원 IT 소재연구그룹 개발담당으로 있다.

윤용국 │ 경희대학교 화학과를 졸업하고, 1993년 고려대학교 화학과에서 석사, 1997년 박사과정을 마쳤다. 2000년 일리노이대학교 재료공학과에서 박사후 연구원 과정을 마친 후, 2001년 삼성전자 LCD 총괄에 입사하여 현재 LCD 기술센터 수석연구원으로 근무하였고 현재 머크 연구소장으로 있다.

이광섭 │ 한남대학교 화학과를 졸업하고, 1980년 고려대학교 대학원에서 석사과정을 마

과학자는 이렇게 태어난다

친 후 독일 프라이부르크대학교 화학과에서 박사학위를 취득했다. 이후 막스플랑크 고분자연구소 박사후 연구원, 미해군연구소 초빙교수, 미국 뉴욕주립대학교 연구교수로 연구생활을 하였고, 1992년부터 지금까지 한남대학교 신소재공학과 교수로 있다.

이기영 | 1986년 고려대학교 화학과를 졸업하고, 동대학원에서 석사, 1992년에는 박사과정을 마쳤다. 1986년부터 KIST 연구원으로 근무하다가 1999년 (주)한국타이어 중앙연구소에서 근무했으며, 현재 한국타이어 대전공장 공장장으로 있다.

이명수 | 충남대학교 화학과를 졸업하고, 고려대학교에서 석사학위를, 1992년 케이스웨스턴리저브대학교에서 고분자화학 연구로 박사학위를 취득하였다. 1994년부터 연세대학교 화학과에서 교수로 재직했으며, 2002년에는 과학기술부에서 주관하는 초분자 나노조립체 창의 연구단에 선정되어 단장을 역임한 바 있다. 현재 길림대학교 교수로 있다.

이상욱 | 2001년 고려대학교 신소재화학과를 졸업하고, 고려대학교 화학과에서 2003년 석사학위를 이수한 후 LG화학에 입사하여 현재 LG화학 배터리사업부 차장으로 있다.

이세희 | 대진대학교 화학과를 졸업하고, 2005년 고려대학교 화학과에서 석사학위를 이수한 후 LG 디스플레이에 입사하여 근무하다 현재 개인사업 중이다.

이수민 | 한남대학교 화학과를 졸업하고, 1971년 충남대학교 화학공학과에서 석사학위를, 1979년 고려대학교 화학과에서 박사학위를 취득했다. 1979년부터 한남대학교 화학과에서 교수로 근무하다 정년퇴직하였다.

이승욱 | 1995년 고려대학교 화학과를 졸업하고, 1997년 동대학원 석사과정을 마쳤다. 2003년 미국 텍사스주립대학교 오스틴캠퍼스에서 박사학위를 마친 후 버클리 국립연구소 연구원 과정을 거쳐, 현재 캘리포니아대학교 버클리캠퍼스 생명공학과 교수로 재직하고 있다.

이승훈 | 고려대학교 화학과를 졸업하고, 2007년 동대학원에서 석사학위를 이수하고 삼양사 연구소에서 근무하다 현재 독일 브레멘대학에서 박사학위 과정 중이다.

이영훈 | 1984년 고려대학교 화학과를 졸업하고, 1987년 동대학원 석사학위를 취득했

다. 이후 KIST에서 1990년까지 연구원으로 재직하다 1993년 동대학원에서 박사학위를 취득하고, (주)한화에 입사해 액정고분자 제품개발 연구를 진행했으며 현재 상무로 있다.

이우근 | 2001년 고려대학교 화학과를 졸업하고, 학군장교로 군복무를 마친 후, 2006년 동대학원 석사학위를 취득했다. LG 디스플레이에서 TFT-LCD 신재료 개발연구를 수행하였으며 현재는 LG 경제연구원 책임연구원으로 있다.

이창훈 | 1989년 고려대학교 물리학과를 졸업하고, 동대학원에서 1992년에 석사학위, 1996년에 박사학위를 취득했다. PLED, 효소에 의한 마이크로파 흡수 및 DNA를 포함한 생체 자기학 연구를 수행하고 있으며, 2007년부터 조선대학교 응용화학소재공학과 교수로 있다.

정성훈 | 2006년 고려대학교 화학과 박사학위를 취득하고, (주)우리정도 연구소장으로 근무하면서 신재생 에너지 분야 중 태양전지 연구와 태양열 흡열판에 관한 연구를 활발히 진행한 바 있다. 2014년부터 영남대학교 LEDIT 융합산업화연구센터 총괄국장으로 있다.

정학기 | 1995년 고려대학교 화학과를 졸업하고, 1997년 동대학원에서 석사학위를 취득한 후 한국화학 연구원에서 PI 개발을 진행했다. 1998년 동대학원 박사과정에 입학한 후, (주)동진쎄미캠에서 TFT-LCD용 배향막을 개발했다. 이후 코오롱에 입사하여 중앙기술원 전자재료연구소에서 PI 필름 개발 선임연구원을 지내다가 현재 코오롱 중앙기술원 미래기술연구그룹 개발담당으로 근무하고 있다.

조병욱 | 조선대학교 화학공학과를 졸업하고, 1977년 고려대학교 교육대학원 석사학위를, 단국대학교에서 박사학위를 취득했다. 조선대학교 화학공학과 교수, 부총장 등을 역임하고 정년퇴임하였다.

천철흥 | 2001년 고려대학교 화학과를 졸업하고, 2003년 동대학원에서 석사학위를 이수한 후 시카고대학에서 2010년 6월에 박사학위를 받았다. 캘리포니아대학교 버클리캠퍼스에서 1년간 박사후 과정을 마친 후 현재 고려대학교 화학과 교수로 있다.

최이준 | 1982년 고려대학교 화학과를 졸업하고, 1988년 동대학원에서 박사학위를 취득

과학자는 이렇게 태어난다

했다. 미국 케이스웨스턴리저브대학교 고분자학과에서 박사후 연구원으로 1년 간 있은 후, 현재 금오공과대학교 신소재시스템공학부 교수로 있다.

최재곤 | 1982년 조선대학교 화학공학과를 졸업하고, 1984년 동대학원에서 석사와 1989년 박사학위를 마치고 현재 조선대학교 응용화학소재공학과 교수로 있다.

하형욱 | 2000년 고려대학교 신소재화학과를 졸업하고, 고려대학교 화학과에서 석사학위를, 2006년 박사학위를 이수하고 삼성SDI에 근무했다. 이화여자대학교와 텍사스 오스틴대학에서 박사후 과정을 마치고 삼성종합기술원에 근무하다 현재 개인사업 중이다.

허승무 | 충남대학교 화학과를 졸업하고, 1988년 고려대학교 대학원에서 석사과정을 마친 후 미원유화 연구소에서 액정고분자, 고분자 블랜드 관련 연구개발을 진행했다. 1997년 고려대학교 대학원 박사학위를 취득했으며, 현재 금호석유화학 중앙연구소 수석연구원이다.

홍영래 | 단국대학교 화학과를 졸업하고, 1999년 고려대학교 화학과에서 석사과정을 마친 후 2005년 미국 노스캐롤라이나주립대학교 화학과에서 박사학위를 취득했다. 이후 프린스턴 대학교 화공과를 거쳐 버클리대학교 로렌스 버클리 국립연구소에서 박사후 연구원으로 지냈다. 현재 미국 실리콘밸리 스타트업에서 재직 중이다.

과학자는 이렇게 태어난다

1판 1쇄 펴냄 2017년 1월 20일
1판 2쇄 펴냄 2018년 11월 1일

지은이 진정일

주간 김현숙 | **편집** 변효현, 김주희
디자인 이현정, 전미혜
영업 백국현, 정강석 | **관리** 김옥연

펴낸곳 궁리출판 | **펴낸이** 이갑수

등록 1999년 3월 29일 제300-2004-162호
주소 10881 경기도 파주시 회동길 325-12
전화 031-955-9818 | **팩스** 031-955-9848
홈페이지 www.kungree.com | **전자우편** kungree@kungree.com
페이스북 /kungreepress | **트위터** @kungreepress

ISBN 978-89-5820-435-0 03400

값 15,000원